本书系教育部人文社会科学研究一般项目"环境传播场域冲突机制与舆论引导策略研究"（15YJAZH056）的结项成果，获得中国社会科学院创新工程出版资助。

中国社会科学院大学文库

环境传播场域的
话语流变与舆论引导策略

漆亚林　等著

14

中国社会科学出版社

图书在版编目(CIP)数据

环境传播场域的话语流变与舆论引导策略/漆亚林等著. —北京：
中国社会科学出版社，2022.9
(中国社会科学院大学文库)
ISBN 978-7-5227-1001-3

Ⅰ.①环… Ⅱ.①漆… Ⅲ.①环境保护—传播学—研究
Ⅳ.①X②G206.7

中国版本图书馆 CIP 数据核字(2022)第 203680 号

出 版 人 赵剑英
责任编辑 张 湉
责任校对 郝阳洋
责任印制 李寡寡

出 版 中国社会科学出版社
社 址 北京鼓楼西大街甲 158 号
邮 编 100720
网 址 http://www.csspw.cn
发 行 部 010-84083685
门 市 部 010-84029450
经 销 新华书店及其他书店

印 刷 北京明恒达印务有限公司
装 订 廊坊市广阳区广增装订厂
版 次 2022 年 9 月第 1 版
印 次 2022 年 9 月第 1 次印刷

开 本 710×1000 1/16
印 张 17.25
插 页 2
字 数 301 千字
定 价 108.00 元

凡购买中国社会科学出版社图书，如有质量问题请与本社营销中心联系调换
电话：010-84083683

"中国社会科学院大学文库"
总　序

恩格斯说："一个民族要想站在科学的最高峰，就一刻也不能没有理论思维。"人类社会每一次重大跃进，人类文明每一次重大发展，都离不开哲学社会科学的知识变革和思想先导。中国特色社会主义进入新时代，党中央提出"加快构建中国特色哲学社会科学学科体系、学术体系、话语体系"的重大论断与战略任务。可以说，新时代对哲学社会科学知识和优秀人才的需要比以往任何时候都更为迫切，建设中国特色社会主义一流文科大学的愿望也比以往任何时候都更为强烈。身处这样一个伟大时代，因应这样一种战略机遇，2017 年 5 月，中国社会科学院大学以中国社会科学院研究生院为基础正式创建。学校依托中国社会科学院建设发展，基础雄厚、实力斐然。中国社会科学院是党中央直接领导、国务院直属的中国哲学社会科学研究的最高学术机构和综合研究中心，新时期党中央对其定位是马克思主义的坚强阵地、党中央国务院重要的思想库和智囊团、中国哲学社会科学研究的最高殿堂。使命召唤担当，方向引领未来。建校以来，中国社会科学院大学聚焦"为党育人、为国育才"这一党之大计、国之大计，坚持党对高校的全面领导，坚持社会主义办学方向，坚持扎根中国大地办大学，依托社科院强大的学科优势和学术队伍优势，以大院制改革为抓手，实施研究所全面支持大学建设发展的融合战略，优进优出、一池活水，优势互补、使命共担，形成中国社会科学院办学优势与特色。学校始终把立德树人作为立身之本，把思想政治工作摆在突出位置，坚持科教融合、强化内涵发展，在人才培养、科学研究、社会服务、文化传承创新、国际交流合作等方面不断开拓创新，为争创"双一流"大学打下坚实基础，积淀了先进的发展经验，呈现出蓬勃的发展态势，成就了今天享誉国内的"社科大"品牌。"中国社会科学院大学文库"就是学校倾力打造的学术品牌，如果将学校之前的学术研究、学术出版比作一道道清澈的溪流，"中国社会科学院大学文库"的推出可谓厚积薄发、百川归海、恰逢其时、意义深远。为其作序，我深感荣幸和骄傲。

高校处于科技第一生产力、人才第一资源、创新第一动力的结合点，是新时代繁荣发展哲学社会科学，建设中国特色哲学社会科学创新体系的重要组成部分。我校建校基础中国社会科学院研究生院是我国第一所人文社会科学研究生院，是我国最高层次的哲学社会科学人才培养基地。周扬、温济泽、胡绳、江流、浦山、方克立、李铁映等一大批曾经在研究生院任职任教的名家大师，坚持运用马克思主义开展哲学社会科学的教学与研究，产出了一大批对文化积累和学科建设具有重大意义、在国内外产生重大影响、能够代表国家水准的重大研究成果，培养了一大批政治可靠、作风过硬、理论深厚、学术精湛的哲学社会科学高端人才，为我国哲学社会科学发展进行了开拓性努力。秉承这一传统，依托中国社会科学院哲学社会科学人才资源丰富、学科门类齐全、基础研究优势明显、国际学术交流活跃的优势，我校把积极推进哲学社会科学基础理论研究和创新，努力建设既体现时代精神又具有鲜明中国特色的哲学社会科学学科体系、学术体系、话语体系作为矢志不渝的追求和义不容辞的责任。以"双一流"和"新文科"建设为抓手，启动实施重大学术创新平台支持计划、创新研究项目支持计划、教育管理科学研究支持计划、科研奖励支持计划等一系列教学科研战略支持计划，全力抓好"大平台、大团队、大项目、大成果"等"四大"建设，坚持正确的政治方向、学术导向和价值取向，把政治要求、意识形态纪律作为首要标准，贯穿选题设计、科研立项、项目研究、成果运用全过程，以高度的文化自觉和坚定的文化自信，围绕重大理论和实践问题展开深入研究，不断推进知识创新、理论创新、方法创新，不断推出有思想含量、理论分量和话语质量的学术、教材和思政研究成果。"中国社会科学院大学文库"正是对这种历史底蕴和学术精神的传承与发展，更是新时代我校"双一流"建设、科学研究、教育教学改革和思政工作创新发展的集中展示与推介，是学校打造学术精品，彰显中国气派的生动实践。

　　"中国社会科学院大学文库"按照成果性质分为"学术研究系列""教材系列"和"思政研究系列"三大系列，并在此分类下根据学科建设和人才培养的需求建立相应的引导主题。"学术研究系列"旨在以理论研究创新为基础，在学术命题、学术思想、学术观点、学术话语上聚焦聚力，注重高原上起高峰，推出集大成的引领性、时代性和原创性的高层次成果。"教材系列"旨在服务国家教材建设重大战略，推出适应中国特色社会主义发展要求，立足学术和教学前沿，体现社科院和社科大优势与特色，辐射本硕博各个层次，涵盖纸质和数字化等多种载体的系列课程教材。"思政研究系列"旨在聚焦重大理论问题、工作探索、实践经验等领域，推出一批思想政治教育领域具有影响力的理论和实践研究成果。文库将借助与中国社会科学出版社的战略合作，加大高层次成果的产出与传播。既突出学术研究的理论性、学术性和创新性，推出新时代哲学社会科学研究、教材编写和思政研究的最新理论成果；又注重引导围绕国家重大战略需求开展前瞻性、针对性、储备性政策研究，推出既通"天线"、又接"地气"，能有效发挥思想库、智囊团作用的智库研究成果。文库坚持"方向性、开放式、高水平"的建设理念，以马克思主义为领航，严把学术出版的政治方向关、价值取向关与学术安全关、学术质量关。入选文库的作者，既有德高望重的学部委员、著名学者，又有成果丰硕、担当中坚的学术带头人，更有崭露头角的"青椒"新秀；既以我校专职教师为主体，也包括受聘学校特聘教授、岗位教师的社科院研究人员。我们力争通过文库的分批、分类持续推出，打通全方位、全领域、全要素的高水平哲学社会科学创新成果的转化与输出渠道，集中展示、持续推广、广泛传播学校科学研究、教材建设和思政工作创新发展的最新成果与精品力作，力争高原之上起高峰，以高水平的科研成果支撑高质量人才培养，服务新时代中国特色哲学社会科学"三大体系"建设。

　　历史表明，社会大变革的时代，一定是哲学社会科学大发展的时代。当代中国正经历着我国历史上最为广泛而深刻的社会变革，也正在进行着人类历史上最为宏大而独特的实践创新。这种前无古人的伟大实践，必将给理论创造、学术繁荣提供强大动力和广阔空间。我们深知，科学研究是永无止境的事业，学科建设与发展、理论探索和创新、人才培养及教育绝非朝夕之事，需要在接续奋斗中担当新作为、创造新辉煌。未来已来，将至已至。我校将以"中国社会科学院大学文库"建设为契机，充分发挥中国特色社会主义教育的育人优势，实施以育人育才为中心的哲学社会科学教学与研究整体发展战略，传承中国社会科学院深厚的哲学社会科学研究底蕴和 40 多年的研究生高端人才培养经验，秉承"笃学慎思明辨尚行"的校训精神，积极推动社科大教育与社科院科研深度融合，坚持以马克思主义为指导，坚持把论文写在大地上，坚持不忘本来、吸收外来、面向未来，深入研究和回答新时代面临的重大理论问题、重大现实问题和重大实践问题，立志做大学问、做真学问，以清醒的理论自觉、坚定的学术自信、科学的思维方法，积极为党和人民述学立论、育人育才，致力于产出高显示度、集大成的引领性、标志性原创成果，倾心于培养又红又专、德才兼备、全面发展的哲学社会科学高精尖人才，自觉担负起历史赋予的光荣使命，为推进新时代哲学社会科学教学与研究，创新中国特色、中国风骨、中国气派的哲学社会科学学科体系、学术体系、话语体系贡献社科大的一份力量。

（张政文中国社会科学院大学党委常务副书记、校长、中国社会科学院研究生院副院长、教授、博士生导师）

目　录

导论 ……………………………………………………………………（ 1 ）

　第一节　问题的提出与研究意义 ……………………………………（ 2 ）

　第二节　内容框架与研究思路 ………………………………………（ 5 ）

第一章　核心概念及其理论演进 ……………………………………（ 7 ）

　第一节　环境传播 ……………………………………………………（ 7 ）

　第二节　环境新闻 ……………………………………………………（13）

　第三节　传播场域 ……………………………………………………（26）

第二章　西方环境话语理论 …………………………………………（32）

　第一节　环境话语框架分析 …………………………………………（33）

　第二节　地球极限与生存主义话语 …………………………………（39）

　第三节　可持续发展与生态主义话语 ………………………………（41）

　第四节　新世界主义语境下环境话语转向 …………………………（43）

第三章　环境传播场域话语框架嬗变的成因分析 …………………（47）

　第一节　政治制度 ……………………………………………………（47）

　第二节　科学技术 ……………………………………………………（51）

　第三节　市场主义 ……………………………………………………（54）

第四节 受众变迁 ·· (57)

第四章 流动的隐喻：环境传播的视觉修辞 ·························· (60)
　第一节 视觉文化与环境镜像 ································· (60)
　第二节 环保电影的生态意象 ································· (67)
　第三节 环保电视公益广告的话语策略 ··················· (76)

第五章 互动的根基：中国政府的环境话语框架 ·············· (89)
　第一节 中国政府的环境传播机制 ························· (90)
　第二节 中国行政理性主义环境议题变迁 ··············· (92)
　第三节 中国环境政策与环境传播的逻辑内构 ········· (95)
　第四节 生态文明建设引领下环境传播的话语建构 ··· (97)
　第五节 中华环保世纪行打造协同治理传播模式 ········ (112)

第六章 生动的数据："美丽中国"语境下环境新闻报道的内容分析
　　　　——以《人民日报》《中国环境报》《新京报》为例 ········· (123)
　第一节 研究对象与样本选择 ································· (123)
　第二节 《人民日报》环境新闻报道的内容分析 ········· (124)
　第三节 《中国环境报》环境新闻报道的内容分析 ········ (132)
　第四节 《新京报》环境新闻报道的内容分析 ·········· (139)
　第五节 《人民日报》《中国环境报》《新京报》环境话语框架
　　　　　比较分析 ·· (147)

第七章 移动的言说：技术驱动环境传播的话语构序 ········· (161)
　第一节 环境传播的解构式话语框架研究 ··············· (161)
　第二节 话语失序背景下多元主体的话语表达 ········· (179)
　第三节 移动网络空间话语结构的重塑 ················· (193)
　第四节 传播场域话语冲突的隐喻机制 ················· (199)
　第五节 实证研究：微博舆论场中网生代的环境议题表达 ········ (201)

第八章 中国环境 NGO 的话语表征

——以"山水""WWF"微博为例 …………………………… (215)

第一节 环境 NGO 的理论图谱 ……………………………………… (216)

第二节 研究方法 ……………………………………………………… (217)

第三节 研究发现 ……………………………………………………… (219)

第九章 环境传播场域融合与舆论引导的新时代使命 ……………… (230)

第一节 秩序重构：创新主流价值引领的话语表达体系 ………… (231)

第二节 价值共识：筑牢"多元一体"的环境传播格局 …………… (240)

第三节 话语融通：弥合环境传播场域的话语冲突 ……………… (242)

第四节 文化使命：生态文明传播范式建构 ……………………… (244)

参考文献 ……………………………………………………………… (252)

后记 ………………………………………………………………… (264)

导　论

　　人与自然的关系问题是人类诞生伊始就面临的关键性问题，也是哲学、文学、政治学、经济学、地理学、生物学等学科领域探讨的重要命题。人与自然环境的依赖、敌视、抗争与和谐的关系模式反映了人类从生存主义、人类中心主义到环境主义、生态文明建设的变迁。无论是19世纪末英国泰晤士河工业污染导致最后一条三文鱼的消失、日本足尾铜矿遗毒严重破坏渡良濑川河的生态环境，还是20世纪50年代伦敦因空气污染产生的世纪之殇，60年代美国巴巴拉泄油事件导致海洋生物的灭绝，抑或英国汉学家伊懋可（Mark Elvin）描述的古代中国"大象的退却"①所隐喻的环境恶化等事件，都揭示了人与环境的互伤是亟须解决的世界难题。每一次环境问题的解决都与环境传播对于政府的倒逼作用和改变公民对环境的认知密不可分。比如，英国泰晤士河的污染问题是在以乔治·莱斯勒（George Dunlop Leslie）为代表的大众传播、以英格兰和威尔士三文鱼皇家调查委员会为代表的组织传播以及伦敦市民对于三文鱼的消失归因于水污染的口头传播等舆论压力下才促成了英国加强环境治理行动，出台了《泰晤士河航行条例》和《1876年河流防污法》。日本足尾铜矿环境污染事件还促使日本议员田中正造的"亡国演讲"和上书天皇，②并发起了世界上较早的上万人参加的环境抗争运动，日本政府和企业不得不设法解决铜矿遗

---

① 参见［英］伊懋可《大象的退却》，梅雪琴、毛利霞、王玉山译，江苏人民出版社2014年版。

② 参见梅雪芹《直面危机：社会发展与环境保护》，中国科学技术出版社2014年版。

毒问题。我国自古以来就重视人与自然的关系，"万物一体""天人合一""道法自然""以人为本"的生态思想贯穿中国文化的主脉。道家、儒家、佛家、墨家等传统文化中朴素的生态理念①为当今中国的生态治理提供了深厚的文化积淀和生态智慧。我国在发展过程中也出现过环境问题以及由此引发的环境冲突。但是，中国文化具有强烈的包容性和自愈性。党的十八大将解决人与自然和谐发展、构建全球命运共同体的生态文明建设纳入国家发展"五位一体"的战略总布局，在此基础上形成了解决生态问题的中国方案和中国模式。马克思主义生态观和习近平生态文明思想成为中国环境传播理论与实践的指导思想，为建构具有中国特色的环境传播范式提供了理论根基、当代使命和发展路向。

第一节　问题的提出与研究意义

环境问题是 20 世纪 50 年代提出来的，成为引起世界关注的环境议程设置始于 1962 年美国海洋生物学家蕾切尔·卡森（Rachel Carson）在大量调查研究美国官方和民间使用杀虫剂造成污染危害基础上形成的报告《寂静的春天》。这份报告从污染生态学的角度，阐释了人类同大气、海洋、河流、土壤、动植物之间的密切关系，初步揭示了环境污染对生态系统的影响。环境问题如今已被列为当代人类最关心的人口、粮食、资源、能源和环境五大世界性问题之一。② 20 世纪以来，世界环境问题和生态危机日益严重，各种自然灾害不断发生，生态问题所带来的社会冲突和群体矛盾加剧了社会风险，加大了治理难度。"经由工业主义和技术理性的系统改造，当今社会进入了贝克（Ulrich Beck）所说的风险社会，以不确定性为主要特征的风险文化已经渗透到所有不确定的社会领域。"③ 大众传媒的环境新闻报道和社会化的环境传播，在很大程度上构成、塑造和影响

---

① 孟根龙：《建设生态文明，推进生态复兴——评〈生态文明：愿景、理念与路径〉》，《生态经济》2020 年第 10 期。

② 潘岳：《和谐社会与环境友好型社会》，载陈彩棉、康燕雪《环境友好型公民》，中国环境科学出版社 2006 年版，第 2—8 页。

③ 刘涛：《环境传播：话语、修辞与政治》，北京大学出版社 2011 年版，第 1 页。

着人们对于环境问题的认知。而"风险社会"所引发的问题向人类中心主义发起了挑战。

转型时期的中国环境与生态环境问题也十分严峻，这既有本国经济发展的内生原因，也有发达资本主义国家通过资本扩张和产业转移转嫁环境风险的原因。近年来，生态文明建设成为基本国策，党中央将生态治理纳入国家治理体系现代化和治理能力现代化的顶层设计，通过出台系列生态治理的政策、制度、法规，强化监督执行和指标建设，实施全域"战争"和重点突破，我国生态环境取得了令世人瞩目的成就。习近平生态文明思想成为建设"美丽中国"和解决生态危机的根本遵循，"绿水青山就是金山银山"的发展理念深入人心，"人与自然和谐共生"的生态实践成为中国式现代化的人民行动。"双高"（高耗能、高排放）产业转型升级，新能源产业全面布局，绿色低碳节能减排成效显著，为实现碳达峰碳中和的战略目标创造了条件。同时，"空气、水源、土壤等三大基础性自然资源状况发生了根本性好转。"[1] 2015 年前后跨过了环境库兹涅茨曲线的顶端，环境明显好转，[2]"十三五"规划确定的 9 项生态环境保护领域的约束性指标全部完成，人们的获得感、幸福感和认同感大大增强，这是来之不易的成就。但是，我们也要看到，生态环境持续向好的压力仍然存在，生态环境的污染形势、环境事件的态势以及工业、能源、交通的结构性问题还没有得到根本性改变。[3] 这也是国家十四五规划着力推进的重点工程。生态环境关系每一个人的生存和生活质量，也关系国家可持续发展的走向。媒体理应承担环境传播的新时代使命和社会责任。环境传播具有建构和实用的功能，它一方面通过传播生态环境领域新近变动的事实，阐释事实变动的基本逻辑和问题，建构人们的环境知识和关系认知；另一方面通过劝服策略形成舆论，动员社会力量，促进环保行动，解决生态问题。

传统媒体时代，环境传播主要依靠报纸、广播、电视、杂志、电影等渠道进行信息传播和社会动员，主导性话语成为单一的话语框架。随着信

息技术的发展和媒介生态环境的演变，网络舆论场打破了传统媒体的话语垄断，促进了公众的自由表达，UGC（用户生成内容）不但在改变网络舆论场与社会舆论场的话语权结构，而且改变了环境传播模式。社交媒体打破了传播的时空边界和话语秩序，不同传播主体在网络空间争夺话语权，从而产生更为频繁的环境话语冲突和复杂的社会问题，急需相关的理论重构和引导策略。本书旨在通过对多元传播主体在国内外环境传播场域中话语框架化策略、话语流变以及权力关系的动态分析，进而重构环境传播秩序和话语机制，增强环境传播场域的舆论引导力，推进绿色公共领域的健康发展，从而建立起具有中国特色的环境传播学科范式和舆论引导新机制。

深入践行习近平新闻思想和生态文明建设思想是中国环境传播的核心逻辑，本书试图从以下几个方面拓展研究价值和现实意义。

第一，从理论建构出发，探索环境传播的框架化机制与以生态文明建设为核心的中国范式。其一，突出环境话语框架建构的系统性、动态性和全球性，阐释政府、媒体、NGO、公民等不同传播主体的话语表征及其冲突的生成逻辑。力求从环境传播不同场域话语生产机制和现实环境问题入手建构具有中国特色的环境传播话语体系。其二，通过环境场域意义争夺的修辞策略建构解构式话语空间生成机制和协同传播模式。其三，这种全面系统的研究还有助于完善环境网络舆论表达与理论引导体系。

第二，从实践需要出发，剖析环境传播的实践理路，建构新时代环境主流话语的引领策略。其一，有利于通过环境传播话语秩序和传播模式的改变创建高效的环境危机应对机制，降低社会风险。其二，可以为环境舆论引导新格局的建构提供理论依据。本书通过环境传播中不同舆论场的生态特点和话语表征及其动力机制，以及不同话语体系冲突的原因、形态、过程等探析话语融通机制及其运行规律，促进治理者环境传播场域的话语变革，构建环境舆论引导新机制。

第三，从国家战略出发，推进国家环境治理现代化。环境治理也是公共治理，社会转型带来的文化断裂导致社会价值迷失，在环境公共事件中容易凸显、放大。以社会主义核心价值观引领环境传播和舆论导向，对提高国家文化引导力具有重要的意义。本书通过环境传播舆论场话语框架化机制的研究，推动治理者通过善治方式增强意识形态领域的引导力，重建政府、媒体、民间的信任关系，扩大在境外舆论场的话语权，降低社会政治风险。

第二节　内容框架与研究思路

一　内容框架

第一部分，环境传播的核心概念与理论拓展（第一、二、三、四章）。通过对环境传播理论发展演变的分析探讨这种演变与媒介变化、舆论场变化之间的关系。在此基础上分析新媒介对话语与权力关系的重构导致传统叙事框架、议程设置、沉默的螺旋、知识鸿沟等理论在环境传播中的失灵，结合当下"视觉文化""线上政治"的媒介生态特点分析环境传播话语构序与祛序的理路。这是本研究的理论基础。

第二部分，环境场域话语框架化机制分析（第五、六、七、八章）。通过大量采集官方、民间、环境 NGO 舆论场中环境议题和语料内容，尤其是重大环境公共事件中传播主体的话语表达和流行语进行文本分析和内容分析，进而对舆论场中话语体系冲突机制和生态文明建设协同治理传播的逻辑基础与实践路径进行深入的研究。主要包括：第一，治理者、EN-GO、公众等不同话语主体受环境场域生态影响的研究，重点阐释以习近平新时代中国特色社会主义生态文明建设为引领的中国政府环境话语框架的建构原理和媒体呈现方式；第二，不同传播主体话语的价值立场、话语态度、表达方式、话语模态的研究；第三，不同话语体系在环境认知、情感和信仰三个基本面的比较研究。在此基础上，建构环境传播场域的话语框架、隐喻机制和舆论表情。

第三部分，环境传播场域与舆论引导的新时代使命研究（第九章）。网络舆论场为民众提供了自由表达的空间，同时主导了网络舆论场的议程设置和话语生产机制，环境传播的官方话语和主流媒体声音在网络空间有被弱化的危险。通过多元主体在网络舆论场对环境议题的框架机制探讨冲突性话语形成的权力逻辑。在此基础上，建立官方、权威专业机构、传统主流媒体与网络舆论场的融通机制和整合危机模式，建构环境舆论引导新机制。以"生态中国""美丽中国"的国家环境治理目标为基点，针对不同场域话语冲突的社会现实，提出以马克思主义新闻观和生态观的中国化引领环境传播框架建构和未来走向的策略。主要从四个方面进行探讨：一是从官方舆论场的角度探讨政府和主流媒体在环境传播，尤其是在重大环境危机传播中如何建立一套适合在网络舆论表达的话语体系，既保持话语的权威性和公信力，又能提高生态治理的话语阐释力并与公众产生共振的话语体系。二是从民间舆论场的角度，探讨如何提高公民素养和新媒介素养，提出环境传播中邻避心理与环境治理的矛盾解决方案以及环境信息的科学性和公共性在传播中的协商策略。三是探讨治理者对境外舆论场话语主体如何通过策略性话语设置和框架建构进行有效引导。四是建构具有中国特色的生态文明传播范式。

二 研究思路与研究方法

本书以马克思主义生态观及其中国化实践为指导思想，融合环境学、新闻学、传播学、政治学、社会学、心理学等相关学科理论，综合运用田野调查、内容分析、文本分析、深度访谈等多种研究方法，探讨不同环境传播主体的话语框架、冲突机制及其变动轨迹，总结环境传播的中国经验、话语范式以及整合危机传播模式，试图建构环境传播新模式和舆论引导新机制。

首先，本书通过学术史的角度勾勒一幅环境传播的知识简谱，并从历时性和共时性两个路向进行审视和评述。其次，通过文本分析和实证研究等方法探讨众媒时代多元主体的话语框架化机制以及技术主导的话语祛序与环境反话语空间的生成逻辑，厘清其与舆论生态的关系；通过电影、广告等影像作品分析环境传播的视觉修辞与生态意象的生产。最后，通过田野调查剖析基层组织生态治理的经验、成果、困难及其与环境传播的关系；通过问卷调查探讨网生代运用新媒体进行环境表达的特征及其影响因素；通过具有典型性的环境公共事件分析环境主导性话语的引领作用，多元话语的博弈与协同图景；分析国内具有代表性的党报、都市报、专业报，比较它们对环境公共事件报道的框架化策略及其变迁路向。基于上述的分析，提出环境传播与时俱进的发展空间，以生态文明建设为核心建构具有中国特色的环境传播范式和舆论引导机制，以全球命运共同体为指导思想建构具有通约性的多元主体协同传播治理模式。

第一章

核心概念及其理论演进

第一节　环境传播

人在处理与自然的关系中产生了环境传播的需要，因而，可以说自有人类以来就有了环境传播的实践。中国文化哲学中倡导的"天人合一"便体现了环境传播中的重要生态思想和行动指南，并将这种生态智慧引入道德规范、国家治理、世界共处的人与人、人与社会的关系之中，建构了"仁爱和美"的修身定律、"王道政治"的德政治理、"天下一家"的大同世界之文化根基。

环境传播在西方国家 20 世纪末开始进入学者们的研究视野，一直存在现实主义和社会建构主义两个主要研究方向。现实主义环境传播研究聚焦环境核心问题、环境议程设置、环境行动实践以及环境问题的解决方案。社会建构主义环境传播研究主要考察环境话语表征、生产机制以及内构的权力关系。美国学者克莱·舍恩菲尔德（Clay Schoenfeld）和勒妮·吉列尔雷（Renee Guillierie）在 70 年代便率先梳理了环境传播的学术文献并提出了概念雏形："环境传播是指围绕环境、环境管理、环境议题方面的文字、语言或视觉信息，对其进行策划、生产、交流或研究的过程与实践。"[①] 德国社会学家尼可拉斯·卢曼（Niklas Luhmann）随后提出环境传播的概念："旨在改变社会传播结构与话语系统的任何一种有关环

[①] 刘涛：《"传播环境"还是"环境传播"？——环境传播的学术起源与意义框架》，《新闻与传播研究》2016 年第 7 期。

境议题表达的交流实践与方式。"① 他从认知论与现象学的角度出发，进一步将环境危机定义为"社会"与"自然"产生深度关联或裂变的中间纽带。② 环境传播建构学派的代表人物罗伯特·考克斯（Robert Cox）是环境传播研究的集大成者，他在《假如自然不沉默：环境传播与公共领域》一书中将环境传播定义为：环境传播是我们理解自然，以及理解我们与自然的关系的实用性工具和建构性工具。它是象征性媒介，我们用它建构环境问题，并用它来协商人们对环境问题的不同看法。③ 他还阐释了环境传播与公共领域的关系，并对环境话语修辞包括视觉修辞进行了深入研究，他认为环境传播是借助特定的辞屏、命名、议题、修辞、框架等符号或话语建构环境社会。环境传播学者斯蒂夫·德波（Steve De-poe）则将环境传播的研究领域概括为"我们的言说和我们对自然环境体验的关系"。罗伯特·考克斯在梳理前人研究成果的基础上总结了环境传播研究的七大领域：（1）环境修辞与自然的社会；（2）环境决策中的公共参与；（3）环境协作与争端解决；（4）媒介与环境新闻；（5）企业广告与流行文化中对自然的再现；（6）倡导活动与信息建构；（7）科学与危机传播。④

国内学者在研究环境传播时大多始于译介，也有学者进行了个性化的阐释。例如，刘涛认为，"环境传播是指以生态环境为基本话语出发点，不同社会主体围绕环境议题而展开的文本表征、话语生产与意义争夺实践"⑤。郭小平则认为"环境传播是关于生态环境的信息传递、议题建构与意义分享的过程"；⑥ 由于环境问题和议题与政治、经济、文化、科技和社会密不可分，因此，环境传播不仅关注环境议题的传播、互动和社会影响，⑦ 更涉

---

① Niklas Luhmann, *Ecological Communication*, University of Chicago Press, 1989, p. 28.

② 刘涛：《环境传播：话语、修辞与政治》，北京大学出版社 2011 年版，第 5 页。

③ ［美］罗伯特·考克斯：《假如自然不沉默——环境传播与公共领域》，纪莉译，北京大学出版社 2016 年版，第 21 页。

④ ［美］罗伯特·考克斯：《假如自然不沉默——环境传播与公共领域》，纪莉译，北京大学出版社 2006 年版，第 17—20 页。

⑤ 刘涛：《环境传播：话语、修辞与政治》，北京大学出版社 2011 年版，第 10 页。

⑥ 郭小平：《环境传播：话语变迁、风险议题建构与路径选择》，华中科技大学出版社 2013 年版，第 18 页。

⑦ 戴佳、曾繁旭：《环境传播：议题、风险与行动》，清华大学出版社 2016 年版，第 2 页。

及环境问题背后的政治、文化和哲学命题的建构过程。① 另外王莉丽对与之相关的环保传播进行了界定，她认为"环保传播是关于环境保护问题的信息传播"。②

国内对环境传播的研究经历了从"环境新闻传播"到"环保传播"再到"环境伦理及风险传播"三个阶段。自许正隆（1999）提出环境新闻伊始，王宏波（2000）、陈少华（2004）、王莉丽（2005）等学者将环境传播纳入新闻与传播学的研究框架。

近年来我国学者的研究具有更开阔的视野，汲取了西方环境传播学优秀成果的学术滋养，在此基础上探索环境传播中的中国问题、中国话语和中国经验等成为重要的研究路向。刘涛（2011）探讨了环境传播在中国社会发展进程中的价值。陈阳（2010）、贾广惠（2011）等从批判角度探讨了生态问题所带来的社会影响。郭小平（2012）通过具体的环境文本分析了西方媒体对中国环境形象的建构。黄河（2014）等则通过具有代表性的传统纸媒和新媒介进行内容分析来探讨环境传播中不同的框架机制。徐迎春（2014）通过中国绿色公共领域的实践探讨中国环境话语的生产机制。戴佳、曾繁旭（2016）则从环境议题、环保行动及其存在的问题分析中国环境传播的话语表征及其框架化策略。大气污染、媒介动员、环境修辞、生态现代化等议题成为学者关注的热点。2010年后，学者们对环境传播的研究方向更为多元，其中探讨新媒体语境下环境传播的转向成为研究方向之一，着眼于网络空间中的环境传播。随着媒体使用习惯的转变、媒介素养的发展和教育的深化，大学生在大众传媒上的意见表达更加倾向于关注公共问题，其中也包括环境议题，相关的研究在环境传播基础上分为两个维度——大学生和大众传媒，刘依卿（2015）在对宁波市五水共治传播的分析过程中发现大学生接受环境传播的主要渠道是网络等大众媒介。③ 邱鸿峰（2013）在对厦门某事件的研究中便提出公众对于环境问题的重视

①　刘涛：《环境传播的九大研究领域（1938—2007）：话语、权力与政治的解读视角》，《新闻大学》2009年第4期。

②　王莉丽：《绿媒体：中国环保传播研究》，清华大学出版社2005年版，第52页。

③　刘依卿：《环境传播中的大学生参与——基于宁波市"五水共治"传播的调查分析》，《新闻世界》2015年第11期。

程度受到了网络论坛的影响。干瑞青（2013）着重探讨了新媒体时代环境传播的特性，在其"爆发性与传播长尾性"这一部分引用微博话题热度作为数据来阐述环境传播的运动式传播。① 笔者通过对环境传播学术史的梳理发现，关于环境传播的成果丰富多元，专著不少，如表1－1所示。

表1－1 国内主要环境传播专著

研究者	年份	书籍名称	研究内容及领域
王莉丽	2005	《绿媒体：中国环保传播研究》	环保传播即为环保信息的传播，与环境传播概念相同，环保传播比环境新闻有着更为广阔的外延与内涵。从环保传播的概念、中国环保传播的发展、面临的挑战以及如何提升环保传播能力等角度对环保传播的流变做了逐一阐述，成为我国较早的关于环境传播理论研究与实践的专著
刘涛	2011	《环境传播：话语、修辞与政治》	把环境传播与话语争夺、修辞裂变、政治权力博弈等相联系，集中讨论了环境传播适用的九大研究领域，从总体上勾勒出了环境传播研究的基本研究图景
郭小平	2013	《环境传播：话语变迁、风险议题建构与路径选择》	对王莉丽的研究做了更新与补充，加入了环境新闻在报纸、影视媒体、新媒体等媒介载体中的不同呈现与利益诉求，提出了"可持续消费""绿色消费"等环境传播的路径选择
徐迎春	2014	《绿色关系网：环境传播和中国绿色公共领域》	重点考察了大众传媒、ENGO等环境传播主体建构环境公共空间的话语表征与生产机制，政府推动环境公共领域建构的重要作用与传播机制
戴佳、曾繁旭	2016	《环境传播：议题、风险与行动》	从中国语境出发，采用多种实证研究方法对中国环境传播的议题、主体及其与环保行动的互动逻辑，并试图建构具有中国特色的环境传播理论与现实图景

　　环境传播的话语研究成为学术界重要的研究旨趣，学者们对环境传播的逻辑起点、话语冲突、框架策略及其背后的权力关系等进行了深入的探

---

① 干瑞青：《新媒体时代环境传播的特性》，《青年记者》2013年第35期。

讨。坎特尔（Cantrill）和马斯卢克（Masluk）（1996）则探索了环境反话语视野中的"草根政治"理念。① 约翰·德赖泽克（John S. Dryzek）（2012）从话语与政治的角度提出了生存主义、问题解决、可持续性、绿色激进主义四种环境话语类型。② 国内环境话语的本土研究主要围绕四个方面展开：一是介绍西方环境话语和生态话语，包括话语修辞及其建构功能理论（刘涛，2009；王丽娜，2019；郭小平、李晓，2018）；③ 二是环境新闻报道、环境议题及其对环境意义的争夺，这是环境传播研究的主流方向之一（王积龙，2010；黄河、刘琳琳，2014；戴佳、曾繁旭，2016；漆亚林，2018）；三是围绕公共参与展开的话语实践分析，以环境运动、ENGO、环境抗争为重点，话语冲突分析是其中一个重要的面向（汪磊，2013；周裕琼、蒋小艳，2014；刘景芳，2016）；四是绿色学术话语形态、学术地图与研究范式研究（鲁枢元、刘晗，2016；郇庆治，2016；裴萱，2019；李娜、王梦，2019）。此外，山东大学出版社出版的环境政治学译丛等书，包括《欧洲执政绿党》《西方环境运动：地方、国家和全球向度》《地球政治学：环境话语》《全球环境政治：权力、观点和实践》等。中国人民大学郑保卫教授主持的中国气候变化与气候传播项目，也产出了一系列环境传播研究的新成果。

随着环境传播理论与实践的不断发展演进，环境传播研究领域的教育活动也在不断拓展，环境传播的学术组织、国际论坛、学术刊物不断涌现。2011 年美国成立了"国际环境传播协会"，在中国、东南亚地区、印度、俄罗斯和拉丁美洲地区将传播或者媒介与环境话题联系到一起的职业协会开始出现。④ "传播与环境双年会"吸引了许多国家和地区的学者，就连国际媒介与传播研究学会、美国国家传播学会、国际传播学会和美国新闻与大众传播教育学会也开辟了关于环境传播的主题分场。《环境传播：

① 刘涛：《环境传播的九大研究领域（1938—2007）：话语、权力与政治的解读视角》，《新闻大学》2009 年第 4 期。

② ［澳］约翰·德赖泽克：《地球政治学：环境话语》，蔺雪春、郭晨星译，山东大学出版社 2012 年版，第 13 页。

③ 刘景芳：《中国绿色话语特色探究——以环境 NGO 为例》，《新闻大学》2016 年第 5 期。

④ ［美］罗伯特·考克斯：《假如自然不沉默——环境传播与公共领域》，纪莉译，北京大学出版社 2016 年版，第 15—16 页。

自然与文化期刊》《环境传播年刊》① 《应用环境教育和传播》《可持续传播国际学刊》等专门的学术期刊也相继问世。同时，环境传播学成为新闻传播教育的一个新热点，十分贴合当下新文科背景所倡导的跨学科、跨专业、跨领域的哲学社会科学发展潮流，从解决危机传播的一门新兴学科重要分支向多元学科方向衍伸，在与政治学、人类学、社会学、历史学等学科融合中逐渐形成环境政治学、环境社会学、环境人类学、环境历史学等交叉学科研究，如郇庆治主编的《环境政治学：理论与实践》、韩国学者全京秀的《环境人类学》、崔凤、唐国建的《环境社会学》等。而英国著名历史学家、汉学家伊懋可则从中国浩如烟海的诗文、历史、地理等文献典籍中"挖掘"出"中国环境史的奠基之作"② ——《大象的退却：一部中国环境史》。

国内外学者对于环境传播研究的学术智慧和成果积淀丰厚多维，本书难以一一呈现，穷尽缕析。上述关于环境传播的学脉思想、理论辉光、观察视角、研究方法等为本书研究提供了理据参考和研究路向。但是，环境传播的内涵并非一成不变，伴随着新社会运动理论、公共关系理论、社会风险理论、整合营销传播理论、社交传播理论等新的理论嵌入，以及生态现代主义、区域行政理性主义、发展环境政治学、新世界主义、全球命运共同体等理论演进，环境传播研究承载着社会权力关系的"爱恨情仇"亦在不断变化。正如安德鲁·皮尔森特（Andrew Pleasant）等学者指出的，很难在一个"日益扩散和变化"的学术领域去具体厘定环境传播，"只有通过对环境传播曾经关注的焦点问题以及目前正在关注的焦点问题进行跟踪和归纳，才能清晰地把握环境传播的真正内涵"③。基于此，环境传播立足国际视角变迁和中国理论、中国经验、中国话语体系的可持续研究还有较大的拓展空间。

---

① 刘涛：《环境传播的九大研究领域（1938—2007）：话语、权力与政治的解读视角》，《新闻大学》2009 年第 4 期。

② 王利华：《中译本序言》，载伊懋可《大象的退却：一部中国环境史》，梅雪芹、毛利霞、王玉山译，江苏人民出版社 2014 年版，第 1 页。

③ 刘涛：《"传播环境"还是"环境传播"？——环境传播的学术起源与意义框架》，《新闻与传播研究》2016 年第 7 期。

第二节　环境新闻

环境新闻是以报道生态思想、环境景象、环境问题、环保行动以及解决方案等内容为要任的报道方式。环境新闻与环境电影、绿色摄影、环保音乐、环保广告、环境漫画等一样是环境传播的一种呈现方式。本书之所以将环境新闻的理论资源进行浓墨重彩的梳理，是因为吉登斯（Giddens）所言的"风险社会"在技术主义主导下的制度风险、社会风险和个人风险剧增，并以新闻舆论的方式通过媒介逻辑转化在日常生活之中，既为降低社会风险增加了难度系数，也为媒介与社会协同治理带来了历史机遇。同时，作为具有独特内涵的环境新闻以及环境新闻学在学苑中已然"繁花绽放，暗香浮动"。

一些国际环境问题大都通过媒体进行了报道，记录环境变迁、环境问题、民众意见，成为推动环境问题的有效解决助力。19 世纪 80 年代，《东京横滨每日新闻》《自由新闻》《朝野新闻》《邮便报知新闻》等报纸报道了日本渡良濑川遭受铜矿污染而导致生态环境破坏的事实。20 世纪 20 年代美国媒体上就已经出现了有关环境的新闻报道。1935 年 4 月美国《华盛顿晚星》记录了美国西部大平原的沙尘暴带来的"黑色灾难"。[1] 直到 1962 年美国生物学家、环境作家蕾切尔·卡森（Rachel Carson）《寂静的春天》的出版，引发了全世界对于生态环境问题的关注和讨论，是环境新闻的分水岭，具有质之规定性的环境新闻以成熟的文本形态确立起来。"它标志着一个新的生物学时代的开始，在环境保护史上是一部划时代的作品。"[2] 在这之前，蕾切尔·卡森已经通过《大西洋月报》《纽约客》《科学文摘》《耶鲁评论》等媒体连载了她所著的科学与文学融为一体的畅销书《环绕我们的大海》，通过讲述环境故事饱含生态思想，为她后来撰写蜚声中外的环境新闻扛鼎之作打下坚实的基础。对美国环境新闻具有重要理论与实践贡献的另一位学者是华盛顿大学麦克尔·弗洛姆（Michael

---

[1]　梅雪芹：《直面危机：社会发展与环境保护》，中国科学技术出版社 2014 年版，第 31—81 页。

[2]　程少华：《环境新闻的发展历程》，《新闻大学》2004 年第 2 期。

Frome）教授，他从 20 世纪 60 年代开始就在《美国森林》《野生动物保护》《洛杉矶时报》等媒体担任环境新闻记者，[①] 在从事环境新闻实践的基础上对环境新闻的理论率先进行探索。

　　据联合国环境规划署统计，20 世纪 70 年代，全球环境保护期刊只有 177 种，1980 年增至 1172 种。80 年代中后期，不少国家相继成立了环境记者协会。1983 年，联合国环境规划署、世界野生动植物保护基金会和英国中部电视台共同设立欧洲"环境电视托拉斯"，拥有 60 家伙伴机构。[②] 我国的环境新闻报道起步较晚，滥觞于 20 世纪 70 年代，成长于 80 年代，并于 90 年代中期才逐渐繁荣发展起来。1973 年《环境保护》杂志创刊，关于环境的报道蹒跚起步。1984 年，中国国家环保局成立，并把"环境保护"确定为一项基本国策。同年，《中国环境报》创刊，作为世界上唯一一家以环境生态为报道对象的国家级专业媒体，其创刊标志着中国环境新闻规模性传播的正式起步（贾广惠，2014）。《人民日报》《光明日报》《中国青年报》《南方周末》纷纷开辟环保专栏或者绿色专版。1986 年，全国环境新闻工作者协会成立，1993 年中国加入了国际环境新闻记者协会。截至 1996 年中国环境新闻工作者协会地方环境报专业委员会成立时，地方环境报已发展到 34 家。[③] 环保记者和环保作家成为两个重要的记录环境变迁和呈现环境问题的传播群体。90 年代崛起的都市类媒体大多将环境问题当成社会新闻来进行报道。1993 年全国人大环资委会同中宣部等 14 个部委共同组织"中华环保世纪行"，成为国家主导的大型常态的环境宣传活动，全国媒体积极参与报道，持续不断的专题报道使环境议题得到社会重视，环境新闻报道逐渐成为一种独特的新闻报道样式发展起来。据统计，从 1993 年到 2008 年的 15 年里，有 8 万多人次参与中华环保世纪行采访活动，共播发稿件 20 多万篇。[④] 非政府组织和个体公民踊跃参与中国

---

　　① 王积龙：《抗争与绿化：环境新闻在西方的起源、理论与实践》，中国社会科学出版社 2010 年版，第 15 页。

　　② 程少华：《环境新闻的发展历程》，《新闻大学》2004 年第 2 期。

　　③ 王利涛：《从政府主导到公共性重建——中国环境新闻发展的困境与前景》，《中国地质大学学报》2011 年第 1 期。

　　④ 《中华环保世纪行十五周年座谈会暨总结表彰会举行》，中央政府门户网站，2008 年 1 月 6 日，http://www.gov.cn/jrzg/2008－01/06/content_851216.htm.

环保行动和环境报道。1994年3月，非政府组织"自然之友"（Friends of Nature）成立，这是我国第一个在国内依法注册的民间环境保护团体。① 1996年，环保记者汪永城等人创办"绿色家园"。环境问题、生态保护、环境治理、明星公益等成为环境新闻报道的重要议题。2008年汶川地震的报道成为我国国内环境新闻报道的转向，媒体报道的价值取向从人类中心主义向遵循自然生态规律转变。

随着全球生态系统的日益恶化和移动智能媒体的发展，近年来不少国家或地区多种环境问题不断暴露，环境公共事件时有发生，其所带来的社会影响不仅限于一隅之地，甚至可能引发全球性媒介围观与批判，进而引发社会运动，因现代工业化所带来的"人造风险"（吉登斯言）将影响着社会的稳定与繁荣发展，并增加社会治理风险。

当前"决不以牺牲环境为代价换取一时的经济增长"成为中国社会的共识。2012年11月8日，"美丽中国"在党的十八大报告中首次作为执政理念出现，生态文明建设提升到"五位一体"的总体布局中。习近平总书记在党的十九大报告中强调指出，"生态文明建设功在当代、利在千秋。我们要牢固树立社会主义生态文明观，推动形成人与自然和谐发展现代化建设新格局，为保护生态环境作出我们这代人的努力。"② 以"美丽中国"为核心的生态文明建设成为国家战略的重点。因此，在绿色问题和生态环境逐渐升级为社会主流话语和媒体实践的同时，对环境新闻的研究也成为理论界的一个重要的学术旨趣。

一　环境新闻概念的界定

美国被认为是环境新闻和环境新闻学的发源地，发展至今已有百年历史。1739年《宾夕法尼亚报》曾揭露屠宰场和制革厂污染河流码头溪（Dock Creek）的环境问题。③ 有研究者认为，环境新闻学作为辞屏在1842年就已有过表述。但目前，学界、业界对于环境新闻的界定仍未完全达成共识。近

---

① 自然之友网站，http：//www. fon. org. cn.
② 《牢固树立社会主义生态文明观》，人民网，2017年11月20日，http：//theory. people. com. cn/n1/2017/1122/c40531 - 29660387. html.
③ *Pennsylvania Gazette*，August 23，1739.

年来中西方理论学者关于环境新闻概念界定与阐释的部分成果见表 1 - 2。

表 1 - 2　　　　　　　　　部分中外学者关于环境新闻概念的界定

年份	学者	阐释角度	对于环境新闻的理解与阐释
1970	［美］亨丁	信息学	环境新闻是关于生态关系恶化的新闻
1988	［美］麦克尔·佛洛姆	新闻业务	环境新闻是在调查研究的基础之上所反映的环境问题的新闻写作
1999—2004	许正隆、程少华	新闻报道	"环境"的内容与"新闻"的形式的结合构成了环境新闻,或者说其是以新闻的形式反映变动着的环境事实
2004	张威	社会学	环境新闻重在将人类环境的现状告知受众,引起社会的警醒
2007	王积龙、蒋晓丽	多角度	从业界眼中、学者视域及教育领域三个方面集中探讨了什么是环境新闻,并把环境新闻上升至一门学科的高度

　　受政治制度、文化背景与现实情况等因素影响,中西方环境新闻报道理念与内容的差异甚大。西方学者对环境新闻的认知主要有如下几种观点:其一,将环境新闻等同于批评报道,如威利斯(Willis)认为环境新闻学与批评新闻学是同义语;① 其二,认为任何新闻报道的内容都与环境密不可分,如学者亨丁(Hentin)反问:"还有哪一个新闻不是环境新闻";② 其三,认为环境新闻既是一种新闻写作方式,也是一种生活方式,如麦克尔·弗洛姆认为环境新闻不仅仅是一种报道或者写作方式,而是一种生存方式,一种看世界、看自己的生活方式③。

　　我国学者许正隆、程少华、张威、王积龙、蒋晓丽、李瑞农等也从不同角度对环境新闻的内涵进行了阐释。结合陆定一对新闻的界定:"新闻的定义就是新近发生的事实的报道"④ 以及上述学者对环境新闻内涵的探

---

　　① Willis and Okunade, *Reporting on Risk：The Practice and Ethics of Health and Safety Communication*, Connecticut：Praeger, 1997, p. 84.

　　② Hendin, "Environmental Reporting…the Shrill Voices Sometimes Get More Credence than They Deserve", *The Quill*, 1970 - 1978, p. 15.

　　③ 王积龙:《抗争与绿化:环境新闻在西方的起源、理论与实践》,中国社会科学出版社2010 年版,第 13 页。

　　④ 杨保军:《新闻理论教程》,中国人民大学出版社 2010 年版,第 81 页。

索，我们认为，环境新闻是一种反映新近发生或正在发生的生态环境事实变动的一种新闻报道。它既是一种报道方式，也是一种通过媒介对生态环境问题以及环境行动进行传播的新闻活动。

二 环境新闻的理论源流

（一）国外环境新闻研究现状

西方的环境新闻肇始于美国，并伴随着环境保护运动的发展而不断完善，见图1-1。

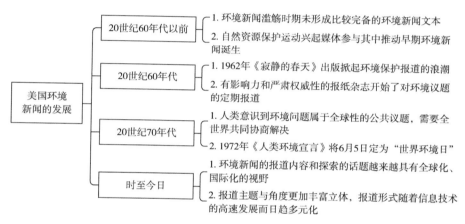

图1-1 美国环境新闻的发展

人类在不断发展的同时，也一直不停地对环境问题进行反思。这种反思，最早可以追溯到有文字记载的古希腊时代。[1] 环境报道的繁荣促进了环境新闻研究的发展。西方关于环境新闻的系统研究，最早始于政府和民间的环保组织，[2] 此后国际社会逐渐形成了对环境新闻研究的热潮，并主要集中在以下几大研究领域，[3] 见表1-3。

---

① 程少华：《环境新闻的发展历程》，《新闻大学》2004年第2期。

② 郭小平：《环境传播：话语变迁、风险议题建构与路径选择》，华中科技大学出版社2013年版，第20—21页。1988年成立亚太环境新闻记者论坛（APFEJ），1989年成立美国环境新闻记者协会（SEJ），1992年成立美国科罗拉多大学环境新闻中心（CEJ），1993年成立国际环境新闻记者联盟（IFEJ）等。

③ 王积龙：《抗争与绿化：环境新闻在西方的起源、理论与实践》，中国社会科学出版社2010年版，第21—26页。

表 1 – 3   西方关于环境新闻研究的七个发展方向

研究领域	代表作品	研究内容
1. 环境新闻发展史研究	《环境报道：1970—1982 年的流变》《21 世纪的环境新闻》	集中探讨了环境新闻的发展轨迹与思想嬗变
2. 环境新闻理论研究	《西方作家与环境文学》《媒体、风险与科学》	关于环境新闻价值的追寻与探讨，环境新闻文本对文学文本的嫁接与继承等，总结出环境新闻与传统新闻的不同规律与核心要素
3. 环境新闻采访与写作研究	《环境新闻入门》《环境报道的 10 条实践经验》	以注重实践为传统、公共性和揭露性为己任的西方学者和业界的实践手册为主
4. 环境新闻媒体编辑思想研究	《环境新闻的建构》《传媒与环境问题》	媒体对于环境危机的处理、编辑处理环境新闻的价值尺度、记者和编辑素质等，侧重于将不同介属性或有区域差别的媒体进行比较研究
5. 环境新闻教育研究	《学生应准备报道环境问题》《用亲身经历教授环境新闻写作》	从萌芽状态的简单号召，到新闻业界内部的技能与教育培训，环境新闻教育进入大学，从个案到规律性的研究使其研究成果朝着多方理论化拓展
6. 环境新闻与西方社会研究	《报道环境的伦理》《媒体和社会的环境建构》	环境新闻对国家政策立法，外交关系、绿色发展等方面的影响与促进作用
7. 环境新闻跨文化研究	《沙乡年鉴》《封闭的循环》	不同文化背景和社会条件下，环境新闻对国家的现状、发展、影响与促进作用，评析其背后的文化传统与思想差异

（二）国内环境新闻研究现状

西风东渐，环境新闻的概念和理论引介到中国之后，引起了学术界的关注。20 世纪 90 年代中国的大学及研究机构的环境新闻学业已启动，山东大学威海学院建立了环境新闻学研究中心。[①] 传播学者刘涛在环境传播的系统研究中探讨了大众媒介如何建构环境议题，并分析我国《新闻调查》《焦点访谈》节目的话语框架与视觉修辞策略。长期从事环境新闻研究的学者王积龙对以美国为核心的西方环境新闻的起源和理论演进进行了整体性研究。史学家梅雪芹从环境史的视角旁及环境问题及其媒介呈现的流变。除此之外，我国学者在学术期刊发表了大量论文，对环境新闻的史

---

① 王文玉、积龙：《关于美国环境新闻学几个关键词的翻译》，《当代传播》2006 年第 3 期。

论与业务进行了多维分析。我们运用文献分析法对国内环境新闻的学术成果进行梳理，以公开发表在学术期刊上并收录于中国学术期刊全文数据库（CJFD）中的论文作为数据来源，试图建构一幅环境新闻的学术地图。所选论文时间限定为 1984—2017 年的环境新闻报道的学术性文章及硕士学位论文，以关键词"环境新闻""环保新闻""环境报道"为索引词，通过文章标题进行文献检索，随后对检索到的全部文章进行人工筛查，剔除非学术性文献，共计检索到 317 篇文献资料。

需要特别说明的是，笔者把研究文献的起点设定为 1984 年，是因为在当年中国环保局的成立和《中国环境报》的创刊，标志着我国环境新闻规模性传播的正式起步。[①] 自 1984 年始，我国环境新闻相关的研究渐次展开。同时，我们收集数据时发现，博士学位论文中关于环境新闻的研究基本为零，并且由于中国学术期刊全文数据库只挑选优秀本科毕业论文来收录，导致该数据库本科生毕业论文收录不全，为保证数据的完整性，博士生和本科生毕业论文未纳入本次研究。

第一，尽管我国的环境新闻规模性传播起步于 1984 年，但在随后的四年中，学界和业界对环境新闻研究的相关成果寥寥无几。而值得一提的是，1988 年发表的题为《加强环境新闻的战斗性》的研究文章，也是应李鹏同志在《中国环境报》创刊后的多次指示，针对该报办报方针而撰写的应景文章。而 1993 年车英发表的《关于环境新闻报道》的文献也仅仅是编译自埃及学者阿布代尔·阿齐斯的著作《关于环境报道》。1987 年，《中国青年报》针对大兴安岭特大森林火灾的深度报道被认为是我国环境报道的里程碑，但当时亦未被学者纳入环境新闻视角作为探究的范例。

第二，总体来看，学术界对于环境新闻研究的热情起始于 1999 年，此后近 7 年的研究成果保持稳定增长，每年的学术性文章均在 4 篇及以上。而在 2007—2008 年每年的研究成果有 20 篇以上，说明这两年是环境新闻研究的一个重要历史拐点。之后的几年中，环境新闻研究数量保持一定规模并平稳发展。2011 年是环境新闻研究的"井喷"之年，当年发表

---

① 贾广惠：《中国环境新闻传播 30 年：回顾与展望》，《中州学刊》2014 年第 6 期。

的论文多达 32 篇，也从侧面印证了随着环境问题和环境危机的日益凸显以及国家治理力度的加大（可见 2010 年、2011 年《政府工作报告》关于节能减排、生态建设和环境保护的相关表述），学者们投入了更多的时间和精力致力于环境问题和生态议题建构的研究。数据表明，2008 年至今是我国环境新闻研究的活跃期。各年具体文献数量如图 1-2 所示。

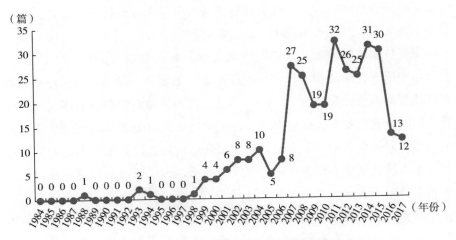

图 1-2　1984—2017 年环境新闻研究文献数量变化趋势

第三，本书对刊载环境新闻研究的学术刊物分布进行了统计，共有 87 个刊物于 1984—2017 年发表 247 篇学术性文章。我们经过对前 20 名的刊物发表量进行统计（如图 1-3 所示），发现《中国记者》对环境新闻议题的研究最多，四大刊中《国际新闻界》的相关研究最多，《现代传播》《新闻与传播研究》《新闻大学》的研究数量分别为 3 篇、1 篇、1 篇相对较少，侧面反映出近年来核心期刊对环境新闻报道给予的关注度并不大。综合类、新闻事业类等刊物则是环境新闻研究的主要学术载体。

第四，随着生态环境的不断恶化，环境问题和环保议题逐渐成为社会热点，环境保护和生态文明建设逐渐主导环境行政理性主义话语。来自不同学科和专业的学者给予了极大的学术探讨热情。从研究主体的机构属性来看，大体可分为以各地高校教师、硕士研究生和博士研究生等为研究主力的新闻传播学界，以环境新闻一线工作者为代表的传媒业界，以各级环保机构、环境宣教中心等为代表的第三方研究机构和学业联合团体这四大

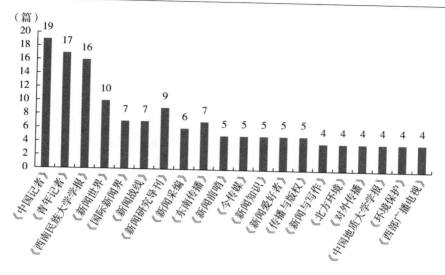

图 1－3　刊发环境新闻相关主题研究文献的前 20 名刊物（1984—2017）

类。我们从 1984—2017 年发表在学术期刊上的 247 篇有效文献的数据统计中（见图 1－4）发现，在环境新闻的学术研究成果中，超过 60% 来自新闻传播学界，约有 30% 来自传媒业界，第三方研究机构仅为 8.10%。值得注意的是，有 1.62% 的学术文章来自学界和业界的合作研究。

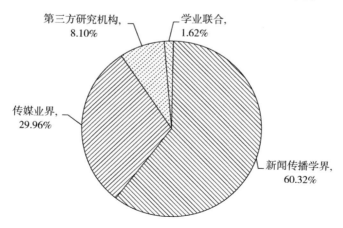

图 1－4　不同研究主体对环境新闻研究文献的贡献度（1984—2017）

在对环境新闻进行历时性梳理时，我们发现首先关注环境新闻并进行学术探索的是新闻业界，大都从环境新闻作为一种新型题材所带来的业务改革的思考等角度来进行探讨，这种研究状态持续了较长时间，主要代表是中国环境报社副社长李瑞农、山西环境报社副总编辑李景平等。从2004年起，环境新闻的实践与理论探索引起了学界的高度关注，高校学者开始加入环境新闻的研究行列。其中尤以武汉大学的程少华教授和南京大学的张威教授对环境新闻的研究颇具代表性，前者以环境新闻的本土化研究开篇，后者则以美国环境新闻史及其代表性人物开题，这也预示了中国环境新闻研究的两条主要路向。此后的数年间，学界的研究数量超过新闻业界，并呈现出各地开花的局面。其中，上海交通大学的王积龙副教授在2008—2009年两年间贡献了14篇理论成果，其中以西方国家环境新闻进行系统研究的成果尤为突出。第三方机构尤以各地的环境保护宣传中心为主，大都从新闻实践的角度提出对策及建议。学界和业界联合是一大亮点，联合研究的文献虽然不多，只在近几年的文献中零星出现，但也是一种改革与创新环境新闻的思路，利用学界的理论支撑与业界的实践经验来探讨未来环境新闻的发展方向。

（三）环境新闻研究的主要方向

目前，我国学术界关于环境新闻和环境新闻学的研究主要集中在以下几个方面：

1. 环境新闻的历史研究

目前，关于环境新闻史的研究成果并不丰硕，这与我国环境新闻起步较晚、发展时间较短有关。关于环境新闻发展轨迹与演变的研究大致分为两类：一类是对发源地美国的环境新闻嬗变轨迹及其研究，另一类是环境新闻进入中国后的历史演变过程与发展阶段（见表1-4）。

表1-4   关于中外环境新闻史的研究

研究者	研究国家	阶段划分	文献名称
张威	美国	1. 环境新闻的温床：自然保护运动（1850—1920） 2. 环境新闻的感性阶段（1844—1854） 3. 环境新闻进入理性（1879—1960） 4. 环境新闻走向成熟（1962—1999）	《美国环境新闻的轨迹及其先锋人物（1844—1966）》

研究者	研究国家	阶段划分	文献名称
王积龙、颜春龙	美国	1. "阿富汗斯坦主义"时期（20世纪70年代） 2. 不均衡发展期（1980—2000年） 3. 环境新闻的多样性发展期（2000年以后）	《美国环境新闻40年的发展与流变》
张威	中国	1. 呐喊期（1980—1990） 2. 理性主义的照耀（1990—2000） 3. 全球化时代（2000—）	《绿色新闻与中国环境记者群之崛起》
贾广惠	中国	1. 启蒙呐喊期（1984—1991） 2. 群体曝光期（1992—2003） 3. 环境议题多样化、事故化（2004年至今）	《中国环境新闻传播30年：回顾与展望》

以上几位学者对中美环境新闻的阶段性分析对环境新闻史的研究提供了有益的参考。进入21世纪以来，随着新媒体的迅速崛起，环境新闻在报道内容和报道方式上都有新发展，形成了新的传播语态和传播模式。而目前来看，2000年以后的中美环境新闻最新的发展变化在我国的学术资源中比较鲜见。

2. 环境新闻的理论研究

国内学者、新闻从业人员从政治学、新闻学、社会学、信息学和新闻业务实践等角度分别对环境新闻概念做出了不同阐述，在理论演进中提供了丰富的学养和成果。李瑞农（2003）在《环境新闻的崛起及其特点》中指出，我国环境新闻自20世纪80年代起步，在报道特点、内容、风格及方式上已经具备了一定的规律可循。[1] 程少华（2004）在《环境新闻的人文色彩》中审视了环境新闻报道中的人文精神。在宣传色彩等问题上，对环境新闻的客观性提出了担忧。[2] 此后，王积龙则对国内外环境新闻的新闻理念、表达特征、传播主体等进行了持续的探讨，并对环境新闻的核心价值进行了阐述。孙玮（2009）分析了中国环境报道的社会动员功能，认为"进行环保运动的'社会动员'是当前中国环境报道应当承担并加

① 李瑞农：《环境新闻的崛起及其特点》，《新闻战线》2003年第6期。
② 程少华：《环境新闻的人文色彩》，《新闻与写作》2004年第2期。

强的功能"①。戴佳、曾繁旭（2016）、黄河、刘琳琳（2014）、吕丽（2015）等学者则采用内容分析法对中国主流媒体环境报道的议题框架以及环境谣言的形成机制等进行了比较深入的探讨。一些学者引入舆论学、传播动力学、议程设置、环境伦理学等相关理论对环境新闻进行学术路径的多维开掘。

3. 环境新闻的业务研究

环境新闻业务研究者大多是具有一定从业经历的学者或业界人士，他们根据自身的实践经验，对环境新闻的内容生产和传播策略等新闻业务操作环节进行了探讨，指出了环境新闻报道中所出现的问题、面临的困境及其产生的原因，并提出了相应的解决之道。

时任中国环境报社社长兼总编辑的许正隆明确提出环境新闻采写应该秉持的原则："鲜明突出的时代特色、准确严格的科学含义、贴近群众的最佳角度以及通俗生动的表达方式。"②

然而技术主义与生态主义的发展为环境新闻报道带来新变化、新问题、新挑战，引起了理论界的高度关注。近年来，环境新闻的研究呈现出以下几个新取向：

一是环境新闻的视觉化研究。20世纪90年代，随着"语言学转向"向"视觉转向"的深刻变革，视觉性逐渐成为文化的主因，传统环境新闻文字优先的话语特征让位于以视觉策略为核心的视觉文本。环境政治与视觉修辞的结合建构图像修辞学的意指机制，成为环境新闻报道的重要实践方式。传播主体通过新闻摄影、风景照片等图像符号生产的话语意义，形成生态和谐等理念和行动的框架化策略，吸引更多的公众参与环境保护与传播。一些媒体通过融媒体平台，包括短视频、视频直播等传播形态进行绿色新闻报道，为视觉环境新闻提供了多元化的研究样本。

二是网络场景与环境新闻研究。网络场景下新闻媒体的移动化、社交化、视频化、智能化等特征日益凸显。随着5G时代的到来，新闻传播时

① 孙玮：《转型中国环境报道的功能分析——"新社会运动"中的社会动员》，《国际新闻界》2009年第1期。

② 许正隆：《追寻时代　把握特色——谈谈环境新闻的采写》，《新闻战线》1999年第5期。

空的去边界化正在加速，新闻文本视听质量与传播效率更加优化，受众转化为用户，信息传播者或接收者角色不断切换，以微博、微信等为代表的移动网络媒体已然成为重大环境事故报道的重要传播平台，打破了传统媒体的话语霸权，重构了传播场域的话语秩序。

三是气候传播与空气污染报道研究。欧美国家关于气候传播的研究起始于 20 世纪 90 年代，我国气候传播研究起步相对较晚，以 2009 年联合国哥本哈根国际气候变化谈判为标志，郑保卫教授 2010 年成立了中国气候传播项目中心，成为我国首个专门研究气候传播的学术机构，当年还举办了"气候·传播·互动·共赢——后哥本哈根时代政府、媒体、NGO 的角色及影响力研讨会"。此后，更多学者参与气候传播研究。由于气候传播是一个相对较新的研究领域，目前学界尚缺少系统化的深入研究，这是一个有待拓展的新兴研究领域。

2012—2017 年，我国关于雾霾新闻研究的论文共计 145 篇。2014 年、2015 年是研究高峰，分别为 39 篇和 34 篇。后新闻时代环境公共话题和绿色话语空间的建构成为环境新闻的重要研究视域。雾霾新闻的学术成果呈现出三个主要的研究方向：第一，从境外媒介场域视角通过西方媒体对我国雾霾天气报道的内容分析来探究外媒对中国环境形象的建构（其中大多为负面形象），主要以欧美主流媒体为研究对象；第二，从国内媒介场域视角对我国不同类型媒体的环境新闻议程设置与修辞策略进行个案研究或者对比分析，如有研究者以《人民日报》《南方周末》《中国环境报》及各地都市类媒体等为考察对象，展开对雾霾新闻报道的表达形式和象征意义的研究；第三，从策略性角度分析媒体雾霾报道的经验、问题及其成因以及如何推进环境新闻报道的科学性和增强其传播效果。

综上所述，自 1984 年《中国环境报》创刊之日起，环境新闻的理论与实践历经数十年的发展积累了丰富的学术成果，也成为新闻传播学术界和实践界关注的重点之一。但是，通过相关文献梳理发现，关于环境新闻的研究还存在些许薄弱之处和亟须改进的空间。

一是环境新闻的理论研究存在两个比较突出的现象：一方面，环境新闻与其他新闻类型或者表达方式的独特性边界阐释不够；另一方面，环境新闻的理论框架或者理论资源主要来源于对国外理论的"移植"，基于中国环境问题、政治制度、现实需求和文化基因等因素交互作用的环境新闻的生成逻辑与发展逻辑还有待深化研究。

二是环境新闻的操作实践研究不足。随着新媒体时代的到来，环境新闻应从过去对其概念内涵、历史沿革、理论发展的研究阶段逐渐过渡到实用性、实践性、可操作性的系统性研究，这种个性化的阐释与具象探讨使环境新闻研究具有更强的实用和应用价值。

三是环境新闻研究中不乏对比性研究，但大都基于国与国之间的跨文化研究，或者是同类型媒体（如传统媒体）中，关于环境议题的对比研究或者跨媒体平台进行比较研究的成果还比较薄弱。

四是新媒体的勃兴使得传播业态发生了根本性改变，话语祛序与社会构型交织演进，亦带来诸多新问题、新挑战。新媒体通过增强环境意识、重塑公民意识、促进生态行动从而建构绿色公共领域。但是，人与自然的矛盾，经济发展与环境保护的冲突在新媒体场域被放大，甚至出现话语撕裂，环境新闻融合报道的伦理问题及其策略性框架研究还有待突破。尤其是以生态文明建设为主要理念和内容的报道特色与传播技巧的研究还有较大的拓展空间。

第三节　传播场域

法国社会学家皮埃尔·布尔迪厄（Pierre Bourdieu）首先提出了场域的概念，场域就是关系的具体体现，"在各种位置之间存在的客观的一个网络或一个构型"。[①] 他认为场域内存在力量和竞争，"在场域中活跃的力量是那些用来定义各种'资本'的东西"。[②] 布尔迪厄后来将场域引入新闻传播领域，提出了"新闻场域"，以表达新闻行动具有自在的规定性和运作逻辑。研究者将场域理论与媒介、传播等关键词结合，建构了媒介场

---

①　[法] 皮埃尔·布尔迪厄、[美] 华康德：《实践与反思——反思社会学导引》，李猛、李康译，中央编译出版社 2004 年版，第 133 页。

②　P. Bourdieu, L. D. Wacquant, *An Invitation to Reflexive Sociology*, The University of Chicago Press, 1992, p. 98.

域、融媒体场域、舆论场域、传播场域等概念。场域是一个争夺的空间，这些争夺旨在维续或变更场域中这些力量的构型。① 传播作为信息交流与分享的活动，传播场域更能体现传播空间各种力量的关系和斗争状态。传播场域是指以信息传播空间各种力量形成的位置关系或者社会构型。政治资本、文化资本、经济资本、象征资本等资本力量在传播场域不断博弈与和解，并通过话语表达来实现关系的定位与变迁。有学者从算法的伦理问题角度来研究传播场域的异化，② 有学者从马克思主义假道网络角度研究传播场域的功能演变。③

在高度分化的社会里，世界是由大量具有相对自主性的社会小世界构成的，这些社会小世界就是具有其自身逻辑和必然性的客观关系空间。④ 由技术引领的"媒体小世界"按照自身的逻辑发生了深刻的变化，并形成新型的"客观关系空间"。从资本和惯习的变量来看，资本的结构性嬗变改变了传播场域中各种力量的位置及其影响力，被布尔迪厄忽视的科技资本的硬实力与软实力不断增强，并加大了对政治资本、经济资本、文化资本和象征资本的渗透，进而改变场域中各种主体的惯习。惯习是连接历史和"有结构的和促结构化的行为倾向系统"⑤ 作为一种性情倾向系统，惯习是开放的而非封闭的，它会"不断地随经验而变，从而在这些经验的影响下不断地强化，或是调整自己的结构"。⑥ 多元资本的合力决定传播惯习的形成机制和运动轨迹，从而维持或者改变传播场域的定态和张力。

新闻场域是一个具有鲜明特色的传播场域，它的自治程度较低，其运作机制更多仰赖外在权力领域的作用与影响，政治、经济、文化、技术和

① 谢娟、王晓冉：《场域理论视角下的微信"威胁论"解读》，《编辑之友》2013年第12期。

② 江作苏、刘志宇：《从"单向度"到"被算计"的人——"算法"在传播场域中的伦理冲击》，《中国出版》2019年第2期。

③ 刘仁明：《马克思主义网络化传播场域研究》，《新闻战线》2018年第22期。

④ ［法］皮埃尔·布迪厄、［美］华康德：《实践与反思——反思社会学导引》，李猛、李康译，中央编译出版社1998年版，第133—134页。

⑤ ［法］皮埃尔·布迪厄：《实践感》，蒋梓骅译，译林出版社2012年版，第73页。

⑥ ［法］皮埃尔·布迪厄、［美］华康德：《实践与反思——反思社会学导引》，李猛、李康译，中央编译出版社2004年版，第178页。

社会力量博弈与协同发展模式决定新闻场域的基本形态。主体在新闻场域中所处的位置和拥有的资本塑造了其"惯习",而它作为行动者竞争的策略反过来又建构了新闻场域。① 由于"资本"和"惯习"是"场域"中逻辑关系的解释依据,② 因而新闻场域的资本结构、倾向系统与场域构型形成能量融合与框架化的动能机制。王海燕(2012)认为中国新闻场域同时具有相对自治与高度他治的特征,其边界取决于自治与他治两股力量之间的角力,继而形成三个空间,即禁止区、容许和受鼓励区,以及协商区。③ 政务新媒体的出现则使得新闻与政治之间的关系更趋于复杂,一定程度上催生了尼克·库德里(Nick Couldry)(2007)所谓的融合的"新闻与政治场域"④。从行政隶属上来说,政务新媒体属于政治场域;但从外部形态而言,它则属于新闻场域,愈益强化了新闻与政治两个场域之间的复杂性。新闻场域面向大众,强调的是受众意识,新媒体背景下的用户思维,是一种由内而外、由下而上的外向型文化。而相对地,政治场域更多的是社会学学者们所强调的垂直型的主从关系,上下权威差距容易形成下对上的权力依附,以及以"忠"为核心的内向型场域文化。就新闻场域与政治场域相互融合的实践形态而言,相对于政治场域的以"忠"为要旨,新闻场域的要旨则是"传"。⑤ 但是,我国新闻场域旗帜鲜明地倡导"政治家办报"和打造主流舆论阵地的标准要求和责任使命以体现政治场域与新闻场域的最大公约数。

中国互联网络信息中心(CNNIC)发布的第 45 次报告显示,截至2020 年 3 月,中国网民规模达 9.04 亿人,手机网民规模达 8.97 亿人,网民中使用手机上网人群达到 99.3%。⑥ 受众变成用户,PC 用户向移动用户转变,移动端成为信息传播的主要工具和生活场景。微博、微信等移动

---

① 胡翼青、王聪:《超越"框架"与"场域":媒介化社会的新闻生产研究》,《福建师范大学学报》2019 年第 4 期。

② 胡晓、徐佩瑶:《场域理论框架下虐童事件的微博政治》,《传播与版权》2018 年第 12 期。

③ 王海燕:《自治与他治:中国新闻场域的三个空间》,《国际新闻界》2012 年第 5 期。

④ N. Couldry, "Bourdieu and the media: The promise and limits of field theory", *Theory and Society*, 2007, 36 (2): 209 - 213.

⑤ 尹连根:《博弈性融合——政务微信传播实践的场域视角》,《国际新闻界》2020 年第 2 期。

⑥ 《CNNIC 报告:中国网民规模达 9.04 亿 手机网民规模达 8.97 亿》,中国新闻网,2020 年4 月 28 日,http://www.chinanews.com/sh/2020/04 - 28/9170016.shtml.

社区形成强大的信息集散地，它们是"媒介化生存的新物种"。移动场景的社交化、智能化、视听化驱使媒体话语体系的解构与重构，传统媒体与新兴媒体通过移动终端形成新型的传播场域。以微博、微信、论坛等为代表的移动传播平台"建立了一个拥有自身文化和社会规范的社区"①，并形成具有独特属性的移动传播场域。正如有学者所言"加入微信群已成为网络生活的规定动作"，改变了传播主体和接收主体在移动传播场域的资本和惯习，其中对社会资本和符号资本的征用，从而生成新的场域。移动传播场域同样既是一个"力量的场域"，也是一个"斗争的场域"，其力量来源和斗争态势内决于资本，外显于话语。移动传播场域的主体与客体随时转换，话语表达更为自由便捷。治理者话语、知识分子话语、网红话语、草根话语等多种话语体系在同一个时空场域不断博弈。知识分子代表的精英话语、商业资本代表的网红话语以及底层社会代表的草根话语在移动网络空间获得较大的话语权，对新闻事件具有强大的议程设置力和舆论引导力，彰显了话语背后隐藏的政治、文化、社会、科技等资本力量所建构的权力构型及其运动轨迹。

互联网带来的不仅是信息的爆炸，更是关系的革命。智能媒体时代的到来，让网络公共领域焕发新的生机。多元化的网络主体构筑了地缘、趣缘、学缘、业缘等不同用户圈层或社区，微信、微博、豆瓣、知乎、抖音、快手等多元社交平台凭借自身差异性吸引不同用户，圈层之间有交叉重合，也有日渐清晰的壁垒。② 技术主义主导的科技资本、市场主义主导的经济资本，尤其是垄断资本不断改变传播场域中的资本结构以及惯习机制，一种以 UGC（用户生产内容）为话语表征的社会边缘性力量在移动传播场域中的作用日益凸显。正如胡翼青等学者所言，"新闻场域范式还没有算正式登陆，还尚未在中国学者的视野中定型，就已经与新闻框架范式一道失去了对传媒的解释力"③。场域逻辑前提的

---

①　C. Jin，*We Chat as a Medium to Socialize into Chinese Culture：The Persistence of Explicit Hierarchy*，The Ohio State University，2016，p. 11.

②　曾祥敏、张子璇：《场域重构与主流再塑：疫情中的用户媒介信息接触、认知与传播》，《现代传播（中国传媒大学学报）》2020 年第 5 期。

③　胡翼青、王聪：《超越"框架"与"场域"：媒介化社会的新闻生产研究》，《福建师范大学学报》2019 年第 4 期。

改变，即社会生产力与生产关系的巨变推动资本力量与惯习的重构恐怕是其主因。

　　场域理论，是一种空间化的思维隐喻，传播场域也是不同资本争夺与较量的战场。多元资本力量在博弈中此消彼长。同时，资本力量的结构异化或者边界的模糊性也为媒介建构人—自然—社会的关系带来困境，从而产生伦理失范行为和传播效果问题。"时下风行一时的算法推送技术是技术理性与人文理性相结合的产物。而这一产物在智能化场域中对人类最大的冲击，是伦理问题。"① 青少年是移动网民的主体，移动传播场域技术资本力量对传播惯习的改造，建构了一个以用户为中心的反话语空间，与主流话语空间形成的话语冲突对青少年的价值观念、社会行为、生活方式等均会产生重要影响，因此，通过重构移动传播场域的话语秩序，建构新型主流话语体系，形成融通的话语机制，传播社会主义核心价值观和引领主流意识形态成为当前新闻传播工作的重要使命。②

　　环境传播场域是以环境议题或者参与行动为核心建构环境认知、解决环境问题的场域，"无论是在发达国家还是发展中国家，生态环境问题与社会可持续发展已经公认为是人类 21 世纪面临的最富有挑战性的难题之一"③。环境问题成为全球性问题，亟须各国和地区携手共建环境友好型社会和全球命运共同体。在不同的历史阶段环境传播场域由于资本力量的博弈与协商机制不同，环境传播的倾向系统和实践模式也不尽相同，从而形成具有阶段性特征的环境传播场域。随着信息技术的高速发展，环境传播场域呈现出职业性传播场域和社会性传播场域两种不同的场域范式。制度和政策主导的政治资本贯穿于全球环境传播场域，其与经济、技术、文化、社会等资本力量在职业性传播场域和社会性传播场域争夺环境意义，多种绿色政治思想和生态主义话语在不同传播场域呈现出差异化的表达特征和传播效果。传统媒体为主建构的职业性传播场域形成政治资本主导多元资本参与的环境话语范式，新媒体为主建构的社会化传播场域（移动传播场域为

　　① 江作苏、张雪燕：《后真相时代的伦理"破限"》，《新闻与写作》2019 年第 4 期。
　　② 漆亚林、王俞丰：《移动传播场域的话语冲突与秩序重构》，《中州学刊》2019 年第 2 期。
　　③ ［美］罗尼·利普舒茨：《全球环境政治：权力、观点和实践》，郭志俊、蔺雪春译，山东大学出版社 2012 年版，第 1 页。

主）中技术资本与社会资本力量日益增长，公众的边缘性权力在绿色行动与环境保护中成为不可忽视的力量，一方面有利于激发更多公众自发地爱护环境，保护生态，另一方面也需要通过协同治理规范这种边缘性力量的流向。

第二章

西方环境话语理论

乔治·迈尔森（George Myerson）和伊冯娜·里丁（Yvonne Rydin）认为，任何一种环境话语都是环境认知体系的具体体现，其建构的基本逻辑表现为一系列概念聚合而成的"环境网"（environet）。[①] 环境网背后是关于环境问题的知识图谱和认知体系，这种知识图谱和认知体系是建立在人—自然—社会之间的互动关系的基础之上。本书论及的环境话语既不仅仅是对环境问题的陈述，也不是简单的语言符号系统，而是包含着多重认知逻辑和行动策略，深度嵌入人与自然和社会复杂关系之中的认知体系和言说方式。本福德（Robert D. Benford）和斯诺（David A. Snow）将"框架"视为"一种阐释性图式，它通过对客体、情状、时间、体验以及行为秩序进行选择性凸显和编码，进而引导个体去'感知和体认'发生在他们身边的各种事件"。[②] 甘姆森（Gamson）和本福德等人将框架视角引入社会运动研究，指出行动者们需要通过框架化来建构社会运动的意义。[③] 话语框架是社会议题的主题单元（Thematic Unit），其通过对语料的强调（Emphasis）、重复（Repetition）以及结构性叙事（Structure of Narratives）

[①] G. Myerson & Y. Rydin, *The Language of Environment*: *A New Rhetoric*, London: University College London Press, 1991, p. 7.

[②] David A. Snow and Robert D. Benford, "Master Frames and Cycles of Protest", in Aldon D. Morris and Carol McClurg Mueller（eds.）, *Frontiers in Social Movement Theory*, New Haven/London: Yale University Press, 1992, p. 137.

[③] 周裕琼、齐发鹏：《策略性框架与框架化机制：乌坎事件中抗争性话语的建构与传播》，《新闻与传播研究》2014 年第 8 期。

体现出来。① 李智认为所谓话语的实践就是用符号界定事物、建构"现实"和创造世界的社会实践，其核心是赋义行为。正是从这个意义上说，话语是一种系统地形成种种话语谈论对象的复杂实践。② 话语本身就是一种社会实践，是一种社会运动。刘涛认为，环境传播中的对抗性话语动力机制及其相应的新社会运动，是一场重新界定并安排现实的符号修辞运动，借此构建一种合法化的生态图景和权力关系，进而建构成"反话语空间"。③ 由此可见，话语框架实际上是一种建构意义与关系的社会运动或者诠释方式。作为现实表意实践的话语，不仅仅是简单的能指与所指的逻辑对应，特别是在环境传播中的话语框架，蕴含了强大的建构力量，建构了环境现状、现实图景和社会问题，建构了环境主义、生态主义与政治主义、市场主义、技术主义背后的逻辑关系，同时也建构了话语主体本身。

第一节　环境话语框架分析

澳大利亚环境传播学者约翰·德赖泽克将环境话语分为生存主义、实用主义、可持续性和绿色激进主义四种基本的话语范式。④ 每种话语范畴下存在多种不同的话语形式，从而形成了关于环境传播的多种话语框架。环境传播话语被概括为九种类型，分别是生存主义环境话语、普罗米修斯主义环境话语、行政理性主义环境话语、民主实用主义环境话语、经济理性主义环境话语、可持续环境话语、绿色激进主义环境话语、生态现代主义环境话语、绿色政治环境话语。⑤ 环境传播的话语框架在某种程度上主导着环境公共事务的走向和环境治理的效果，话语框架也是治理主体政治

①　张伦、钟智锦：《社会化媒体公共事件话语框架比较分析》，《新闻记者》2017 年第 2 期。
②　李智：《从权力话语到话语权力——兼对福柯话语理论的一种哲学批判》，《新视野》2017年第 2 期。
③　刘涛：《环境传播与"反话语空间"的媒介化建构》，《中国社会科学报》2012 年 9 月 19日第 A08 版。
④　John S. Dryzek, *The Politics of the Earth: Environmental Discourses* (2nd Ed.), New York: Oxford University Press, 2005, pp. 8 – 21.
⑤　［澳］约翰·德赖泽克：《地球政治学：环境话语》，蔺雪春、郭晨星译，山东大学出版社 2012 年版，第 12—21 页。

经济权力和经济利益分配的风向标。从历时性角度而言，20 世纪 60 年代以来的全球环境话语体系变迁大致可被分作生存主义、可持续发展、生态现代化三个阶段。① 笔者在西方环境话语流变中试图探寻环境话语框架建构的历史纹路里蕴藏的生成逻辑及其核心观念。

一　生存主义话语框架

生存主义起源于人们对盖娅承载力的具身感受和极限想象。人口爆炸、垃圾遍地、大气污染、滥施化学制品等环境感知性风险以及《寂静的春天》《增长的极限》《公地悲剧》《超越极限》等文本通过极限指数和隐喻故事建构的环境媒介风险推动了欧美公众环境危机意识的普遍觉醒和环保运动的兴起，意味着生存主义话语的形成。② 生存主义者认为地球支撑人类生存的资源、光能等生存条件是有限的，无序的工业主义和无节制的消费主义会将盖娅的"元气"消耗殆尽。生存主义环境话语采用"公地悲剧""太空船地球""人口炸弹""癌症式增长""崩溃""病毒""毁灭和救赎的意象""臭氧洞"等修辞策略和表达技巧来凸显环境保护的必要性和紧迫性。

二　普罗米修斯主义话语框架

普罗米修斯从宙斯那里偷来了火种，不仅拯救了人类，同时也大大提升了人类操控世界的能力。③ 与生存主义话语框架截然不同，普罗米修斯主义者借用普罗米修斯的强大力量和自我拯救的神话叙事对经济增长与环境问题的关系保持乐观的态度。朱利安·西蒙（Julian Simon）和比约恩·隆伯格（Bjorn Lomborg）是普罗米修斯主义环境话语的代表人物。他们充分相信地球具有强大的自我修复和愈合能力，不用改变工业主义生产模式和消费主义方式，通过经济增长和技术革命就可以解决生存主义所强调的"极限灾难"问题，甚至运用模型来证明盖娅并没有因为经济增长而停止美好。普罗米修斯主义者用隐喻手段建构了一套地球"丰饶""伟力"的话语框架和叙事策略。生存主义与普罗米修斯主义都提出了环境问

---

①　蔺雪春：《变迁中的全球环境话语体系》，《国际论坛》2008 年第 6 期。

②　蔺雪春：《变迁中的全球环境话语体系》，《国际论坛》2008 年第 6 期。

③　沈承诚：《西方环境话语的类型学分析》，《国外社会科学》2014 年第 5 期。

题解决的思路，但是两种环境思想设置的二元话语框架对环境问题与社会发展非此即彼的关系表达难以达到环保行动的实际效果。

三　环境理性主义的话语框架

它主要是指通过公共政策和理性行动来解决环境问题和生态问题。具体包括经济理性主义、行政理性主义和民生实用主义。经济理性主义认为人类与环境的关系应该服从于经济增长和市场机制，注重运用价格杠杆和市场规律来进行资源调配，理性关注生产者和消费者的良性互动。始于20世纪60年代挟英美之风的经济理性主义话语框架存在明显的悖论：一方面，对政府的监管与规范"嗤之以鼻"，极力排斥；另一方面，需要政府制定"自我修复"的政策和市场机制来解决环境问题，受公地悲剧和可交易性思想的影响建构了"彻底私有化""绿色税"等政治经济话语框架。但是，经济理性主义者解决环境难题的思想与方法饱受批评。马克·萨戈夫（Mark Sagoff）、安德鲁·多布森（Andrew Dobson）等环境主义者认为，经济理性主义通过生产与消费的市场调节而忽视公共秩序的道德建构，单纯的经济刺激无法从根本上维持一个可持续的健康社会。①

行政理性主义环境话语强调政府与科技专家在环境问题解决中的角色和作用，试图通过设立环境管理机构，建构环境规制和评估指标体系，创建环保专家委员会等举措进行环境治理，解决环境顽疾。行政理性主义环境话语提出在不改变社会构型的条件下，改良政府运行机制和发挥科技专长来解决生态问题。② 政府具有抗击环境风险的巨大能量而且是公共利益的维护者，这是行政理性主义话语策略的逻辑前提。"行政大脑"成为其描述权力关系之维的关键隐喻与修辞方法。

民主实用主义环境话语坚持在自由资本主义民主制度框架下，借助民主理念、民主程序和组织架构来解决环境危机和生态问题。③ 民主实用主

① M. Sagoff, *The Economy of the Earth：Philosophy Law，and the Environment* (2nd ed)，Cambridge：Cambridge University Press，2007. A. Dobson, *Citizenship and the Environment*，Oxford：Oxford University Press，2003，pp. 1 – 5.

② ［澳］约翰·德赖泽克：《地球政治学：环境话语》，蔺雪春、郭晨星译，山东大学出版社2012年版，第75—84页。

③ 沈承诚：《西方环境话语的类型学分析》，《国外社会科学》2014年第5期。

义环境话语推崇通过开放性和参与性的"替代性纠纷解决机制"建构一个多元主体的表达空间，在对话和质疑等话语实践过程中达成环境共识或者"邻避倾向"。民主实用主义话语采用"自动恒温器"与"合成压力"的隐喻策略建构环境治理的民主式话语框架，承认公民是基本的实体和公民间平等的自然的关系。但这种平等的理性辩论的形象被权力和策略的广泛使用和政府维持经济信心的主导性需要所严重扭曲了。① 相对于市场机制的自觉性和灵活性，政府权力的集中化和垄断化而言，民生主义更多地体现了对自然生态的道德性关怀与温和主义的环境行动。

四　绿色浪漫主义话语框架

浪漫主义话语旨在通过个人接触和体验世界的方式拯救盖娅，提倡田园牧歌式心灵救赎与未来想象。20 世纪 70 年代美国批评家克罗伯（Karl Kroeber）就在浪漫主义研究中引入了生态学的概念。英国文化批评学者乔纳森·贝特（Jonathan Bate）对华兹华斯关于湖区生态问题思考的挖掘、莫顿（Morton）对雪莱素食主义乌托邦理想的解读，尤其是《浪漫主义研究》杂志 1996 年秋季号《绿色浪漫主义》专辑中 6 篇文章对浪漫主义生态思想深入研究的系列成果构成了"绿色浪漫主义"的基本理论主张和批评实践。② 绿色政治话语和绿色浪漫主义话语都强调传播绿色公共话语，构建绿色公共领域，推动人们将环境保护思想融入日常习惯、生活价值、生存哲学之中。正如刘涛教授所言，"生态浪漫主义是一种反抗理性原则的生命哲学，强调将理性从人与自然的伦理关系中完全删除，因而在生态伦理倾向上追求艺术与美学相结合的生活与政治"，③ 绿色浪漫主义话语栖身于诗歌、小说、广告、电影、图片、新闻、环境 UGC 和批评性文本等符号系统之中。绿色浪漫主义话语框架具有两个明显的特征：一是从文化认知模式凸显绿色思想的文化建构作用；二是从实用主义角度强调绿色

---

① ［澳］约翰·德赖泽克：《地球政治学：环境话语》，蔺雪春、郭晨星译，山东大学出版社 2012 年版，第 110—115 页。

② 张旭春：《"绿色浪漫主义"：浪漫主义文学经典的重构与重读》，《外国文学研究》2018 年第 5 期。

③ 刘涛：《环境传播：话语、修辞与政治》，北京大学出版社 2011 年版，第 77 页。

话语的物质属性及其自然本性。①

五　生态女性主义话语框架

生态女性主义亦即生态女权主义，是一种独特的绿色激进主义环境话语，将女性意识和性别政治融入生态主义理论与实践。生态女性主义话语滥觞于 20 世纪 70 年代的法国，80 年代兴盛于美国，后辐射于全球。生态女性主义产生于女性主义思潮充分发展及人类生存环境日趋恶化的时代，是西方女权运动和环境运动汇聚而成的后现代文化思潮，是一种"批判的"生态哲学，这也是其解决环境问题的哲学基点。生态女性主义话语框架策略以批判男性中心主义为核心，"从强调女性—自然的联系到将矛头指向对二元统治逻辑架构的批判，形成生态女性主义'范式'"。② 美国批评家谢里尔·格劳特费尔（Cheryll Glotfelty）指出："生态女权主义是一种理论话语，其前提是父权制社会对妇女的压迫和对自然界主宰之间的联系。"③ 生态女性主义话语所有环境问题的根源不是人类中心主义造成的，而是男权中心造成的。

六　绿色政治话语框架

绿色政治话语的宗旨是通过政治参与解决环境问题，包括欧洲绿党政治、生态社会主义、生态马克思主义等生态理论与实践。环境问题的解决是政府、企业、公益组织和公众共同参与的生态治理实践的过程。生态问题的产生、环境政策与法律的制定与落实、政党的演进与生态运动的关系、公众的生态政治理念与环保行动等内容构成绿色政治话语的主要范畴。根据政治激进的强度，又可以分为环境主义话语与生态主义话语。全球化背景下的环境政治成为全球绿色政治，各个国家和地区根据实际情况参与全球的环境治理过程中来承担主体责任才能解决全球性生

---

① 张旭春：《"绿色浪漫主义"：浪漫主义文学经典的重构与重读》，《外国文学研究》2018 年第 5 期。

② 陈伟华：《生态女性主义的源起与演进——历史与理论视角的考察》，《中华文化论坛》2016 年第 12 期。

③ Cheryll Glotfelty, *The Ecocriticism Reader: Landmarks in Literary Ecology*, Georgia: University of Georgia Press, 1966, p. 126.

态问题。全球环境政治也是权力话语的实践，是工业主义增长极限的环境下人类调适自己与生态关系的话语机制与行动策略。

七　深生态主义话语框架

"深生态学"（Deep Ecology）是由挪威著名哲学家阿恩·纳斯（Arne Naess）首先提出来的环境伦理学新理论，它是基于生命伦理与灵性向度的生态哲学。深生态主义话语推崇自我实现与生物中心主义的平等。深生态主义从根本上拒斥人与自然脱离关系的二元观点，主张人类与自然和谐相处。深生态主义提倡环境行动的个人政治与日常政治，每一个体的态度、价值观以及生活方式是解决环境问题的决定性力量。① 世界上著名的深度生态主义案例是 1980 年成立于美国的"地球第一"环保组织中的成员茱莉亚（Julia）为了阻挡工业锯齿无情的扩张，她常年居住在千年红木树上，以"钉子户"这种身体叙事来反抗主导性的工业话语。

八　生态现代主义话语框架

生态现代主义是由德国社会学家约瑟夫·胡伯（Joseph Huber）和马丁·耶尼克（Mattin Janicke）确定的。生态现代主义主张解决问题需要对资本主义政治经济体制进行一定的修正，从整体和未来视角建立生态治理的制度和方法，"关键是工商业可以从中赚到金钱"②。挪威、德国、日本等国家进行了生态现代主义的社会实践。1987 年布伦特兰报告《我们共同的未来》提出了可持续性发展的理念，标志着可持续环境话语的诞生，成为解决生态问题的主导性话语；但可持续话语存在模糊性和虚假性，基于利润主义和向外掠夺的资本主义发达国家的可持续发展观难以成为有效解决生态问题的思想武器。现代性环境话语在其基础上进行了补充和完善，提出了经济增长与环境保护体制性并重。在生态现代主义的环境话语体系的衍变中，是一个替代和完善和过程，但不论是可持续

---

① ［英］戴维·佩珀：《现代环境主义导论》，宋玉波、朱丹琼译，格致出版社、上海人民出版社 2011 年版，第 11—13 页。
② ［澳］约翰·德赖泽克：《地球政治学：环境话语》，蔺雪春、郭晨星译，山东大学出版社 2012 年版，第 167 页。

环境话语还是现代性环境话语都是建立在工具理性的基础上的，只是处理的程度不同而已。

　　无论是"浅绿"的环境主义话语，还是"深绿"的生态主义话语，抑或纷繁多样的绿色激进主义话语，都体现了资本主义在扩张中产生的环境问题为社会精英和公众所关注，进而形成不同历史阶段的政治建构和学术建构。

第二节　地球极限与生存主义话语

　　生存主义话语最早起源于威廉·福斯特·劳埃德（William Forster Lloyd）和托马斯·马尔萨斯（Thomas Malthus）的人口学理论，这一理论预见性地描述了"人类即将陷入由无限制自身繁殖与消费所导致的饥饿、贫困和死亡"[①] 等困境。在这一预想影响下，生态主义者将人口生物学应用于人类社会，创制了"承载能力"这一概念，即一个生态系统可以永恒支撑的物种的最大数量，并提出第十一号戒律，指出当一个物种的数量增长到超过承载能力的程度时，生态系统将发生退化并致使人口崩溃。1962年，美国海洋生物学家蕾切尔·卡森出版了《寂静的春天》一书。它告诉人们，人类最终将为自己所创造的科技成就所毁灭，拉开了美国环保运动的序幕，生存主义话语由此形成。20 世纪六七十年代，生存主义话语盛行，其主要围绕"地球的资源和承载能力是否有限""现有的资源使用和工业生产模式是否危害环境并进一步危及人类自身的生存"[②] 等问题加以探讨。1968 年，加勒特·哈丁（Garrett Hardin）在《科学》杂志上发表《公地悲剧》，用中世纪村庄的公地作为各种环境资源的隐喻，指出公地资源是有限的，当私人利益与公共利益指向相反，人类倾向于牺牲公有的环境资源来换取经济增长的可能性，这种对有限的公共稀缺资源的无限制使用将危及社会整体的生存。同期的生存主义者持有类似的观点，他们指出

---

　　① ［澳］约翰·德赖泽克：《地球政治学：环境话语》，蔺雪春、郭晨星译，山东大学出版社 2012 年版，第 26 页。

　　② John S. Dryzek, *The Politics of the Earth*：*Environmental Discourses*，New York：Oxford University Press，2013，p. 25.

持续的经济和人口增长最终将达到地球上自然资源和生态系统所能承载的极限。肯尼斯·布尔丁（Kenneth Boulding）将地球资源比喻为"太空船"，认为如果太空船的生命保障系统不能维持，全体成员就会面临死亡。保罗·埃尔利希（Paul Ehrlick）和安妮·埃尔利希（Anne H. Ehrlich）指出一个铆钉脱落（一个物种灭绝）或许不会发生什么事情，但如果更多的铆钉脱落，飞机最终将会坠毁。① 1972 年，罗马俱乐部推出《增长的极限》一书，通过计算机模拟生成对地球未来的一系列预测，指出整个世界范围内人口和经济的增长已达到极限，并会引发大规模的环境恶化和生态失调，地球的资源和承载能力的有限性与世界人口和资本持续增长的无限制之间形成强烈的冲突，终将使地球在未来 100 年内达到极限，世界将面临一场灾难性的崩溃。爱德华·戈德史密斯（Edward Goldsmith）在《生存的蓝图》一书中指出，"如果让现在的趋势发展下去，总有一天，我们这个星球上人类生存的基础必将崩溃，也许就在本世纪内，至少，在我们子女的一生之内是不可避免的"②。生存主义学者认为，地球资源是有限的，要想避免因超越极限而造成的崩溃前景，人类必须改变现有的挥霍的生产消费方式。丹尼斯·米都斯（Dennis L. Meadows）设想了一种替代性的"静态"全球经济，这种经济具有固定的资源消耗水平和稳定的人口，他认为人类可以通过建构某种有形或无形的统一管理体制给现有的人类社会施加约束，从而演进到一个稳定的经济状态。然而，无论是布莱恩·捷克（Brian Czech）的"资源与开发就像是为一个失控而注定撞毁的火车添加燃料"，③ 还是奥雷里欧·佩切（Aurelio Peccei）"人口的癌症式增长"，④ 生存主义者在面临地球极限这一问题上始终充满着危机感和紧迫感，他们通过不断重构极限话语，驱使政界、科学界以及社会公众从国内角度和国际层面，去思考、讨论如何以政策、法律乃至激进的环境保护运动等形式

① ［澳］约翰·德赖泽克：《地球政治学：环境话语》，蔺雪春、郭晨星译，山东大学出版社 2012 年版，第 37 页。

② ［英］E. 戈德史密斯：《生存的蓝图》，程福祜译，中国环境科学出版社 1987 年版，第 11—12 页。

③ Brian Czech, *Shoveling Fuel for a Runaway Train: Errant Economists, Shameful Spenders, and a plan to stop them all*, University of California Press, 2002.

④ Aurelio Peccei, *One Hundred pages for the future*, New York: Mentor, 1981, p. 29.

来应对环境危机所引发的各种问题。

约翰·德赖泽克认为生存主义话语由一个结构性的元素系统构成：（1）生存主义承认并强调人类赖以生存的自然资源实体是由可再生资源和不可再生资源构成，不可再生资源的储备和生态系统生产可再生资源以及吸纳污染物的能力是有限的。（2）冲突和等级制是社会构型中最自然的关系。（3）话语主体是具有施动能力的精英依据现成的动机在政治框架下采取经济增长最大化抑或零星的正义公平政策。（4）关键隐喻和其他修辞手法，从加勒特·哈丁的"公地悲剧"到肯尼斯·布尔丁的"太空船"，再到保罗和安妮·埃尔利希提出的飞机脱落的铆钉，包括人口爆炸、挂毯上抽丝等隐喻和丰富的话语修辞提供了形象的、强大的思考力和启迪力。①生存极限主义话语最大的贡献在于引起全球社会对环境危机的高度关注，并成为各国和地区解决生态问题的逻辑基础。

第三节 可持续发展与生态主义话语

伴随着生存主义话语的流行以及西方国家环境抗争运动的此起彼伏，环境问题引起了诸多国家的重视，亟须解决经济发展与环境问题之关系摆在了联合国面前。与《增长的极限》出版同年，联合国人类环境会议在斯德哥尔摩召开。会议有两个重要成果：一是非正式的报告《只有一个地球》，二是正式公布的《人类环境宣言》。两份报告不仅论及环境污染的严重性及其与城市发展困境的关系、与人类生存续承的关系，还深情地呼唤人们要热爱地球，珍惜地球，保护地球。《人类环境宣言》还向全世界呼吁："为了这一代和将来的世世代代，保护和改善人类环境已经成为人类一个紧迫的目标，这个目标将同争取和平和全世界的经济与社会发展这两个既定的目标共同和协调地实现。"②这两个宣言成为可持续发展环境话语兴起的萌芽。作为一种正式的环境话语概念，可持续发展与始于20世纪80年代的生态主义话语一脉相承，它是一种涵盖从地方到全球环境

---

① ［澳］约翰·德赖泽克：《地球政治学：环境话语》，蔺雪春、郭晨星译，山东大学出版社2012年版，第35—38页。

② 陈彩棉、康燕雪：《环境友好型公民》，中国环境科学出版社2006年版，第10—11页。

议题和关切经济与发展的综合性话语。生态主义学者试图通过界定这一概念来解决环境和经济价值之间的冲突。1980 年，国际自然保护同盟（IU-CN）发布《世界保护战略》，首次强调可持续发展的重要性。1983 年，第 38 届联合国大会决定成立以挪威首相布伦特兰夫人为主席的世界环境与发展委员会（WCED），就环境与发展的全球关联难题展开调查研究。1987 年，世界环境与发展委员会发表报告《我们共同的未来》，指出经济与生态问题并非对立的，在决策过程中应该将经济发展与生态保护结合起来考虑。报告明确提出了"可持续发展"观点及其战略目标，并将其界定为"人类有能力使发展持续下去——既能保证使之满足当前的需要，又不危及未来后代满足其需要的能力"①。自此，可持续发展话语成为全球性话语，并在世界上得以广泛传播。1992 年，在联合国环境与发展大会，与会代表就可持续性发展问题进行广泛讨论，会议通过了《里约环境与发展宣言》《21 世纪议程》《关于森林问题的原则申明》《生物多样性公约》四个文件，"这些文件充分体现了当代人类社会可持续发展的新思想"。②大会还设立了可持续发展委员会，作为全球可持续发展事业战略规划的常设机构，使得可持续发展话语逐渐成为一种面向全球的话语。在国际层面上，可持续性发展话语主要映射在国际制度中，世界银行通过设立环境部门和赞助一系列有关可持续发展的出版物来改善自己在环境传播过程中的形象，并先后发表《1992 年世界环境报告》与《2002 年世界发展报告》，围绕可持续发展思想，探讨环境管理与经济发展同时进行的可能性。此外，作为美国与第三世界国家主张的扩大化石燃料使用的抗衡者，欧盟已将可持续发展并入宪法性条约之中。③ 在国家层面上，可持续发展话语主要落脚在新兴可持续生态经济为国家所提供的机遇中，日本、挪威、澳大利亚先后制订可持续发展计划，形成智库，来探讨生态可持续发展的相关方案。在可持续发展的话语构式中，增长与发展的概念被重新定义，经

---

①　WCED, S. W. S., *World Commission on Environment and Development*, *Our Common Future*, Oxford：Oxford University Press，1987，p. 8.

②　陈彩棉、康燕雪：《环境友好型公民》，中国环境科学出版社 2006 年版，第 12 页。

③　[澳] 约翰·德赖泽克：《地球政治学：环境话语》，蔺雪春、郭晨星译，山东大学出版社 2012 年版，第 148—149 页。

济、环境、社会和科技之间是相互协调和统一的，生态保护、经济增长、社会公正和代际平台是相互连接且长期可持续的，可以共同取得进展，从而达到一种"正和"的结果。① 可持续发展话语认为环境制约并不是绝对的，人类可以通过对技术和社会组织进行管理和改善从而有效地改变这种制约关系。此外，可持续发展是一个全球目标，人类应当以一种整体联结的思维通过共同努力一起走向可持续发展。

作为发展中国家的中国积极响应全球性环境大会，一方面，主动参与国际环境行动，着力探讨解决环境问题的思路和举措，如在里约环境大会召开之际联合多国在北京举行环境与发展部长级会议，并发布了《北京宣言》，随后经过专家论证发布了《中国 21 世纪议程》。② 另一方面，中国倡导环境理性主义话语在政策制定和环境治理过程中的重要作用，通过基本国策、法律法规、环保行动等绿色话语实践在政治、经济、文化、科技等多个领域建构可持续发展话语体系和行动纲领。党的十五大、十六大结合本国发展实际情况明确了经济可持续发展的国家战略方向和主要任务，党的十七大确定了科学发展观与建构友好型社会的蓝图，党的十八大推动"美丽中国"的生态文明建设，为建设"全球命运共同体"提供中国方案、发挥中国作用。国家主导的可持续发展的战略决策、目标任务、实施重点等也成为环境传播话语框架建构的路径指南与内容供给。

第四节　新世界主义语境下环境话语转向

"可持续发展"概念由西方发达资本主义国家率先提出并成为它们产业转移和风险转嫁的理论依据。然而，如果采用同样一套发展框架去衡量不同国家，就难免造成不公平，国家间环境合作必然受挫。③ 而如今，在西方占主导地位的全球化面临着重重危机，单边主义、霸权主义、排外主

① John S. Dryzek, *Rational Ecology*: *Environment and Political Economy*, Basil Blackwell, 1987, p. 36.

② 陈彩棉、康燕雪：《环境友好型公民》，中国环境科学出版社 2006 年版，第 14—16 页。

③ 徐迎春、虞伟：《从环境"可持续"到"可再生"：新世界主义语境下的环境话语转向》，《浙江学刊》2019 年第 1 期。

义等愈演愈烈。这种基于"不公正"的全球化，进一步加剧了全球分配的结构失衡，引发了愈演愈烈的反全球化浪潮：英国全民公投"脱欧"，直接触发了反全球化的第一块多米诺骨牌，欧洲一体化遭遇重大挫折；美国总统选举，主张对内收缩的民族主义者特朗普胜选，提出："美国主义而非全球主义将是我们的信条。"① 逆全球化思潮开始在西方漫延。

"在当代的全球化讨论中，它（世界主义）作为一个与市场秩序力量和民族国家相对立的、正面的基本概念，又被人们'重新发现'。"② 西方古典世界主义将个体视为"世界公民"，每个个体都对人类整体命运的发展负有责任。随着经济发展、资源交换、文化交流、技术共享等全球化浪潮的迸发，近现代世界主义在全球化语境下不断发展，它强调普世价值观和人类整体利益至上，与民族主义、国家主义的价值取向处于两个极端。世界主义倾向于一元论的特性将均衡的准则不加区分地运用到从地方正义到全球正义再到传播正义的各个层面和领域中，因而其过于理想化的色彩似乎很难在实践层面解决世界资源分配及各国顶层决策国际传播的困境。③ 乌尔里希·贝克重新阐释了世界主义，提出解决当代全球化高风险的出路是实现"世界主义转型"：民族国家必须通过联合，共同努力构建世界性的协商合作机制，完善国际治理，共同应对全球危机，这种阐释被视为"新世界主义"。④ 与世界主义强调和民族国家二元对立不同，新世界主义与"民族国家主义达成了和解"⑤，主张求同存异、包容差异、尊重个性，强调多元论，这为全球化语境下世界性发展议题的协商与解决提供了理论指导，主张各国在平等民主的国际秩序中和自主自觉的基础上共建世界。

因此，在新世界主义语境下，全球性生态环境治理需要各国基于本国政治、经济、文化等不同国情并结合全球环境治理背景。发展中国家环境治理

① 袁靖华：《中国的"新世界主义"："人类命运共同体"议题的国际传播》，《浙江社会科学》2017 年第 5 期。
② ［德］乌尔里希·贝克、埃德加·格兰德：《世界主义的欧洲：第二次现代性的社会与政治》，章国锋译，华东师范大学出版社 2008 年版，第 3 页。
③ 邵培仁：《新世界主义与中国传媒发展》，《浙江社会科学》2017 年第 5 期。
④ 袁靖华：《中国的"新世界主义"："人类命运共同体"议题的国际传播》，《浙江社会科学》2017 年第 5 期。
⑤ 李智：《新世界主义：人类命运共同体的世界观基础》，《北京行政学院学报》2018 年第 6 期。

的概念应跳出西方发达国家的发展理念框架，制定出适合本国历史传统与现实情况的可持续发展政策。无论是西方发达国家还是发展中国家都应该积极承担全球环境治理中应承担的责任。但中国生态环境部发布的《中国应对气候变化的政策与行动 2019 年度报告》指出，当前气候多边进程面临的最大问题是发达国家提供支持的政治意愿不足。[①] 特朗普认为《巴黎气候协定》对美国形成了"不公平的经济负担"，宣布退出《巴黎气候协定》等美国一系列"退群"行动被认为是"逆全球化"举动，引发多国不满，影响全球生态环境治理进程。西班牙首相桑切斯在 2019 年联合国气候大会开幕式上呼吁，各国应尊重多边协定，公平地去承担各自应尽的责任。[②] 每一种环境话语的实践都与该国的政治、经济、文化和社会的现实状况密不可分，都是基于解决问题的理论假设与行动方向，因此都具有代际的合理性。但是随着国际环境的日益复杂和社会发展的不平衡因素增加，生态环境与人类关系自我调节和修复机制出现了诸多新问题，生态环境与人类关系自我调节和修复新的问题的呈现，全球协商共治的新世界主义环境话语转向是适应时代的发展需要。环境正义与全球性、差异性和多元化应该和平共处，基于本国国情和全球性环境责任建构承担生态保护与社会发展良性互动的生态现代化是新世界主义语境下环境话语转向的主要路径。

我国自古以来都呈现出强烈的开放性和包容性，主动承担大国责任和文化使命，为全球化做出了重要贡献。张骞出使西域、隋朝举办万国博览会、鉴真东渡扶桑、郑和七次下西洋等文化与经贸活动推动了古代社会的全球化发展和文明共享。始于西汉时期的"丝绸之路"更是为世界各国的经贸发展和国际交流提供了历史性机遇与平台。中华人民共和国成立以来，我国在政治、经济、文化、科技、环境保护等各个领域不断加强国际合作，共担时代责任。中国"一带一路"的倡议惠及沿线各国人民，赢得了众多国家的响应和支持。中国在环境保护和生态建设方面积极加入全球化环境治理体系，共建环境友好型社会，促进可持续发展。目前，我国已

---

① 中国生态环境部：《中国应对气候变化的政策与行动 2019 年度报告》，http：//qhs. mee. gov. cn/zcfg/201911/P020191127380515323951. pdf.

② 《联合国气候大会马德里开幕 呼吁以多边主义将承诺转为行动》，中国新闻网，2019 年 12 月，http：//baijiahao. baidu. com/s? id = 1651823238843339115&wfr = spider&for = pc.

与 100 个国家开展了生态环境国际合作与交流，与 60 多个国家、国际及地区组织签署了约 150 项生态环境保护合作文件。中国已签约或签署了包括《巴黎协定》《京都议定书》等在内的 50 多项加入与生态环境有关的国际公约、议定书，涉及气候变化、生物多样性、臭氧层保护、危险化学品、海洋、土地退化等领域。[①] 习近平的生态文明思想将环境保护和生态文明建设与人类命运共同体相联系，将建设美丽中国与建设美丽世界相统一，强调"把世界各国人民对美好生活的向往变成现实"，成为新时代全球环境治理和生态保护的中国责任和中国方案。

---

① 郑军：《"十四五"生态环境保护国际合作思路与实施路径探讨》，《中国环境管理》2020年第 4 期。

第三章

环境传播场域话语框架嬗变的成因分析

第一节　政治制度

生态环境问题不仅仅是纯学术性和纯技术性的问题，环境问题的产生和化解都与政治和权力密不可分。政府是环境治理的主要负责人和领导者，作为生态环境公共物品的主要维护人，在生态环境保护中发挥着极其重要的作用。随着生态危机的日益严重，生态政治随之产生，即生态环境问题的政治化和社会化，它要求将生态环境问题提升到政治的高度并通过改进政治制度和运行机制来谋求解决之道。①

环境理论与实践是一个交叉学科，环境政治学是其中的一个重要研究范畴，包括绿色思想、绿色运动、环境传播、环境治理、绿色政党等内容。尼尔·卡特（Neil Carter）对环境政治的研究重点进行了概括，他认为环境政治绝不仅仅是对哪个具体环境议题的关注，而是一种综合性的，对如何建构人和自然之间的关系，即对某种文明理论的关注。② 美国政治学教授罗尼·利普舒茨（Ronnie D. Lipschutz）认为我们所面临的这些问题（环境问题）是政治性的，只有借助政治行动，才能拯救环境。③ 虽然英

---

① 覃冰玉：《中国式生态政治：基于近年来环境群体性事件的分析》，《东北大学学报》（社会科学版）2015 年第 5 期。

② ［日］丸山正次：《环境政治学在日本：理论与流派》，载郇庆治主编《环境政治学：理论与实践》，山东大学出版社 2007 年版，第 49 页。

③ ［美］罗尼·利普舒茨：《全球环境整治：权力、观点和实践》，郭志俊、蔺雪春译，山东大学出版社 2012 年版，第 3 页。

国政治学教授安德鲁·多布森（Andrew Dobson）从环境管理角度认为环境主义对现行社会构型的改良主义不是一种意识形态，而"生态主义可以视为一种政治意识形态"。但是他也承认，环境主义是浅绿色政治，而生态主义是深绿色政治。① 无论是人类中心主导的环境主义，还是生态中心主导的生态主义，抑或是绿色激进主义思想，都贯穿了政治权力与改革运动的主线。

环境问题、环境事件、环境治理和环境传播等环境实践都与一定的环境制度密不可分。帕森斯（Parsons）认为制度是"社会结构要求人们按照脚本饰演角色时，规定其合理预期行为的深层模式"②，包括认知、规范、组织、程序、价值和行动等结构性约束条件以及行动框架。政治制度是以组织为核心、以"获得价值和稳定"为目标建构起来的社会运行模式。政治制度是环境传播极其重要的生态因子之一，它决定环境治理的政治模式以及环境传播内容生产与意义争夺的方向与边界。因而环境传播场域的框架化机制与政治制度及其治理模式高度相关。

有学者指出了两种不同政体类型下的环境治理取向：一种是"环境民主"，另一种是"环境威权主义"。两种环境治理模式是基于政治体制具体体现为政治制度和运行机制建构而成，因而反映了政治制度的主要特征。"环境民主"主要指以下方面：环境治理的决策权在政府间纵向和横向进行权力分享；环境治理的权力由国家与社会分享；环境治理中不限制公民个人基本的自由权利等，如美国、德国等国家。"环境威权主义"则具有如下特征：限制可能对环境产生负面影响的行为；环境决策主要实行中央集权，主要依靠"生态精英"和环境专家来做决定；在环境治理中更多地采用政府管制而不是经济和市场的激励机制，③ 如苏联等国家。但是，西方"环境民主"正如资本主义民主制度一样具有模糊性、虚伪性和不公平性。

---

① ［英］安德鲁·多布森：《绿色政治思想》，郇庆治译，山东大学出版社2012年版，第2—8页。

② T. Parsons, *Essays in Sociological Theory*, Glencoe: Free Press, 1954, p.239.

③ 冉冉：《政体类型与环境治理绩效：环境政治学的比较研究》，《国外理论动态》2014年第5期。

　　基于政治制度的"环境民主"与"环境威权主义"治理模式建构了不同的环境话语，它们之间的环境主张与表达策略不尽相同，甚至是对立冲突的。环境问题作为被建构的话语始于工业社会。"环境民主"治理模式主要是资本主义国家采用的解决环境问题和经济增长关系的方式。绿色主义者认为工业社会狭隘地追求最大利润，鼓励消费主义，是环境污染和生态问题产生之源。20 世纪下半叶，随着环境危机的系统性爆发以及后物质主义价值转向，西方国家与基于环境保护的各类运动不断兴起，环境法规相继颁布，绿党在政治舞台上发挥着日益重要的作用。但是，欧洲绿色主义学者萨拉·萨卡（Saral Sarkar）认为资本主义所代表的价值观具有剥削、残酷竞争、崇拜财富、利润和贪婪的动机，因而不可能真正解决环境问题，进而否定生态资本主义。他认为真正的生态经济只能在社会主义的社会政治环境中运行，而且，只有成为真正的生态社会才能成为真正的社会主义社会。①　无论是环境民主主义还是环境威权主义环境下的环境场域都存在多元的环境话语，这些环境话语深受不同的绿色政治思想的影响，或博弈对抗或协同共生。

　　在抗击新型冠状病毒性肺炎的过程中，西方民主治理模式的积弊暴露无遗，环境治理的资本主义模式同样如此。以美国、英国为首的资本主义国家政治制度决定它在处理人与自然的关系时采用双重标准，利己主义盛行，话语矛盾重重。一方面承认生存极限主义理论，认为地球的资源是有限度的，应该限制过度生产与消费；另一方面它又不断在世界各地掠夺资源，为了追求更高的剩余价值，持续刺激过度消费，并将环境污染严重的低端产业布局在其他国家或者地区。环境传播场域的各种环境话语冲突不断，相互矛盾，建构的环境意识形态、提出的环境问题解决之道却莫衷一是，甚至反智主义、比附主义和非理性主义话语大行其道。正如美国社会生态学理论创始人默里·布克金（Murray Bookchin）所言：他们不加选择地收集一些智力碎片，就像如此多被肢解的人工制品，并泰然自若地采用根本上自相矛盾的观点与传统……资产阶级在嘲

---

　　①　［印］萨拉·萨卡：《生态社会主义还是生态资本主义》，张淑兰译，山东大学出版社 2012 年版，第 5 页。

笑这些荒谬理念（多神论和泛灵论观念、"荒野"迷恋者、女权主义信奉者、深生态学）的同时，还迫不及待地商业化它们并将其纳入新的利润源泉。① 环境话语的矛盾冲突是资本主义政治制度在环境传播中的具体体现。

中国环境传播的话语特征反映了中国政治制度和环境治理模式的核心逻辑。萨拉·萨卡、安德烈·高兹（Andre Gorz）等西方生态马克思主义和生态社会主义学者在批评生态资本主义的基础上，对生态社会主义在解决环境问题时寄予了厚望。赵月枝教授认为中国正在进入生态社会主义，追求实现"五位一体"的发展道路，就必然要走生态社会主义的道路。② 中国当代的生态文明建设是马克思主义生态观和生态社会主义理论与中国社会发展实践相结合的绿色思想体系，体现了中国经济增长与生态保护的顶层设计与智慧抉择。因此，中国生态文明建设是以马克思主义生态观和以习近平生态文明思想为指导的具有中国特色的社会主义生态治理范式。"同生态资本主义和生态社会主义的主张不一样，社会主义生态文明既是手段，更是目标，为此而建立的社会主义生态政治经济学既要从微观经济学上超越生态资本主义，又要从宏观经济学上超越生态社会主义。"③ 新时代超越生态社会主义的中国生态文明建设范式体现了"天人合一"与"王道政治"等中国传统生态哲学和习近平生态文明思想的核心理念。"习近平生态文明思想的核心要义涉及关切民生福祉与民族未来、秉承绿色发展理念、坚持系统工程思路、解决突出环境问题、最严格的制度与最严密的法治、强化人民主体参与、构建人类命运共同体等方面。"④ 中国的生态文明建设不仅是社会发展的手段，更是目的。中国独特的绿色思想体系和实践模式既是民生政策，也是国家治理纲领；既体现依法行政，也体现民主参与；既立足本国发展，也着眼世界繁荣。

---

① ［美］默里·布克金：《自由生态学：等级制的出现与消解》，郇庆治译，山东大学出版社 2012 年版，第 5—7 页。

② 赵月枝、范松楠：《环境传播：历史、现实与生态社会主义道路——与传播学者赵月枝教授的对话》，《新闻大学》2015 年第 1 期。

③ 马拥军：《生态资本主义与生态社会主义的政治经济学批判》，《思想理论教育》2017 年第 6 期。

④ 李全喜：《习近平生态文明思想的核心要义》，《广西社会科学》2019 年第 4 期。

　　在中国的政治体制中，执政党和政府作为政治权力的行使者，掌握着塑造中国环境治理话语与议题的相关权力，① 各级环保部门是环境监管的直接负责部门。中国环境治理在中央—地方的分权管理体制演进中经过了几个重要的历史阶段，每一个阶段的主导性政策都会直接影响环境传播的政治使命、时代要求、议程框架和修辞策略等。中华人民共和国成立伊始至改革开放形成的"站起来的生态理念"成为环境传播的主要指导思想，向自然宣战成为新闻报道的重点；1978—2010 年可持续发展、"两个文明"一起抓、建立环境友好型社会、科学发展观、建设生态文明等环境政策成为环境传播的主要指导思想和报道内容；党的十八大以后具有中国特色的社会主义生态文明建设的理论体系和实践范式逐渐形成，环境传播进入新时代，并呈现新面貌、建构新话语、描绘新愿景。

　　但是，地方政府、企业和公众等相关利益主体基于自身的利益立场和目标诉求对于环境政策、环境问题和环境治理的理解和认知存在一定的差异，因而产生诸多社会性问题，生产不同的环境话语。环境传播的一个重要议题框架就是对环境治理过程进行监督，回应公众对于环境保护的关切。近年来频发的环境群体性事件造成的社会矛盾与冲突成为环境传播场域关注的重点。媒介组织作为协同治理主体应该承担弥合社会矛盾、共建生态文明的社会责任。同时，西方媒体对于中国环境问题和环境治理的偏见报道应该引起中国媒体的高度重视，并采取更为有效的跨文化传播策略。

第二节　科学技术

　　每一次媒介革命都离不开科学技术的突破。美国传播学者保罗·莱文森（Paul Levinson）认为，媒介演进遵循两大规律：一是人性化趋势，二是补救性媒介。前者是指技术的发展，是在不断模仿、复制人体的认知模

---

　　①　王鸿铭、黄云卿、杨光斌：《中国环境政治考察：从权威管控到有效治理》，《江汉论坛》2017 年第 3 期。

式和感知模式；后者则表明人类在媒介演进中进行的理性选择。① 科学技术不仅影响媒介的内容生产、组织结构、传播平台、管理方式和经营模式，还会推动媒介的传播模式和价值范式的重构，建构新的媒介生态和传播场域。随着信息技术的高速发展，计算机、大数据、通信技术、人工智能、虚拟现实技术等科学技术不断迭代，媒介复制人类认知模式和感知模式的能力飞速提高，方便快捷的网络新媒体成为受众不断选择和应用的替代性媒介。我们已进入网络传播为主的"后新闻业"时代②或者说"后受众"③ 时代。以传统媒介话语方式为主要特征的传播场域和以新媒介话语方式为主要特征的传播场域同时存在，两个传播场域建构不同的话语秩序，形成不同的话语特征，从而会出现话语冲突甚至话语撕裂的现象。环境传播场域同样如此，亟须通过媒介融合建构融通的话语体系和一体化的舆论场。

话语是权力的表征，是政治角色和社会地位的反映。从这一角度来讲，话语秩序是一种塑造思维的方式，统治阶级借此实现意识形态化的权力在思维和观念领域的拓殖和延伸。就环境传播而言，不同知识体系的环境话语所搭建起来的环境观和框架化策略也不尽相同。其中，拥有绝对权力和资源优势的政府部门，长期借助传统媒体引领环境传播过程中的话语实践，形成了政府主导的环境话语体系和传播格局，体现出行政理性主义话语体系的显著特征。

新媒介技术的出现不断改变话语实践的基本逻辑，新媒体传播具有的即时性、交互性、裂变性以及海量信息、连接一切、全民传播等特性消解了政治威权下的话语垄断，受众逐渐摆脱了传统话语构序的规训，变成了"后受众"，从信息接收者变成了传授者，UGC 的边缘性权力获得极大关注。在环境话语体系中，这一现象具体表现为以交互性为本质特征的新媒体不断冲击着传统媒体的精英话语体系，打破了政府对环境传播话语霸权

　　① ［美］保罗·莱文森：《软利器：信息革命的自然历史与未来》，何道宽译，复旦大学出版社 2011 年版，第 3 页。

　　② 杨保军：《"后新闻业时代"开启后的中国"新闻主义"》，《中国地质大学学报》（社会科学版）2014 年第 9 期。

　　③ 刘燕南：《从"受众"到"后受众"：媒介演进与受众变迁》，《新闻与写作》2019 年第 3 期。

的宰制机制，标志着以民间话语体系为主多元话语博弈的新媒体平台成为环境传播场域一个重要的另类绿色表达空间。

21世纪初，随着新媒介的快速发展，西方国家的环境新闻逐渐向社会化媒体、向在线迁移。新闻工作者的博客、录像、新闻论坛、科学网站、环境团体以及环保部门等政府机构的网站相继出现。在线平台中出现最早、最有影响力的环境新闻服务媒体是"绿色通讯""环境连线网"。环保主题的博客更为活跃，"博客搜索引擎"列出了9000多个绿色博客。① 我国的环境传播也借助新媒体建构绿色公共领域。公众主要通过五个网络渠道接触信息：一是综合性新闻网站，有的还开辟专门的频道或者栏目，如人民网的"环保频道"；二是环境专业性网站或者微媒体公号，如中国新闻环境网、中国环境报微信公众号、ENGO微博公众号等；三是商业门户网站，包括新浪、搜狐、网易等门户网站开辟的"绿色"频道；四是传统媒体创办的绿色新媒体或者"绿色"板块，如《南方周末》的"千篇一绿"微信公众号等；五是网络平台或社交媒体开设的论坛、环境讨论组、专题区等。② 网络新媒体所设定的环境议题框架与公众之间易于产生共情和共鸣，在环境传播中具有很强的社会动员能力和组织能力。

技术主义驱动环境传播场域的话语祛序与重构。随着5G、技术算法、云平台、虚拟现实等信息技术的发展，传播呈现出交互性、即时性、裂变性、移动性、智能化、碎片化、沉浸化等特征，改变了传统的话语形态和传播方式。虽然新媒体时代的话语实践具有传统媒体社会所无法比拟的优势，但是，随着新媒体赋权效应的延宕，话语权的民主化，新媒体话语生产与传播的随意化和便捷性易于导致虚假或片面的信息轻松进入话语空间，增加社会风险，甚至成为群体性冲突事件的催化剂。新媒体环境下，重大环境公共事件发生时，往往不以身体的在场为条件，而是以话语符号为存在方式。媒介赋权使得公共舆论的媒介话语空间迅速分化和重构，打

---

① ［美］罗伯特·考克斯：《假如自然不沉默：环境传播与公共领域》（第三版），纪莉译，北京大学出版社2016年版，第195—198页。

② 徐迎春：《绿色关系网：环境传播和中国绿色公共领域》，中国社会科学出版社2014年版，第124—125页。

破了由专业媒体机构发布和传播新闻事实的传统模式,大众传播生态由整齐划一走向众声喧哗,促使环境传播的媒介场域更加复杂。环境传播主体多元化的一个重要变化是不同的环境主体基于自身利益和价值取向进行不同的话语实践活动,从而形成对话或冲突话语关系。媒介技术迭代弥补了公众参与环境实践的客观局限性,围观政治、环境抗争等具有新媒体风格的公众话语体系逐渐生成。

新技术颠覆话语权的生成机制,驱动环境传播"反话语空间"的形成。所谓颠覆,这里特指边缘话语对支配性社会意识形态话语的反抗,即打破能指和所指的对等关系,推翻既有的惯常的话语秩序,构建新的权力话语。① 新媒体作为一种去中心化的话语生产平台,代表着新型权力的诞生。这种新型权力在不断重塑着人们的观察和思考方式,进而改变了权力生产的社会规则和文化机制。随着民主思想的深入发展,公众对于知情权和监督权的渴望更加强烈。在社会化媒体场域中,治理者、知识分子、网红、草根等不同传播主体生产了不同风格的话语内容,沉默的民间话语被打捞、被放大。新媒体生产的公众话语助推了环境传播的"反话语空间"的建构,亦即"在主导性话语所建构的权力关系之外重构一种对抗性的话语陈述体系"②。其本质是公众在传播场域参与争夺环境象征性资本的一种话语策略。公众借助亚文化隐喻手段来重构有别于主导性话语的言说范式和权力秩序。在某些环境公共事件中,我们可以看到解构式话语在建构议题框架、争夺环境意义的动员力量。

第三节　市场主义

从西方国家发展来看,工业革命带来了生产力的飞速提升和经济的高速发展,经济增长成为资本主义国家的主导性话语。但是,不节制的发展也给西方国家造成了严重的环境污染问题,从而引发全球性生态危机和社会风险。从 20 世纪 60 年代开始,世界各国尤其是以英、美、法、德等国

---

① 魏家海:《文学变译:话语权力的颠覆和抑制》,《天津外国语学院学报》2006 年第 5 期。
② 刘涛:《环境传播:话语、修辞与政治》,北京大学出版社 2011 年版,第 163 页。

为代表的一些西方发达国家展开了一系列轰轰烈烈的生态政治运动，即群众性集体抗议活动。① 增长极限成为国际社会的共识，人类中心主义遭受质疑，可持续发展与绿色经济学逐渐受到各国重视，环境主义和生态主义运动在全球展开。资本主义国家掀起过荒野保护运动、环境保育运动、环境正义运动等多次环境运动的浪潮，出现了生存极限、行政理性主义、民主实用主义、经济理性主义、绿色激进主义以及现代生态主义等环境思潮和话语体系。

市场主义主张在经济发展中尽量淡化政府的管制和调控，支持市场绝对自由化，用市场的手段来解决社会发展问题。"由于经济学的本质使然，经济学家有滑入自由市场原教旨主义的天然倾向。"② 在自由市场主义那里，价格是调节买卖双方供求关系的杠杆，是解决经济问题和社会问题的钥匙。生态市场主义学者希瑟·罗杰斯（Heather Rogers）认为可以"用市场杠杆修复被破坏的环境"。③ 生态资本主义相信资本主义可以通过自由市场机制尤其是价格机制来解决生态问题。但是，资本主义制度的逐利性本质导致其难以对环境问题进行根治。正如默里·布克金所言："坦白地说，现存社会秩序中精英们首先关心的是利润，权力和经济扩张。"④ 萨拉·萨卡更为直白地表达了这一观点：要想为子孙后代的利益把完美无缺的生态世界留传给他们，市场价格机制是没有用的。国家、社会或社区必须从道德考量的视角来关心这一目标，其他的都不奏效。⑤ 造成环境污染和生态问题的原因并非单一的因素，但是过度追求经济增长和利润而忽视生态建设的市场主义思想及其体制是最为突出的原因，因而仅仅依靠市场主义的价格机制和供需关系难以有效地解决这一世界性难题。市场调节、国家治理和公众道德自觉等协同治理是解决环境问题的

---

① 覃冰玉：《中国式生态政治：基于近年来环境群体性事件的分析》，《东北大学学报》（社会科学版）2015 年第 5 期。

② ［美］保罗·克鲁格曼：《美国怎么了？》，刘波译，中信出版社 2008 年版，第 88 页。

③ 转引自刘珍英《生态资本主义及其根源》，《理论视野》2014 年第 4 期。

④ ［美］默里·布克金：《自由生态学：等级制的出现与消解》，郇庆治译，山东大学出版社 2012 年版，第 7 页。

⑤ ［印］萨拉·萨卡：《生态社会主义还是生态资本主义》，张淑兰译，山东大学出版社 2012 年版，第 153 页。

必由之路。

从中国发展来看，党的十一届三中全会以来，确立了以经济建设为中心的发展方针，加之当时复杂、激烈的国际竞争环境，中国曾一度追求生产效率和经济发展的速度。自改革开放以来，我国经济取得了巨大的发展成就，成为世界第二大经济体。但是，发展之初粗放型的经济增长方式、开采资源的生产方式和过度的消费方式带来了资源浪费、环境污染等一系列环境问题，导致了生态危机，难以维持可持续发展。从近年来曝光的环境事件中可以洞悉中国环境问题产生与治理的严峻性。2018 年第一批中央环境保护督察"回头看"6 个督察组对 10 省（区）实施监察进驻，坚决查处"表面整改""假装整改""敷衍整改"等生态环保领域形式主义、官僚主义问题，① 多地环境污染屡禁不止。市场主义、商业主义的膨胀，刺激了消费主义思潮的产生。资本主义的工业生产和消费方式造成的美国式"消费主义"崇拜是导致我国资源和能源浪费的主要根源之一，② 民众过度的消费欲望带来了资源浪费和环境污染，如私家车尾气排放带来的大气污染等，并成为阻碍社会高质量发展的障碍。

环境问题逐渐引发人们关注和国家的高度重视。1983 年，环境保护便成为中国的一项基本国策。党的十八大明确提出了包括生态文明建设在内的"五位一体"总体布局。习近平总书记在党的十九大报告中指出，牢固树立社会主义生态文明观。绿水青山就是金山银山，是社会主义生态文明观的核心价值理念。③ 在社会转型发展期，如何平衡经济增长与环境保护之间的矛盾，如何解决人民日益增长的美好生活需要和不平衡不充分的发展之间的矛盾成为我国可持续发展的关键问题。

环境传播受到市场主义的影响体现在两个主要方面：一是环境产生的主要根源之一是市场主义带来的结果。在市场主义自由、开放的环境下，企业在商业利益驱动下，盲目追求生产效率和生产规模，基于私利的价值

---

① 《中央环保督察"回头看"已问责近两千人》，中国政府网，2018 年 6 月 28 日，http：//www.gov.cn/hudong/2018－06/28/content_5301697.htm.

② 冉冉：《政体类型与环境治理绩效：环境政治学的比较研究》，《国外理论动态》2014 年第 5 期。

③ 《树立和践行绿水青山就是金山银山的理念》，光明思想理论网，2018 年 7 月 20 日，https：//theory.gmw.cn/2018－07/20/content_29977836.htm.

取向造成公共资源的严重浪费；部分企业为减少生产成本，逃避环境保护的责任，非法排污，如工业废水污染、固体污染、重金属污染等。但是，围绕环境污染和生态问题的产生和解决方案的生态思潮及其话语实践却不尽相同，并形成思想碰撞和话语冲突，如生态资本主义和生态社会主义对于环境问题解决具有不同的制度性期待，人类中心的环境主义与生物中心的生态主义具有意识形态之别，普罗米修斯主义和绿色激进主义话语建构的框架性策略亦呈现出不同的价值偏向。同时，环境污染事件中的多元利益主体包括政府、企业、非政府组织与公众在环境事件链条上也存在矛盾与冲突。不同的环境思潮、话语实践和行动策略成为环境传播的对象和内容。二是环境传播的载体，即媒介本身也受市场主义的影响。传统媒体中的都市类媒体一度为了拓展受众市场和吸引广告商，在进行环境新闻报道时多采用冲突性、戏剧性或追责性框架建构议题，进行环境监督。随着新媒体的崛起，网络空间受市场主义和商业主义的影响更大。不同利益主体借助市场化的传播平台为了不同的目的建构冲突性的话语框架。

第四节　受众变迁

　　20 世纪初西方传播学界开创了受众研究，无论是"魔弹论"，还是"有限效果论"抑或"涵化理论"都将传播链条中的这一重要环节认为是缺乏主体性的被动行为者。美国的效果学派把受众当作可以被媒介控制的玩偶。法兰克福学派认为受众消极被动，极易被媒介影响与控制。尤尔根·哈贝马斯（Jürgen Habermas）在预测公共空间将被媒介完全控制之后，也同让·鲍德里亚（Jean Baudrillard）一样，悲观地认同了受众的消极性与被动性。[①] 媒介融合时代受众的角色发生了深刻的变化，受众改变了媒介使用惯习和信息传播机制，其在信息传播过程中的主体性日益凸显，从信息接收者变成了信息传播者，既是信息消费者也是内容生产者。当下传统媒体、社交平台、智能分发同时在场，媒介存在三种传播——大众传播、小

---

① 隋岩：《受众观的历史演变与跨学科研究》，《新闻与传播研究》2015 年第 8 期。

众传播和非众传播。传统意义上的受众并未离场，但是更具有自主性、能动性和创造性的新受众越来越多，因此，可以说我们进入了一个"后受众时代"。①

我国的受众研究始于 20 世纪 70 年代末随着传播学的引进而进入中国学者的研究视野。传统媒体时代作为信息的接收者——受众的角色被界定为被动接受大众传媒议程设置的信宿。从符号学的视角来看，改革开放以来随着社会发展和媒体功能的嬗变，作为一个浮动的能指，受众的意指从宣传的被动员者、信息的接收者、信息的消费者、媒介使用者到用户、后受众等历时性的角色转变以及共时性多维观念的形成。据《中国互联网络发展状况统计报告》显示，截至 2020 年 12 月，我国网民规模达到 9.89 亿，互联网普及率达 70.4%，其中，40 岁以下网民超过 50%，学生网民最多，占比为 21.0%。② 其中绝大多数网民使用智能手机上网接收和传播信息。网络空间尤其是移动传播场域成为信息传播的集散地和舆情生成的始发地。一个不容忽视的事实是网络空间的年轻用户成为信息接收和传播最为活跃的生力军。网络新媒体的发展消解了基于时空维度构建的先赋性角色的社会意义，加剧了社会主体的代际冲突。美国人类学家玛格丽特·米德（Margaret Mead）提出了著名的三喻文化理论和代沟理论，她将年青一代与年老一代之间的矛盾与冲突主要归因于行为方式、生活态度、价值观念等塑造的文化传递方面的差异，从而将整个人类文化划分为前喻文化、并喻文化和后喻文化三种类型。③ 信息技术助推了并喻文化、后喻文化的发展，即朋辈之间的学习、后辈对前辈的文化反哺。传统文化的路径依赖被打破，前辈的权威被解构，代际的文化差异和矛盾逐渐加大，并在传播场域的对话与话语冲突中体现出来。

作为网络原住民的青少年总体上积极进取，思想主流，但也呈现出较强的亚文化特征。他们擅长通过新媒体赋权进行自我表达，珍视个人

---

① 刘燕南：《从"受众"到"后受众"：媒介演进与受众变迁》，《新闻与写作》2019 年第 3 期。

② 《报告显示我国网民规模接近 10 亿　互联网普及率达 70.4%》，中国新闻网，2021 年 2 月 3 日，https://www.chinanews.com/cj/2021/02-03/9403205.shtml.

③ ［美］玛格丽特·米德：《文化与承诺：一项有关代沟问题的研究》，周晓虹、周怡译，河北人民出版社 1987 年版，第 7 页。

主义，关注个体体验，重视网络政治参与。有学者认为"90 后""00
后"，价值观取向存在功利化倾向，道德敏感度下降，心理较为脆弱，
缺乏挫折承受能力。① 网络原住民的这种文化表征与新媒介技术的结合
易于形成情绪化、浅表化、视觉化、娱乐化等话语表达特点。一方面他
们通过媒体或者具身传播积极参与环境政治运动，通过在线围观和日常
生活政治来支持环境保护；另一方面他们在邻避事件和环境抗争中发挥
重要的传播反哺作用。

　　网络新媒体日益成为主流传播方式，亦成为网络原住民的生活方式、
消费方式和政治参与的主要工具，对年轻公众的环境认知和政治认同产生
日益重要的影响。社会化媒体"能够契合青年群体同辈之间的个性化、多
元化和开放化的理念，便于青年人在开放中交流、在多元中寻求个性化的
发展，从而培养青年人对现存政治制度和体系的政治认同感与国家归属
感，并最终上升为政治信仰"②。2020 年暴发的新冠肺炎是生态危机的一
次总爆发，是人类与自然关系恶化的一次惊骇表现，是人类环境抗争的一
次大考。年轻人在这场战"疫"中成为传播正能量、正面抗疫的主力军。
他们通过各种社会化媒体传播防疫知识、讲述防疫故事，表达自己对于党
中央和当地政府抗击新冠肺炎举措的认同和支持，增强对国家制度和民族
精神的认同。

　　现实环境的压力也会驱使年轻网民将日常生活的感受和焦虑转移到传
播场域，并采用社交媒体与主导性话语进行博弈。"青年面临着教育、就
业、婚姻、住房、医疗等多方面的严峻挑战，在表达内在参与的积极性以
及总体追求先进性的时候，他们往往会因为生存发展中的种种矛盾和不如
意，采用反现实、反传统，甚至是破坏性的行为模式。"③ 在一些环境公
共事件中常见青少年参与环境话语实践的身影。

---

① 陈立：《"90 后""00 后"青年群体特征的再审视——以湖北省为例》，《中国青年社会
科学》2021 年第 1 期。
② 王武、丁珊：《移动互联网络对青年政治社会化的影响及对策》，《中共济南市委党校学
报》2015 年第 4 期。
③ 陆士桢、郑玲、王骁：《青年网络政治参与：一个社会与青年共赢的重要话题》，《青年
探索》2014 年第 6 期。

第四章

流动的隐喻:环境传播的视觉修辞

第一节 视觉文化与环境镜像

环境主义运动作为一种新社会运动,"本质上是一场修辞运动,是以非暴力的修辞方式实现社会意识的集体转型,进而间接地推动相应的政治改革和政治运动"①。环境传播的过程是借助语言的象征意义和比喻功能建构人们对生态环境的认知。从某种角度上说,言说即比喻,运用语言符号进行意义置换和象征交互。环境传播体现了传播者对环境信息的言说机制和呈现方式。隐喻在环境传播中是一种主要的比喻手法,如"自然母亲""人口爆炸""地球号飞船"以及"碳足迹"等,② 当今世界已经进入视觉文化时代,视觉修辞在环境问题揭示、生态景象描述和环境意识形态彰显等方面具有重要的意指作用。阿莱斯·艾尔雅维茨(Ales Erjavec)认为当前的文化艺术环境正面临着"图像转向"(pictorial turn)的变化。③ 德国哲学家马丁·海德格尔(Martin Heidegger)认为视觉文化不是依赖于图像符号本身,而是依赖于图像化或者说视觉化这个现代以来的趋势走向,④ 他甚至认为"世界被把握为图像",视觉性正成为当代的文化主

---

① 刘涛:《环境传播:话语、修辞与政治》,北京大学出版社 2011 年版,第 129—130 页。

② [美]罗伯特·考克斯:《假如自然不沉默——环境传播与公共领域》,纪莉译,北京大学出版社 2016 年版,第 69 页。

③ [斯]阿莱斯·艾尔雅维茨:《图像时代》,胡菊兰等译,吉林人民出版社 2003 年版,第 2 页。

④ [德]马丁·海德格尔:《林中路》,孙周兴译,上海译文出版社 1997 年版,第 86 页。

因。① 修辞学者也开始关注视觉形象在公共领域的重要性，加布林（S. L. Dobrin）和莫雷（S. Morey）就撰文呼吁大家研究图片、绘画、电视、电影、电子游戏、电脑媒体以及其他图片为基础的媒体对空间、环境、生态和自然的视觉再现。② 美国环境传播学者罗伯特·考克斯注意到视觉修辞在环境意义的争夺中具有重要的作用。他认为视觉修辞通过影响人们的感知和思维方式建构公众对环境问题的看法来完成劝服功能。③ 国内较早将视觉化与修辞学和传播学联姻的是北京大学的陈汝东教授，他明确提出了视觉修辞的概念。④ 我国学者在研究环境传播议题时亦论及视觉修辞的重要作用，如学者刘涛（2011）⑤、王丽娜（2019）⑥、常媛媛（2018）⑦、李京（2017）⑧ 等。刘涛教授对视觉修辞进行了多学科勾连的学术溯源，阐释了环境传播的视觉修辞策略和环境文化再生产机制。

一　环保电影

全球性生态危机背景下环保电影获得了丰硕的商业成果和公益价值。环保电影是环境传播与视觉文化相结合的重要表现形态，成为环境镜像的艺术表达方式。环境主义和生态主义揭示了不同的生态意指，在环保电影中地貌形态、生物形态以及人类形态及其内部系统构建了多重生态圈，它们的能量互动关系是环保电影视觉生产机制的逻辑起点。人类中心主义、生物中心主义和生态中心主义在环保电影视觉形象的建构中呈现出不同的环境意识形态和审美特征。受众在影像叙事的体验中反思世界形态负载的话语逻辑和权力关系。

---

① 周宪：《视觉文化的转向》，北京大学出版社 2008 年版，第 5—6 页。

② S. L. Dobrin, S. Morey（Eds.），*Ecosee*：*Image*，*Rhetoric*，*Nature*，Albany，NY：SUNY，2009，p. 2.

③ ［美］罗伯特·考克斯：《假如自然不沉默——环境传播与公共领域》，纪莉译，北京大学出版社 2016 年版，第 76 页。

④ 刘晓燕：《中国视觉修辞研究的进路》，《长江师范学院学报》2008 年第 1 期。

⑤ 刘涛：《环境传播：话语、修辞与政治》，北京大学出版社 2011 年版，第 200—235 页。

⑥ 王丽娜：《环境传播的修辞机制》，《中国地质大学学报》2019 年第 4 期。

⑦ 常媛媛：《数据新闻：中英环境报道视觉框架与视觉修辞方式的异同——基于"数读""数字说"和〈卫报〉的比较》，《对外传播》2018 年第 4 期。

⑧ 李京：《视觉框架在数据新闻中的修辞实践》，《新闻界》2017 年第 5 期。

　　工业时代全球性环境恶化带来的环境事故、矛盾和冲突日益增多，引发的社会风险随之增大。"环境问题已经成为一个全球性的公共问题，而且深入影响到社会其他领域的架构和秩序。"① 全球环境政治成为时代的主题，美国、日本、韩国、印度、巴西以及欧盟等国家或组织纷纷提出"绿色发展战略"。党的十八大提出了"大力推进生态文明建设"的要求。② 中国政府的环境政策与人民福祉、民族复兴和全球命运共同体紧密相连。

　　近年来，环境传播成为学界着力开垦的学术绿地，环保电影是环境传播的重要视觉文化艺术形态，它通过视听艺术手段表达对环境问题的关切与批判，重新思考人与自然和社会环境的关系，并对人类社会和谐发展呈现现实图景，提出美好预期。环保电影的重要贡献在于以受众喜闻乐见的传播形式进行环境主义和生态思想的普及，避免了传统环保教育的枯燥和技术话语壁垒下受众的内心抵触，达到了较好的审美效果和传播效果。

　　有学者对环保电影进行了界定，"电影人通过电影这个武器，向人们传播着和环境保护相关的故事，表达着他们对生态环境的关切，而以反映人类生态思想和保护生态环境为主题的电影，可以归类为环保电影。"③ 有论者根据电影素材的真实程度、影片拍摄技法和环保思想的呈现方式，将环保电影分成"生态纪录片""情景再现片""环保故事片"和"环保科幻片"四种类型。④ 不同类型的环保电影呈现出不同的环境意向和修辞策略。

　　国内学者将环保电影与国际学术青睐的生态电影视为一脉相承，或者说语义同构，如陈光磊（2014）、韩浩月（2015）、王瑞红（2016）。笔者认为虽然环保电影与生态电影都是基于批判工业社会和消费主义导致的环境问题和倡导生态思想，在内涵上颇多交集，但也有些许各自独特的审美主张、艺术特征和传播偏向。前者的审美核心仍然是人类中心和环境主义，而后者的审美核心是生物中心和生态主义。"环境主义主张一种对环境难题的管理方法，确信它们可以在不需要改变目前的价值或生产与生活

　　① 刘涛：《环境传播：话语、修辞与政治》，北京大学出版社 2011 年版，第 1 页。
　　② 《建设美丽中国，努力走向生态文明新时代——学习〈习近平关于社会主义生态文明建设论述摘编〉》，人民网，2017 年 9 月 30 日，http://theory.people.com.cn/n1/2017/0930/c40531 - 29569482.html.
　　③ 王瑞红：《环保电影传递绿色发展新理念》，《环境教育》2016 年第 4 期。
　　④ 陈光磊：《环保电影的类型分析及生态诉求》，《生物学通报》2014 年第 11 期。

方式的情况下得以解决,而生态主义认为,要创建一个可持续的和使人满足的生活方式,必须以我们与非人自然世界的关系和我们的社会与政治生活模式的深刻改变为前提。"① 环保电影将人置于生态的中心,将非人自然世界作为客体并视为保护的对象,着力讲述环境事故、矛盾和冲突故事,凸显环境的公共价值,而且在不改变现有秩序和规则的情况下进行环境保护。"生态电影是一种具有生态意识的电影。它探讨人与周围物质环境的关系,包括土地、自然和动物,是从一种生命中心的观点出发来看待世界的电影。"② 生态电影是将环境表现为"有价值意义的内在价值",是以非人类中心看待人与环境的关系。不过,从电影艺术的意识形态本质而言,生态电影的主旨仍然是通过呈现非人类自然世界的美好以及生态环境破坏给人类社会带来的恶果,警示人类保护生态并与非人自然世界和平共处的重要性。从这个层面而言,生态电影是高阶的环保电影。

环保电影受到电影产业界和学界的高度重视。1975 年的好莱坞巨片《大白鲨》通常被看成环保电影的滥觞。1982 年捷克斯洛伐克举行了生态电影国际观摩,我国环保电影《鱼桑争秋》获 1986 年捷克斯洛伐克主办的国际环保电影电视节主奖。1983 年西班牙主办了第二届"生态和自然环境电影节"。第十一届上海国际电影节也首次引入环保主题,中国导演冯小宁拍摄的《青藏线》以及澳大利亚导演马克·福斯特曼拍摄的《林海惊情》等五部电影获得"最佳环保电影奖"。法国的《迁徙的鸟》《海洋》,美国的《海豚湾》《难以忽视的真相》《2012》《侏罗纪公园》《阿凡达》,日本的《风之谷》《日本沉没》,中国的《可可西里》《惊天动地》《狼图腾》《美人鱼》等③环保电影产生了巨大的社会影响,具有重要的研究价值。"它们不仅能提供给人们一条不同于商业规制和'现代生活机器'的观看路径,而且也能以影像构建一个让人们从消费主义旋涡中抽身而出的精神花园。"④ 环保电影的修辞策略正是通过对消费主义的警示

① 〔英〕安德鲁·多布森:《绿色政治思想》,郇庆治译,山东大学出版社 2012 年版,第 2 页。
② 鲁晓鹏、唐宏峰:《中国生态电影批评之可能》,《文艺研究》2010 年第 7 期。
③ 陈光磊:《环保电影的类型分析及生态诉求》,《生物学通报》2014 年第 11 期。
④ 孙绍谊:《"发现和重建对世界的信仰":当代西方生态电影思潮评析》,《文艺理论研究》2014 年第 6 期。

和批判为重建美丽家园和绿色地球摇旗呐喊。

二　环境保护类公益广告

公益广告是指不以营利为目的，以公共价值和社会公德为基础，为公众切身利益和社会风尚服务的广告，属于非商业性广告。潘泽宏教授在《公益广告导论》一书中将公益广告定义为"以期促进人们观念和行为的变化，达到匡正时弊、树立新风，影响社会舆论，疏导社会心理，净化人的心灵、规范人们的社会行为，以维护社会道德和正常秩序，促进社会健康有序运转，实现人与自然和谐永续发展为目的广告宣传"[①]。作为社会公益事业的一个重要部分，公益广告具有不可替代的社会公益属性。公益广告的诉求对象广泛，是一种面向全体社会公众的信息传播方式，致力于传扬公共价值与社会共识。因此，公益广告担负着特殊的道德任务，承担着意识形态建构功能。

环境保护类公益广告是关于环境信息传播和行为塑造的公益广告，旨在通过传播环保理念和行为规则弘扬生态文明，共建人与自然和谐共生的关系。环境问题是全人类共同关注的问题，环保行动也是全球化绿色政治运动。公益广告通过形象化叙事和劝服技巧极易引起情感共鸣和价值认同，使传播效果抵达人心。

学者们对环保公益广告进行了有益的探索，积累了一定的研究成果，主要聚焦在以下四个研究方向：一是对环保公益广告的基本概念和基础理论进行研究，如环保公益广告的功能、特征等；二是对环保公益广告的内容与传播效果进行研究；三是对新媒体环境下环保公益广告的表现战略与叙事机制的创新及其发展态势进行研究；四是从批判视角对环保公益广告的"漂绿"修辞和意识形态进行研究。有学者认为绿色广告从广义上而言就是环保公益广告，"不仅包括绿色产品广告，还包括绿色企业形象广告以及由企业、政府或非政府组织、媒体等发布的环境保护公益广告"[②]。

环保公益广告在建构绿色现实图景中具有重要的作用，呈现出较为明

---

① 潘泽宏：《公益广告导论》，中国广播电视出版社 2001 年版，第 4 页。

② 郭小平、李晓：《环境传播视域下绿色广告与"漂绿"修辞及其意识形态批评》，《湖南师范大学社会科学学报》2018 年第 1 期。

显的话语特征和传播问题。学者陈正辉认为公益广告在传播社会主流价值,增强人们社会责任意识,调动企业和媒体参与公益广告活动的积极性方面发挥了重要作用。但也暴露出了一些问题,如政府推进单调,难以深入基层;缺乏有效监管,公益广告份额难以保障等。① 公益广告承担主流价值观和主导性文化的表达内核也适用于环保公益广告。学者张燕丽认为环保公益广告需要挖掘其核心价值,发挥其积极的公益作用,指引人们树立环保思想。② 环保公益广告在促进人们形成生态文明建设的自觉,培树环保意识和污染防治意识方面发挥了激励性和思想激发性作用。③ 一些学者注意到环保公益广告的表现战略和隐喻机制亟须改进,并提出了可能的方向。比如,有学者提出我国环保公益广告发展需要有情怀、深度、感召力和关注度,加强环保公益广告的舆论引导力,使其具有社会传播力和思想影响力,让环境观念深入人心,推动公众积极参与环境保护和改善。④

内容生产与传播效果研究是环保公益广告的一个重要方向。有学者认为,环保公益广告的话语类型比较少且比较集中,生存主义和绿色意识成为环保公益广告的主要话语形态。但这两大环境话语脆弱、肤浅而且边缘,在环境传播复杂的话语体系中较易受到其他话语的入侵与驯服。⑤ 有学者从表达艺术和说服技巧角度分析环境保护广告的内容生产与传播效果的关系,认为情感诉求在环保公益广告中得到广泛应用,并产生了突出的效果。环保公益招贴广告要尽可能抓住受众的同理心、同情心和同需心,通过借助多种视觉修辞和表现艺术来感染受众、引起共鸣,产生号召力。借助强烈的情感诉求,能使受众与传播者在分享信息和交流中产生信任感和依赖感,让受众意识到环境保护的重要性和紧迫感,从而改变受众的思想态度、生态认知和行为习惯,进而动员受众参与环境保护和生态建设。⑥

① 陈正辉:《公益广告的社会责任》,《现代传播(中国传媒大学学报)》2012 年第 1 期。
② 张燕丽:《论环保公益广告与特征》,《新闻研究导刊》2016 年第 19 期。
③ 杨琳:《环保公益广告中污染防治意识接受度分析研究》,《环境科学与管理》2018 年第 7 期。
④ 曹春玲:《提升环保公益广告在生态环保中的舆论先导作用探讨》,《环境与可持续发展》2018 年第 3 期。
⑤ 雷蕾:《国内环保主题公益广告的话语研究》,《新闻研究导刊》2016 年第 19 期。
⑥ 韩晓:《浅析节能环保公益招贴广告中的情感诉求》,《剑南文学》2011 年第 1 期。

环保主题的公益广告虽然不少，但传播效果不明显，而且网络环保宣传存在缺位，因此，需要通过媒体融合和话语改革，增强环保公益广告的传播力、公信力和影响力。①

新媒体赋能在环境传播中的作用日益凸显，环保广告与新技术的融合催生出丰富的传播形态和传播渠道。有学者认为新媒体为电视广告的广泛传播提供了平台，同时提出要加强电视环保公益广告的表现形式创新与情感融入，加强与新媒体传播渠道的合作。② 新技术变革推动新媒体快速发展，环境传播场域正由传统媒体向新媒体场域过渡。新媒体使环保在不同社群都能获得良好的受众群（用户群），增强受众群（用户群）与环保的交互性。③ 但是，借助绿色传播来"漂白"商业诉求和市场主义目标的漂绿广告也引起了研究者的关注。学者们采用批判理论进行了多维度探讨。漂绿广告是一种利用虚假环境诉求误导消费者的伪环保广告。④ 有学者采用实证研究方法对漂绿广告的欺骗性话语机制进行了分析，认为"漂绿广告利用环保诉求，误导消费者，掩饰原本不符合、甚至违背可持续发展理念的企业行为或产品形象。消费者缺乏环保知识以及信息不对称是漂绿广告盛行的重要原因"⑤。刘传红将漂绿广告的特征概括为：存在的普遍性、起因的复杂性、诉求的伪善性、手法的巧妙性、消费的误导性、披露的滞后性和危害的广泛性七个方面。⑥ 漂绿广告的传播动机是借助环保理念和视觉修辞达到增强企业形象以满足商品溢价的目的，因此具有一定的欺骗性和诱导性。但是，对于一些企业在品牌推广中传播的环境知识和生态理念亦要辩证地分析。

---

① 张晶、叶萌、李梦蛟：《大众传媒对大学生环保观念的影响调查报告》，《科学之友》（B 版）2009 年第 11 期。

② 薛瑶瑶：《新媒体环境下电视环保公益广告对青少年的影响》，《新闻研究导刊》2016 年第 4 期。

③ 戴文焰等：《利用新媒体平台推进环保传播发展——以温州市绿萌芽环保公益发展中心为例》，《新媒体研究》2016 年第 9 期。

④ 黄玉波、雷月秋：《漂绿广告的想象与感知：基于扎根理论的方法》，《现代传播（中国传媒大学学报）》2019 年第 6 期。

⑤ 孙蕾、蔡昆濠：《漂绿广告的虚假环境诉求及其效果研究》，《国际新闻界》2016 年第 12 期。

⑥ 刘传红：《"漂绿广告"的产生背景、主要特征与认定标准》，《宜宾学院学报》2015 年第 9 期。

当前，公众对环境保护日益重视，在一定程度上得益于环保公益广告的传播。对环保公益广告的研究有利于更好地发挥公益广告宣传主流价值的功能，有利于培养公民树立生态文明观和建构"美丽中国"、环境友好型社会的认知。但是对于环保公益广告的研究在话语表达、生态意蕴、传播机制等方面还有较大的拓展空间。

第二节　环保电影的生态意象①

一　生态意象

意象的表述最早出现于《周易·系辞》，子曰：书不尽言，言不尽意。然则圣人之意，其不可见乎？子曰：圣人立象以尽意。② 意是象之灵魂，象为意之载体。简而言之，"艺术都离不开形象，这些形象绝不仅仅是物理表象，而是包含着情感和思想的特殊形象"③。学者夏炎将意象一词引入生态环境史研究范畴，将其称为"生态意象"，即指人在一定的历史时期，通过对某些地区生态环境的感受、认识和体验，在头脑中形成的对处于某一时间、空间的生态环境的映象。④

理论界对生态意象的研究集中在文学艺术审美、生态批评、生态文学批评和生态电影批评等领域。生态批评和生态文学批评是随着工业社会和消费膨胀出现的绿色政治话语和文学环境话语。生态批评突破了传统的人类中心主导的文学批评模式，将环境批评引入文学领域。美国著名的生态女作家蕾切尔·卡森 20 世纪 60 年代出版的《寂静的春天》一书批判了人类使用化学品对生态环境的严重污染，掀起了生态批评和环境保护运动。我国学者运用西方生态批评理论展开了文学领域的生态批评。视觉文化时代，电影也展开了对环境议题的艺术呈现，加入全球绿色政治运动之中。国内外诸多学者在环保电影和生态电影的研究中涉及

---

① 此节内容作为教育部课题阶段性成果，发表在《中国青年社会科学》2017 年第 3 期，有修改。

② 转引自裴培《论电影中的意象》，博士学位论文，山东师范大学，2010 年。

③ 游飞：《电影的形象与意象》，《现代传播（中国传媒大学学报）》2010 年第 6 期。

④ 夏炎：《试论唐代北人江南生态意象的转变——以白居易江南诗歌为中心》，《唐史论丛》2009 年第 1 期。

生态意象分析。其中较为常见的是通过环保电影和生态电影整体性审美特征、视觉机制的研究阐释人、其他生物和环境之间的关系。1984 年，国际生态电影节诞生，标志着以生态为主题的电影已经成为电影界的一种题材类型。[①] 随后出现了一批关于生态电影的研究成果，如《灵长目动物的视野：现代科学世界中的性别、种族和自然》《绿色文化研究：电影、小说和理论中的自然》《生态电影理论与实践》《野生动物电影》等。一些学者通过具体的电影赏析来对环境问题与生态诉求的艺术观照进行解析。近年来好莱坞和华莱坞环保电影创作及其理论研究成果斐然。美国加州大学鲁晓鹏教授指出，"生态电影"在西方学者近年来的研究视野中已经从边缘走向主流。美国生态学者和电影学者劳伦斯·布伊尔（Lawrence Buell）、格雷格·米特曼（Gregg Mitman）、德里克·鲍塞（Derek Bousé）、斯格特·麦克唐纳（Scott MacDonald）等推动了环保电影、生态电影研究的发展，并形成电影理论研究的一种范式。生态电影在历经三十多年的中国化过程中逐渐形成了具有浓郁中国风的美学特征和生态意象。1982 年创作的科教片《森林和我们》用影像叙事讲述了森林对人类的重要作用。1984 年创作的《大西北种草》告诉人们如何根据生态规律进行植被种植，逐步改善大西北被破坏的生态环境。1985 年创作的《防治沙漠化》则介绍如何采取措施来减少和防止日益扩大的沙漠化进程。[②] 20 世纪 80 年代的生态电影受时代局限，形式单一，教化浓郁，艺术性较差。"中国生态电影中，表现突出的是中国的'新时期'电影和第五代、第六代电影。第五代导演刚开始的创作是一种生态艺术，《黄土地》《老井》《三峡好人》《洗澡》等第五代、第六代的故事文本都是对土地、水、自然的思考。"[③] 这里所指的生态电影与环保电影具有高度的语义同构，环境主义与生态主义所倡导的人类与自然生物作为命运共同体在电影叙事中得到重视。环保电影的环境问题与生态思索的艺术生产机制及其审美特征成为电影学和传播学等领域的研究热点。但是对于

---

① 徐兆寿：《生态电影的崛起》，《文艺争鸣》2010 年第 3 期。

② 高兴梅：《中国生态电影发展 30 年》，《电影文学》2017 年第 21 期。

③ 拓璐、李黎明：《"华语生态电影"：概念、美学、实践——北京大学"批评家周末"文艺沙龙研讨综述》，《电影艺术》2016 年第 5 期。

环保电影的生态意象进行整体性建构以及环境意识形态和地球政治话语通过影像表达的研究还有较大的拓展空间。

美国文化和环境学者阿德里安·伊瓦克伊夫（Adrian Ivakhiv）提出了整合理论，他认为世界形态由三部分构成，即"地貌形态""生物形态"和"人类形态"。"地貌形态"指代给定的客体存在，"生物形态"指代人类以外的生命力量和感知物，包括动物和其他非人类生物等，而"人类形态"则指代人类主体或仍在演变过程中的"我们"。① 电影作为一种传播媒介，实质上是运用影像艺术为我们呈现出一种世界形态，让受众在影像叙事的体验中去反思世界形态负载的意识形态和权力关系。伊瓦克伊夫关于"世界形态"的理论突破了索绪尔符号学理论中能指与所指之间的二元对立关系，是一种历时性与共时性的结合，更加能契合我们对生态意象的阐释。

二　地貌形态：环保镜像中的时空想象

地貌形态是自然界中时间和空间结合的产物，在电影叙事中提供了广阔的场景和想象空间。"影像呈现的空间、地点、景观以及人物与景观空间的关系等构成了电影的地貌形态。"② 笔者认为地貌形态在环保电影中具体指代自然景观和人文景观及其与人之间的关系，天空、土地、山川和海洋及其承载的空气、水、生物等环境生态因子都是景观。地貌形态是盖娅假说的物质基础，"盖娅是由所有生命与空气、海洋、地表紧密联结的超级有机体"。③ 地理环境是人类和生物生存的基础和条件，地貌形态的自然和文化在时间河流中不断演化，成为与人类互为影响的力量。自然景观和人文景观作为电影中世界形态的基本元素，是电影创作主体建构世界意象和隐喻机制的逻辑基础，因此，通过自然景观和人文景观及其关系的变动我们可以深入理解和体验环保电影的绿色理念和生态关怀。环保

---

① 孙绍谊：《"发现和重建对世界的信仰"：当代西方生态电影思潮评析》，《文艺理论研究》2014 年第 6 期。

② 孙绍谊：《"发现和重建对世界的信仰"：当代西方生态电影思潮评析》，《文艺理论研究》2014 年第 6 期。

③ L. James, *Gaia: A New Look at Life on Earth*, Oxford: Oxford University Press, 2000, p. 12.

电影生态意象的建构是"对自然进行一场复魅",通过恢复人类对自然的敬畏,建立人与自然的亲和关系。① 这种关系的建构正是生态主义哲学的理论基础。

　　早期的大多数环保电影以自然景观为审美对象,主要表现在两个方面:一是呈现原生态的自然景观,表现出原始的生态美景,激发人们的无限想象,构建一种天人合一的和谐状态,表达出对田园环境的向往之情,可视为"诗意生态"。《迁徙的鸟》《海洋》《帝企鹅日记》《喜马拉雅》《微观世界》《大自然的翅膀》等自然生态纪录片中再现的生命环境和自在空间是地球生命之源或人类的"诗意栖居地"。《迁徙的鸟》中的候鸟在天空中穿行2500千米,历经草原、湖泊、沙漠、江海、山川等地貌形态最后到达极地哺育新生命。② 《喜马拉雅》中雪山和峡谷的险要阻挡了现代文明和消费主义的扩张,藏民与雪山、湖水、寺庙之间形成千年绵延的互照关系,体现了自然与人类族群达成和解的象征意指。二是随着社会的不断发展,生态系统出现危机,许多环境问题日益突出,电影人开始用影像投射环境问题,追问生态危机之源,探讨环境变化对人的影响。英国生态批评教授乔纳逊·贝特在《大地之歌》中写道:"我们这个星球上的物种在加速灭绝。我们生存在一个到处都是有毒废弃物、酸雨和各种有害化学物质的世界⋯⋯"③ 在这样的生态环境下,原生态的自然景观已不复存在,环保类电影更多的是从生态批评主义的视角去表现当今的环境问题,原生态的自然景观被人们破坏殆尽,山川水土流失、水资源告急、沙地荒漠化加剧、森林大面积衰退等,展现在观众眼前的是破损不堪、满目疮痍的自然景观。比如,《黄土地》中贫瘠的土地,《水》中被污染的河流与湖泊,而这些场景都是人们破坏自然的结果。我国首部反映水危机的环保电影《河长》揭露了化工厂利润主义至上造成河水污染、蓝藻暴发、损害人健康的恶果。电影创作人通过这些自然景观来反讽人类不尊重自然、践踏自然的恶劣行径,可视为"救赎生态"。自然地貌形态被人类虐待之后的大灾难与自我救赎是电影叙事框架中环境抗争的思

① 王诺:《欧美生态文学》,北京大学出版社2003年版,第11页。
② 陈光磊:《环保电影的类型分析及生态诉求》,《生物学通报》2014年第11期。
③ 王诺:《欧美生态文学》,北京大学出版社2003年版,第125页。

考主脉。

人文景观是指历史形成的、与人的社会性活动有关的景物构成的风景画面，它包括建筑、道路、摩崖石刻、神话传说、人文掌故等。[①] 现代城市和文化群落是人文景观的重要集聚区。随着城市化进程的加快和工业化的急剧扩张，加之房地产项目的极化和文化项目的异化，人文景观与自然景观一样陷入被严重破坏的困境。工业化和过度消费导致大气污染严重，城市"十面霾伏"。为了开发房地产，一些地区文化遗产被破坏，具有历史价值的街道、村落以及塔寺、桥梁、园林等建筑遭劫难。市场主义和庸俗主义甚至侵蚀了一些宗教圣地。人文景观与社会发展紧密联系，因此，其生态意象的表现和解读更加复杂。环保电影在呈现城市发展带来美好体验和想象的同时，也反映了人文景观的异化与颓败、社区的肮脏与贫富的反差。影片《第五元素》中，通过城市立体交通这一景观展现了人类科技的高度发达，地面却因为环境污染导致交通停滞阻塞。《垃圾围城》中表现了垃圾作为城市化的"功能失效品"在利益链条上的循环流动，不仅确立了垃圾作为污染源的地理坐标，还建构了它作为商业价值的社会坐标。

地貌形态是生命形态的"摇篮"和影像叙事的逻辑前提，环保电影对于地貌形态的镜像策略不仅仅是提供环保故事的语境和背景，人文主义与生态主义的协同是打开解决环境问题和生态危机的一扇窗户。

三 生物形态：环保电影中的生命角色

笔者认为环保电影的生物形态主要以三种生命形式出现，即动物、植物、第三世界生物。生物形态作为与人类密切相关的生物，在关系呈现方面蕴含着更多深意。在庞大的生态系统中，植物和动物都是富有灵性的，灵性是人类心灵与外物交感兴会时的灵魂超越性。[②]

生态主义认为，非人类生命的动物、植物与人类构成整体的生态系统，都有自己生存的权利和价值，理应得到同等待遇。但是人类中心主义

---

① 蒋小兮：《中国古代建筑美学话语中的审美逻辑心理与理性文化传统》，《湖北社会科学》2004 年第 11 期。

② 韩葵花：《迟子建作品的生态语言学解读》，博士学位论文，山东师范大学，2012 年。

视非人类生命为草芥。人类为了满足生产和消费欲望可以任意剥夺其他生物的生命，恣意破坏生态环境。环保科幻电影还建构了一种异于物质形态的异类生物。按照西方环境思想和生态理论，环保电影里生物形态可以分成四种不同的角色形象。

（一）生物是人类中心主义者眼里的客体

沃威克·福克斯（Warwick Fox）认为人类中心主义是指视"非人自然仅仅为人类目的的手段"。① 它是人类生存的必要条件，是人类物质需要和精神需要的供给者。人类保护生物也是为了自己更好地生活，为了利益最大化，人类可以因为需要而毁坏和灭绝任何自然存在物。早期的环保科普电影《地壳运动》《生物进化》《蓝色的血液》《蜜蜂王国》《灰喜鹊》等表现的生态只是我们欣赏的美景，而不是我们担忧的生态。② 环保纪录片《可可西里》展现了人类对动物疯狂杀戮的事实，动物呈现出任人宰割的脆弱形象。影片让观众看到藏羚羊绝望的眼神、卑微的生命……传达了生命至上的生态意识和环境正义的思想。《狼图腾》中被残杀的狼群、《迁徙的鸟》中在猎人枪口下丧命的天鹅、《海豚湾》中被竞相捕杀的海豚、《海洋》中被肢解的鲨鱼都在控诉人类的罪恶。这些环保电影灌注了电影人保护环境和生态的审美旨趣。但是无论这些非人生物是被杀戮还是被保护，它们都是人类中心主义者的施动对象和行为客体。

（二）生物是环境主义者眼中的亲密朋友

日益严重的生态危机引发人们对环境问题的持续关注与讨论，从而掀起全球环境保护运动，促进各国政府和全球组织制定法律和规范来保护生态环境，环境主义应运而生。"环境主义立足于对人类生存困境的担忧和对人类存在意义的终极关怀，第一次把人类的道德范围、道德准则扩大到除人类以外的自然界中的其他生物。"③ 环境主义确定了生物与人类之间的关系是亲密的、负有权利和义务的。环保故事片《玛丽和幼犬的故事》根据真实的灾难事件讲述了日本地震中一只宠物狗和主人互助互救的故

---

① 转引自［英］安德鲁·多布森《绿色政治思想》，郇庆治译，山东大学出版社 2012 年版，第 51 页。

② 徐兆寿：《生态电影的崛起》，《文艺争鸣》2010 年第 6 期。

③ 徐耀强：《环境主义的历史由来、理论困境及其解救》，《国外理论动态》2016 年第 8 期。

事，生命的灵性使得宠物狗玛丽与小主人一家建立了亲密的家庭关系，动物对人类的忠诚与信任以及人与动物的彼此依存成为影片生态意象的表达。《卡拉是条狗》同样表现了狗与人之间相依为命的亲密关系以及狗对人的救赎。人类与生物之间的和解与和谐是环境主义者的行动目标，也是环保电影着力体现的生态策略。

（三）生物是生态主义者眼中具有内在价值的自由灵魂

如果人类中心主义和环境主义体现"以人类为中心"或者"人类工具性"的环保价值取向。那么生态主义就是以生物或者生物圈为中心的绿色政治。环保电影中的生物是与人类在生态系统中具有同等的生命意义和存在价值，人类对环境的保护是非利益性的。环保电影中体现的生态主义意识形态与生态电影的审美机制和话语修辞异曲同工，将生物视为具有内在价值的自由灵魂，并以影像的方式建构生物形象及其同人类的关系。比如，在法国著名导演雅克·贝汉拍摄的环保电影纪录片"天·地·人"三部曲中，动物、植物或自然的风景是主角，而人类的影子只是悄悄地隐匿……无论雪鹅、野鸭还是云雀，都自有其尊严。[①]《行星地球》则融入了整体生态主义的价值诉求。

（四）生物是深生态主义眼里超越人类的优势族群

深生态主义是由挪威哲学家阿恩·纳斯首先提出的，他认为深层生态学更注重人与自然的整体形象，主张生态中心主义的平等、多样性、反等级态度以及非中心化等。[②]作为绿色激进主义的主流行动派，深生态主义既反对人类中心主义，也反对生物中心主义，主张生态中心主义。在环保科幻片和灾难片中，异于人类的超能物种即第三世界生物通常体现了电影人的深生态主义的环境思想。第三世界生物指通过想象创造出来的异类生物，包括史前文明出现的生物、人类想象的或者通过科技异化的生物以及外星人等。这些被艺术家建构的生物具有神秘而超强的力量，最终发起对人类中心主义的反击。环保科幻片《哥斯拉》中的怪兽哥斯拉，《侏罗纪公园》中的暴虐霸王龙都是人类在进行科技实验过程中改变了生物基因而

①　李泡:《光与影的捕捉者——从莫奈到雅克·贝汉》,《电影评介》2011 年第 11 期。
②　Arne Naess, "The Shallow and The Deep, Long-Range Ecology Movement: A Summary", Inqury, 1973, 16: 95 – 100.

创造的一种超能生物，最后与人类进行对抗。外星人是一种超自然的神秘力量，为诸多导演所青睐。《独立日》中的外星人选择在美国的独立日对人类开战，人类的力量在外星人面前不堪一击。《决战猩球》中人类却成了外星球统治者猿类的奴隶。《阿凡达》中潘多拉星球的植物家园树和灵魂树，本来是和平美好的象征，纳美人的善良和友好却被人类无情地利用，他们的家园被摧毁，最终引发了一场生态主义与殖民主义的决战。电影人借超能生物隐喻世界形态中所有的生命都值得尊重，否则人类必然会自食恶果。

四　人类形态："公地悲剧"的酿造者和自然复魅的行动者

加勒特·哈丁提出的"公地悲剧"理论是对环境问题产生的资源经济学归因分析。"公地悲剧"在此喻指环境公共空间遭到利己主义者的破坏，环境污染、人口爆炸、资源匮乏危及地球的增长极限。环保电影承载了生存主义和绿色浪漫主义对未来世界的思考和想象。他们通过影像艺术抨击环境麻烦制造者的"恶行"，开出解决环境问题和对自然复魅的药方。电影人通过建构人类整体和个体形象来完成环境影像叙事和生态意识形态的询唤。

电影对造成环境恶化的罪魁祸首——人类中心主义进行整体性批判。人类在环保电影中往往是罪犯的角色，是生态环境的破坏者。在人与自然的互动关系中，人类往往是以一种强势群体的面貌呈现，他们对自然环境无情地破坏，对生物残忍地杀害，对资源无尽地消耗。人类在环保纪录片、灾难片和科幻片中的"公地悲剧"酿造者形象尤其突出。日本导演宫崎骏在《风之谷》中将人类与自然建构成敌对关系，人类对环境实施"剥夺、破坏、恣意改造"之后遭到代表自然力量的王虫的报复。《后天》中风暴、洪水、冰雹将整个地球都变得混乱不堪，影片指责人类对气候的破坏是形成冰河世纪的主要原因。在很多环保影片中，弱势群体最终战胜了贪婪的强势群体，或者人类自食恶果，环境正义战胜了邪恶力量，进而警惕人类要善待自然、保护环境。

电影通过塑造鲜活的环境守护神和破坏者的形象彰显人类的善与恶。环境电影通过不同人物对待自然和非人类生命时的态度和行为寄托创作主体的环保意念和生态诉求。《风之谷》中娜乌西卡力图重新建立人与自然和谐的关系，所扮演的角色就是人类与自然沟通的媒介和使者。① 而库夏娜贪婪成性，掠夺风之谷，毁坏森林，代表了人类的邪恶势力。《狼图腾》中的毕利格老爹和阵阵尊重狼的生存方式和生命自由，阵阵最终将小狼放回草原，修复与自然的关系。以包顺贵为代表的打狼派以愚昧的方式诛杀狼群，破坏生态平衡，人类中心主义在影片中受到审美批判。电影人还试图通过视觉修辞建构人类和异化生物的情爱关系来体现生态浪漫主义情怀。《阿凡达》中的杰克（阿凡达）最后与纳威人的公主妮特丽产生感情并帮助纳威人将人类利益军团赶出了潘多拉星球，恢复了自然生态的和谐。《美人鱼》中的富豪刘轩最终幡然悔悟，认识到环境问题的重要性，和美人鱼姗姗开启了一段浪漫的爱情之旅。

　　地貌形态、生物形态、人类形态及其内部系统的关系与变化是环保电影视觉生产的核心内容和审美旨趣。地貌形态承担了生物形态和人类形态的物质基础和生存条件，地貌形态、生物形态和人类形态的关系张力表征了环保电影生态表达的意指。一些电影人借环保题材的公益性和公共价值，将环保元素巧妙地设置成电影的叙事桥段，融入生态主义的理念，摆脱了早期环保电影宣教的刻板印象，通过书写所有生物平等、自由、共享美好家园的追求和愿景，引发受众的情感共鸣。诸多环保电影通过影像特技营造环境视觉奇观，甚至虚构第三世界生物形态来建构至善和邪恶的生态意象，产生了良好的社会效应和商业价值。正如有论者所言："我们今天所面临的全球性生态危机，起因不在生态系统自身，而在于我们的文化系统。"② 将环保电影的视觉机制和审美特征纳入环境传播和绿色政治的理论框架进行观照，让我们可以更加深刻地理解生态危机的人为性、公共性、真实性以及解决生态问题的正当性和迫切性。

　　近年来中国的环保电影虽然有较大的发展，创作了《可可西里》《狼图腾》等一批经典的生态影片，但是，总体而言还处在探索阶段。中国的环保电影在人类的文化层面和精神层面建构的生态意象还有较大的拓展空

　　① 刘兵、汪洋：《从〈风之谷〉看宫崎骏作品中的生态女性主义》，《浙江传媒学院学报》2010 年第 5 期。

　　② 张艳梅、蒋学杰、吴景明：《生态批评》，人民出版社 2007 年版，第 108—109 页。

间，兼具审美价值、环保价值和市场价值的环保电影还不多见。一些电影受商业主义的影响，环境议题和生态思想仅仅是故事桥段的点缀，缺乏生命关怀的诚意和解决公共问题的善意。大多数环保电影仍然以人类为中心，地貌形态往往是电影背景或者语境，缺乏与生物形态和人类形态关系的深沉思考和象征机制。生物中心主义和生态中心主义所倡导的生命平等、价值同在的命运共同体意蕴在电影叙事中尚未得到充分的体现。同时，生态电影研究所使用的环境批评和生态批评的话语策略大多是一种"西方视角或者朝西方的视角"（李道新语），道家理念、天人合一等中国传统文化和美学思想应该成为环保电影的镜像实践与理论研究的主要脉络。

第三节　环保电视公益广告的话语策略

随着经济的发展和科技的进步，世界环境问题日益突出和复杂，各种环境污染和生态破坏行为不断涌现，全球环境不断恶化，世界进入了环境压力高峰期，不少国家环境治理能力赶不上破坏的速度，社会各界高度关注生态环境的变化。环境传播的理论与实践不断拓展，广告文化与环境传播的跨文化交融催生了环保广告的产生。按照环保广告的传播主体与目的来划分，可以分为环保公益广告和环保商业广告。环保公益广告倡导绿色理念、维护环境正义、保护生态环境、建构绿色公共空间；环保商业广告是通过产品或者企业在材质、功能、形象等方面的绿色诉求或者环境主张以获得消费者的认同，从而驱动产品消费行为，建构企业品牌形象，创造产品溢价效应等。根据环保商业广告的内容生产，包括性能表达、功能诉求、符号修辞等话语特征及其实际状况，环保商业广告有绿色广告和"漂绿"广告之别。前者的绿色诉求与产品或企业的实际状况相吻合，后者打着环境保护的幌子，将绿色话语当成"工具性"劝服手段来达到修复公共声誉、获得社会的尊重和消费者的青睐的目的。"漂绿"广告具有极强的话语隐蔽性和欺骗性。漂绿广告因其话语动机、真实程度、修辞策略不同又存在"傍绿"和"伪绿"之分。据调查，98%号称环保的产品存在"漂绿"嫌疑，它们建构了虚假的绿色产品隐喻机制。2009年《南方周末》首次创造了"漂绿"辞屏并成为学术研究的一个热点议题。① 次年该报开始发布"十大漂绿企业榜",监督企业的环保广告欺骗行为。

随着环境修辞学的视觉化转向,环境保护类公益广告在环境话语建构中具有重要的作用。罗兰·巴特(Roland Barthes)较早提出视觉修辞理论,他将图像修辞、符号学与视觉传播的意蕴融进视觉修辞的内涵之中。视觉修辞通过形象灵动的表达技巧影响消费者的心理图式,具有较强的劝服效果。视觉修辞就是化"平淡"为"神奇"的密码,可以将普通的商品形象转化为生动鲜活的形象,因而具有"点石成金"的作用。②

笔者通过环保公益广告的观影体验和文本观察,对全国优秀广播电视公益广告作品库(电视类作品库)中环保公益广告的言说机制、表现战略以及存在的问题进行分析,结合传播学、广播电视学、艺术学的理论探讨环保公益广告如何才能更好更有效地建构内容生产机制并达到良好的传播效果。本书通过历时性研究和内容分析法对环保公益广告近年来的变化及其发展路向进行审视,进而探析我国环保公益广告在政治变迁和技术迭代语境下存在的问题,为我国环保公益广告内容供给侧的创新提出持之有据的参考。本书从语言符号、形象再现、色彩基调等维度建构环保电视公益广告的分析框架,探索新时代具有中国特色的环保公益广告作品的整体面貌和话语策略,进而分析视频环保公益广告的文化逻辑、传播特征和现实问题,提出可能的发展路径。

一 环保电视公益广告内容分析

"全国优秀广播电视公益广告作品库(电视类作品库)"是由中国网络电视台发布,制作与发布目的是为更好地发挥公益广告培育和弘扬社会主义核心价值观的积极作用、为实现"中国梦"凝聚正能量。本书采用内容分析法和文献研究法,以全国优秀广播电视公益广告作品库(电视类作品库)中环境保护公益广告为研究对象,从作品库中 884 部广告作品中,筛选出环保公益广告 129 部。

---

① 李大元、贾晓琳、辛琳娜:《企业漂绿行为研究述评与展望》,《外国经济与管理》2015年第 12 期。

② 胡安琪、罗萍:《广告视觉修辞初探》,《广告大观》(理论版)2010 年第 4 期。

本书从广告话语形态、表现方式、主题、色调、人物元素、人物知名度、情绪氛围、叙述策略八个方面，进行类目建构、数据分析和文本分析。将广告话语形态分为文字表达为主和影像再现为主；将表现方式分为动漫、实景和虚实结合；将主题分为宣传环保知识、传播环境问题、宣传环境保护行动；将广告色调分为彩色调和黑白色调；将广告人物元素分为男性、女性、孩子，男性和女性，男性、女性和孩子，男性和孩子，局部身体，女性和孩子，无；将人物知名度分为名人和普通人；将广告情绪氛围分成悲伤、严肃、喜悦；将叙述策略分为数据展示、叙述故事、警示告示。

（一）广告内容分析表

1. 广告话语形态：影像再现为主、文字表达为主

本书的话语形态是指文字、影像等不同的语言符号系统，文字和影像的表达功能和象征机制不同，信息传播和广告劝服的效果也不尽相同。文字表达着眼于抽象表意，具有深刻性和隽永性，而影像表达则具有直观性和生动性。电视公益广告主要的象征符号是文字和影像。由表 4 – 1 统计数据可见，在总样本为 129 部的环保公益广告作品中，以文字为主的电视广告共有 14 部，占总样本的 10.9%，影像广告在环保公益广告中达到了89.1%，大部分广告以自然景物及其与人的关系、介绍环保知识、倡导环保行动等为主要内容。这与电视媒介的特质有关，影像是电视媒介主要的象征符号。但是，绝大多数电视环保公益公告均是文字与影像结合运用，相得益彰。

表 4 – 1　　　　　　　　　环保电视公益广告话语形态

广告呈现	文字表达为主	影像再现为主
数量（部）	14	115
比例（%）	10.9	89.1

2. 广告表现方式：动漫、实景和虚实结合

环保电视公益广告表现方式主要指运用的虚拟或者现实的表现手段或场景再现的方法。由表 4 – 2 统计数据可见，我国环保电视公益广告的表现方式以自然实景状态为主，占到了样本总量的 60.5%，其次是以漫画形

式的动漫,占到了总量的32.5%,虚实结合的数量较小,只有7.0%。实景环保公益广告的在场性、逼真性和贴近性给受众带来生态环境的真实体验,让他们感受到解决环境问题的紧迫性和必要性。动漫视觉修辞拓展了想象空间和表达的可能性,有利于体现出环境话语的灵动性和表达张力。

表4-2　　　　　　　　　环保电视公益广告表现方式

广告表现方式	动漫	实景	虚实结合
数量（个）	42	78	9
比例（%）	32.5	60.5	7.0

3. 广告主题:宣传环保知识（环境正义、生态文明、环保法律法规）,展示环境问题,环境保护行动

传播环境知识,建构环境知识图谱和人们对环境生态的认知,从而促进公众保护环境是环保电视公益广告视觉表达的重要任务。由表4-3统计数据可见,环保公益广告以宣传环保的基础知识、生态文明理念与政策、环保法律法规的内容为主,比例达到了76.7%,直接向受众传递环境保护的观点和情感,提供生态文明建设的价值判断和义理依据;传播环境问题的广告作品占到了12.4%,这类环保广告的视觉修辞主要通过呈现环境污染和破坏的现状与结果,呼吁人们反思人与自然的关系,建构生存主义和可持续环境话语;宣传环境保护者的行动实例占到10.9%,这类环保广告是通过再现一些环保者的公益行动和经验做法,引导公众参与环境保护行动,彰显了民用实用主义话语特征。

表4-3　　　　　　　　　环保电视公益广告主题

广告主题	宣传环保知识（环境正义、生态文明、环保法律法规）	环境问题	环境保护行动
数量（个）	99	16	14
比例（%）	76.7	12.4	10.9

4. 广告色调:彩色调为主、黑白色调为主

环保电视公益广告的色彩是表现环境自然景观、视知觉体验和生态美学的重要元素。由表4-4统计数据可见,环保公益广告的色调以彩色调为主,占比达到69.0%,有的突出大自然原生态的美丽,有的突出

人类改善环境的努力，有的则是运用多元色彩来缓解环境生态话语过于严肃和压抑的基调。以黑白色调为主的公益广告占到了总量的31.0%，这类广告较为深沉、凝重和严肃，目的是突出人类对地球生态环境的破坏，渲染严肃的气氛，揭示人类与盖娅的违和关系以引起公众对生态环境的重视。

表 4 - 4　　　　　　　　　　环保电视公益广告的主要色调

广告色调	彩色调为主	黑白色调为主
数量（个）	89	40
比例（%）	69.0	31.0

5. 人物元素：男性，女性，孩子，男性和女性，男性、女性和孩子，男性和孩子，局部身体，女性和孩子，无人物

人物是环境保护的主体，也是环保公益广告表现的主要对象之一，体现传播主体争夺环境意义的视觉偏向。从表4-5统计数据可见环保公益广告中出现的人物元素中，男性的比例最高，达到34.1%；其次是没有人类出现，而以自然风景、动植物等为主的达到21.7%；男性和女性共同出现的比例为15.5%；男性、女性和孩子共同出现的比例为10.1%；只出现孩子的比例为8.5%；只出现女性的比例为3.1%；只出现局部身体的比例为3.1%；只出现女性和孩子的比例为2.3%；只出现男性和孩子的比例为1.6%。

表 4 - 5　　　　　　　　　　环保电视公益广告的人物元素

人物元素	男性	女性	孩子	男性和女性	男性、女性和孩子	男性和孩子	局部身体	女性和孩子	无人物
数量（个）	44	4	11	20	13	2	4	3	28
比例（%）	34.1	3.1	8.5	15.5	10.1	1.6	3.1	2.3	21.7

6. 人物知名度：名人、普通人

由表4-6统计数据可见，环保公益广告中出现明星、行业专家或者意见领袖等名人的比例为13.3%，比例较小。广告中展现普通人与环境关系的比例为86.7%，说明现阶段环保公益广告关照的对象是以普通人为主。

表 4－6　　　　　　　　环保电视公益广告的人物知名度

人物知名度	名人	普通人
数量（个）	13	85
比例（%）	13.3	86.7

7. 情绪氛围：悲伤、严肃、喜悦

情绪氛围是环保公益广告中的场景基调与情感导向。由表 4－7 统计数据可见，环保电视公益广告中设定为严肃氛围和凝重感知的镜头最多，占 65.1%；凸显环境体验带来的喜悦氛围的占 34.1%；渲染悲伤和痛苦情绪氛围的较少，仅占 0.8%。

表 4－7　　　　　　　　环保电视公益广告的情绪氛围

情绪氛围	悲伤	严肃	喜悦
数量（个）	1	84	58
比例（%）	0.8	65.1	34.1

8. 叙述策略：数据展示、讲述故事、警示告示

叙述策略是话语修辞的重要方式，体现环保电视公益广告的视觉创意和表现技巧。由表 4－8 统计数据可见，在环保公益广告中，叙述策略以讲述人与环境的故事为主的占 43.4%；其次以提醒危害、警告劝诫为主的占 38.0%；通过数据呈现环境状况的占 18.6%。由此观之，当前我国主流媒体环保公益广告创作以讲述环保故事、倡导环保理念为主。

表 4－8　　　　　　　　环保电视公益广告的叙述策略

叙述策略	数据展示	叙述故事	警示告示
数量（个）	24	56	49
比例（%）	18.6	43.4	38.0

（二）作品库中环保公益广告的呈现特点

公益广告数量和质量反映了一个国家公德文化与公共价值的基本状况。从各国传播的广告类型来看，主导广告市场的是商业广告，其广告创意与表达策略丰富多彩，对产品营销和企业形象建构具有重要的作用。公益广告无论是从数量还是质量上无法相比。这与广告主有密切的关系，公

益广告的广告主主要是政府、公益组织和媒体，而商业广告的广告主基本上是成千上万不同类型的企业、私人组织或个体。调查结果显示，78.0%的人认为"我国公益广告数量太少，商业广告数量太多"①。环保电视公益广告在公益广告中更是稀缺。我国环保公益广告是体现国家治理和主流文化的一个窗口，是建构"美丽中国"和人类命运共同体的传播实践。通过对央视公益广告库中的广告作品内容分析，我们发现环保主题的公益广告仅占 14.6%。随着环境友好型社会和生态文明建设国家战略的稳步推进，"绿水青山就是金山银山"的发展理念逐渐成为可持续发展和高水平保护的新时代要求。环保公益广告的数量日趋增多，公益广告的绿色话语形态逐渐多元。但是由于公益广告整体发展水平不高，广告的总量明显不足，因此目前国内环保公益广告在满足国家生态文明建设、适应公众释放环保热情和倡导环保行动等需要方面还有较大的提升空间。

从广告的文本形态而言，环保电视公益广告已经摆脱了最初的以文字为主、简单拼凑、宣教色彩浓厚、粗制滥造的阶段，即使以文字符号为主要表现形态的公益广告，也辅之以一定的环保故事，且这类广告占比较小。电视媒介的优势是视听语言和视觉修辞，它并不依赖于语言单位局部构建的反复，其编码和解码的方式都是围绕着对具体形象的解读而展开的，直观的解读方式使得信息形态呈现出一种立体的多维样式。②用影像来呈现人与自然之间的关系更为生动立体，更能表现出环保对象惹人怜爱的原态情状，让受众潜移默化地接受传播者的环保理念和行动倡议。

从广告的题材而言，中国网络电视台作为新型主流媒体要承担主流文化和社会主义核心价值观的引领作用，因此优秀电视公益广告主要选择正面题材的作品，传播环保知识、环境正义、生态建设、环保法律法规的选题与议程框架比例达到了 76.7%，这类题材依据生存极限理论和基本国策，以"低碳节能"和绿色生活为主要创意主题，集中体现了环境行政理性主义话语、可持续话语、民主实用主义话语、生态现代主义话语的核心思想。多数环保电视公益广告作品采用劝服性的修辞意象和视觉编码普及

---

① 中国青年报：《调查：78.0%公众感觉公益广告太少　商业广告太多》，http://www.zg-bxfz.com/invest/w10192831.asp.

② 陈瞻：《基于视觉修辞关系的图形符号在包装设计中的应用》，《装饰》2011 年第 9 期。

环境知识，倡导环保行动。比如，系列"低碳出行""节约"用物公益广告解读了环保的现实逻辑，具有强烈的环保劝服指向。不过，也有一些广告表现策略比较刻板，把环保公益广告简单地图式化、口号化、宣教化，这种广告内容单薄，缺乏故事性，与受众难以产生真诚的沟通和情感共鸣。数据表明，揭示环境问题的环保公益广告较少，这类广告主要采用归因框架突出生态环境被破坏的后果及其原因，引发受众的反思。以具身传播为题材的环保公益广告，从环保行动角度宣传环境保护主体的理念、经验，讲述他们的环保故事。这类广告的特点是以讲述的方式，将环保工作者艰苦奋斗、发挥专长、改变恶劣环境的感人故事娓娓道来，春风化雨，情动于中。这种视觉隐喻体现了环境民主实用主义话语的特征，"民主实用主义中的行动能力是面向所有人的，他们可以是个体公民和政治活动分子，或集体行为者"①。环保需要人人参与，影响到每一个利益相关者，也深远地影响着人类的未来走向。环保电视公益广告通过建构环境认知机制形成不同人群的环保共识，建立绿色价值观，从而完成环境视觉的意义争夺。

从广告的视觉策略而言，环保电视公益广告在视觉表现方式上，以实景为主虚拟场景为辅。实景视觉形象有利于表现对象的实像、实事和实境的统一，具有较强的临场性、在场感和直觉体验感。动漫具有的新颖性和想象力得到环保公益广告创意者的青睐，采用动漫的视觉修辞建构的环保电视公益广告达到了32.5%。动漫广告更为生动通俗，受众范围广泛，不仅有利于建构成年人的环境认知，而且对培养青少年的环境观、公共价值观以及节能环保的习惯也有颇多裨益。虚实结合的环保电视广告相对较少。这类广告在真实场景的基础上融入一些特效，采用动漫的形式来阐释环保知识和生态原理的广告，将充满张力的创意和动图巧妙地结合，具有较强的故事性、观赏性和幽默性，有利于提示影像背后的话语、秩序与意义之间的逻辑勾连，凸显人类对生态环境破坏的严重性，使受众感到震撼，受到触动。例如素材库中编号833—835《P在囧途之PM2.5你造吗》

①　［澳］约翰·德赖泽克：《地球政治学：环境话语》，蔺雪春、郭晨星译，山东大学出版社2012年版，第112页。

三集中使用拟人手法，以 PM2.5 自述的方式介绍 PM2.5，生动形象地阐释 PM2.5 是什么、是怎么形成的、人类的哪些错误做法加剧了它的生成以及 PM2.5 的危害，这几部公益广告站在生态中心主义的角度，分析 PM2.5 的喜好与影响，手法新颖，改变了说教的方式，更易激发受众的审美兴趣，在建构环保认知的基础上催生环保欲望，使人印象深刻，达到了良好的传播效果。

色彩的运用也是环保电视公益广告视觉修辞的重要策略。色彩是公益广告中传达视觉语言的第一要素，也是环境象征的重要符码，它映射了自然与社会的关系，建构了从源域到目标域的转喻机制。全国优秀广播电视公益广告作品库中的环保作品在色彩色调上以彩色为主，有的是运用视觉色彩凸显大自然澄澈的原生态和纯净的生命想象；有的是突出普罗米修斯主义环境话语，强调人与自然的协同能力；有的是采用彩色的光亮缓解视觉压力和紧张情绪。广告样本的色彩以绿色和蓝色为主，蓝色和绿色是大自然颜色的临摹，而人类现阶段的工业文明成为环境主义者眼中灰黑色彩的指代。人们一谈及环境问题，就会本能地想起青山绿水，湛蓝天空，因此在环保公益广告中以自然底色为镜像元素，形成美丽家园、美好世界的友好型社会的视觉隐喻，使接受主体对美好环境产生油然而生的向往，进而增强公众保护环境的自觉性和行动力。以黑白色调为主的公益广告总量相对较少，这类广告大多隐喻环境问题的严重性和紧迫性，黑白色差建构凝重和肃穆的视觉环境认知有利于动员受众参与环境正义行动。

环保电视公益广告在选择人物元素的视觉策略上主要突出男人在环保中的作用，这与中国传统文化中的性别意识莫不相关。男女社会分工不同，男性在社会文化中常常体现为权力、力量和问题解决者形象，寄托了广告创意者对于环境正义和生态文明建设中的社会角色期待；男性、女性以及孩子共同出场的话语框架通过视觉符号象征家和之美、奋斗之美与未来之美。多元主体形成环境共识，才能凝心聚力，共担使命，协同保护美丽的家园，改变恶劣的环境。同时，烘托出美好的环境才会带来有美好的生活的视觉隐喻。孩子形象在环保公益广告中的使用还有利于产生情感触动和联想机制，唤醒人们为后代留下一个"美丽地球"的生态意识。环保电视公益广告中选择的大多数是普通人来作为环境知识的介绍者、环保行动的倡导者或者代言者，具有贴近性和亲切感。也有少量作品借助明星和专家等知名人物或者权威人物来"现身说法"，以增强环保电视公益广告的故事性、公信力和传播力。例如，《环保卫士，守护美丽中国》以山东省环境监测中心工程师自述登上数十米烟囱进行环境监测的感人事迹，告诉受众洁净的天空、美丽的环境与这些环保卫士坚持不懈的守护密不可分。

从样本广告数据统计和文本分析可以发现采用视觉机制讲述人与环境的故事是环保电视公益广告的主要叙述策略，可持续话语和生态现代主义是其基本的环境意指。警示告示占一定比重，警示性视觉策略主要通过错误的环境意识和生活习惯引发灾难性后果的广而告之，强调环境保护的重要性和紧迫性。通过数据可视化的环保作品虽然比重不大，但是数据说话在表现上却具有较强的冲击力和震撼性。比如，《节约就在手指间》通过手指间的形象动作带来的一串数字的变化，表达了每个公民参与环境保护的效果令人震惊，每个家庭一个月节约一卷纸，全年可少砍930万棵树，可吸附370万吨空气粉尘。

从广告的氛围调性而言，环境电视公益广告呈现出如下特征：彰显严肃凝重的情景基调以启示人们反思、推动环境问题解决与激发环境保护行动的电视公益广告较多；凸显乐观积极、喜悦欢快者次之；而强调悲伤氛围者最少。悲伤氛围较为典型的广告是保护江豚动画版。该广告以江豚自述的方式，讲述了江豚在人类环境破坏以及经济发展下面临的严峻生活环境状态，整个广告沉浸在沉重悲伤的氛围之中，使人印象深刻，具有较强的艺术感染力。

总体而言，主流媒体的环保电视公益广告从建设性角度来建构中国的环境现实图景，着力从环境知识的生产、环境问题的呈现、环境意识的启蒙、环境法规政策的普及、环保行动的劝服等方面进行策划创意，建构视觉修辞机制和引导策略。

（三）环保公益广告的内容生产与传播机制的提升空间

1. 空间环境关照失衡

城市空间的环保内容偏重，农村地区的环境关注较少，体现出创作主体对于城乡环境关注的严重不平衡性。2017 年常住人口城镇化率为 58.52%。考虑到流动人口和外出务工因素，保守估计，农村常住人口也占全国人口的三成以上。农村居民不仅人口规模和居住区域面积较大，而且受教育程度相对较低，环境知识相对欠缺，环保意识还不够强。因而主流媒体有责任和义务加大针对农村地区的环境保护公益广告的制作和传播。样本数据显示，农村题材的环保公益广告在这些地区的传播现状却不尽如人意，不仅数量少，而且题材单一。新型能源的开发和使用以及制造业的污染，农村垃圾处理、农药合理使用等大量农村生活状况、环境故事、环保问题等题材在环保电视公益广告中尚未得到充分的展示。

2. 广告创意亮点不足

环保电视公益广告创意水平和表现手法明显落后于商业广告。环保公益广告具有公益性、公共性和普及性，不能给创作主体和传播主体带来直接的、快速的、显而易见的收益，因而环保公益广告的创意和视觉表现难免会出现粗制滥造的情况，象征机制在环境意义争夺中难以达到理想效果。具体表现在：第一，部分广告的宣传意识过浓，表现手法单一，视觉修辞简单，故事性不强，对环境知识与政策制度的生硬图解缺乏审美观照和受众视角，传播效果不明显；第二，部分环保公益广告创作中，环境动议脱离现实境况，视觉转喻过程中的能指与所指逻辑不畅，导致影像内容与实际生活不相符合，造成浮夸不实的传播效果，使观者产生抵触反感心理；第三，不少环保公益广告缺乏创新特色，尤其是将中国传统文化、环境哲学、视觉美学等因素相结合的公益广告作品比较鲜见。这也说明，具有中国话语特色、紧跟时代潮流的环保电视公益广告的创作还任重道远。

3. 传播平台赋能不均

农村和经济不发达地区的信息接收平台可选项远远少于城镇和经济发达地区。农村地区和经济不发达地区的无线互联等新型通信工具的使用范围较小。这些地区大部分农民很难接触到新型媒体和即时通信工具，电视节目是人们获得信息的主要方式。农村的环保公益广告的创作主体多由各级政府机关参与指导制作，自上而下逐级传达，由于这些地区政府机构掌握传播渠道的局限性，这也导致了环保公益广告在部分地区的传播失灵。

二　我国环保公益广告未来的镜像策略

（一）明确环保主题的广告定位和核心诉求

重视马克思主义生态观和新时代中国特色社会主义生态文明建设的思想引领和内涵表达。通过环境知识、环境理念、环境问题、环境伦理和环境行动的呈现，建构受众的环境认知，促进多元主体协同保护环境，这是环保公益广告的主要任务。但是由于广告本身受内容框架、播放时长和收视习惯等因素的影响，环保电视公益广告主题需要更加细分和聚焦，采用针对性视觉策略，彰显主题的重要性和关注度，防止泛泛而谈，蜻蜓点水，面面俱到，流于形式的宣传范式。环保主题还要与时俱进，合时而作，适时创新，符合国家战略走向和解决现实问题的中心工作和时代要求，避免千篇一律、同质冗余。

（二）重视视觉修辞的挖潜和应用

视觉修辞是为了突出其传播及表达效果而将各种视觉元素进行巧妙选取与匹配，以增强其表现力及说服力的方法与技巧。[1] 公益广告将各种视觉元素进行优化组合与意义衔接，借助多种修辞手法和通感体验，形成生动流畅的视觉隐喻和转喻机制，既能发挥视觉策略的工具实用主义作用，又能体现视觉符号的意识形态功能和价值理性主义诉求，将信息消除不确定性意义与广告美学的审美体验相结合，从而使受众在潜移默化中接受环境意义，建构环境认知或者改变自身观念，提高环保意识，达到"润物细无声"的效果。例如，全国优秀广播电视公益广告作品库中的"绿水青山"（编号874）广告对垃圾分类进行视觉解读和理念普及。作品通过表现老人、孩子、中年女人、青年人在垃圾分类回收行动中的具体做法，既有强烈的生活气息，又体现出生动的故事隐喻性，传达了社会群像通过垃圾分类，保护家乡良好生态环境的美好愿景。广告片尾"把绿水青山留在家乡，是平凡的人，不平凡的心愿"，深刻隽永而又简明易懂的广告词直击人心，对唤醒观众从我做起，从家庭做起，从身边力所能及的事做起的环保意识和有效方法具有较强的作用。

---

① 汤劲：《论电视公益广告中的视觉修辞》，《视听天地》2007年第9期。

（三）在广告氛围调性上增强创新性和平衡性

环保公益广告是环境传播的重要表现形式之一。在广告基调风格和场景铺陈中尽可能丰富多彩，发挥不同调性氛围的象征性力量，以增强环保电视公益广告的表现力和传播力。当下突出严肃凝重、积极欢快的公益广告作品较多，有利于激发人们对美好环境、美好生活的向往。但是通过悲伤氛围进行风险隐喻、表现问题逻辑进行视觉争夺的作品还有较大的提升空间。

第五章

互动的根基:中国政府的环境话语框架[*]

理性主义者从知识论角度出发，认为人是理性的主体，物质世界和人类社会的变动是有规律可循的，是认知的对象。行政理性主义环境话语凸显政府治理与专家作用具有认识论基础，"理性主义的知识论决定了以知识精英与技术专家和政府管理者为主导的环境治理模式"[①]。环境保护成为我国党和政府治国理政的重要方略，"美丽中国"成为各族人民对美好未来的共同愿景。中国政府的环境话语是以人民为中心着力根本解决人与自然和谐共生关系的话语实践，是具有中国特色的行政理性主义话语。党的十九大报告中，习近平总书记提出把"加快生态文明体制改革，建设美丽中国"作为生态建设的总目标。2019 年 3 月李克强总理在《政府工作报告》中不少于 8 处提及与环境保护相关的内容，其中用 600 余字专门阐释了 2019 年政府工作的重要任务之一是"加强污染防治和生态建设，大力推动绿色发展"。"蓝天保卫战""生态文明建设"等关键词频频被提及，成为环境传播中行政理性主义话语表达的重要修辞策略。约翰·德赖泽克认为，作为一种"解决问题"的话语——行政理性主义环境话语强调专家而不是公民或生产者/消费者在社会问题解决中的角色，并体现在专业性资源管理机构、污染控制机构、规制性政策工具、环境影响评价、专家顾问委员会等制度安排与社会实践之中。[②] 与美国、德国等西方国家不

---

[*] 本节内容为课题阶段性成果，发表在《青年记者》2019 年第 13 期，有修改。

[①] 虞崇胜、张继兰：《环境理性主义抑或环境民主主义——对中国环境治理价值取向的反思》，《行政论坛》2014 年第 5 期。

[②] ［澳］约翰·德赖泽克：《地球政治学：环境话语》，蔺雪春、郭晨星译，山东大学出版社 2012 年版，第 75—81 页。

同，中国环境行政理性主义呈现出政府强势主导的话语特征，行政力量和专家智慧通过前台与后台的作用机制来实现。中国政府环境话语形成了独特的环境传播机制和话语框架策略，它是在汲取中国古代生态智慧、生命哲学以及西方经典绿色话语理论的基础上，结合中国现代环境治理的实践逐渐形成的马克思主义生态观和中国特色的环境话语体系。

第一节 中国政府的环境传播机制

机构、法律、制度、传播、评估、监督以及公益行动等构成了环境行政理性主义话语框架的主要内涵。1973 年我国首次召开全国环境保护会议并成立国务院环境保护领导小组办公室，发布了保护和改善环境的规制，制定了地方行政单位环境保护的任务，揭开了中国环境保护事业的序幕。[①]中国环境行政理性主义话语实践具体体现在环境规制的制定、环境思想的宣传、环境违法犯罪的打击以及对各类环境污染和生态危机事件的主动发声等方面。中国政府通过专业性资源机构和控制机构（环保部门和环境执法部门）的治理行动、规制性政策工具的运用不断地强调环境友好型社会和生态文明建设的重要性，强化环保在政治生活和日常生活中的重要性。比如，环境部门编制的"十四五"规划将延续《大气十条》《蓝天保卫战三年行动计划》的思路，围绕空气质量改善和主要污染物减排量方面来设计目标。[②] 为下一个五年制定了解决环境问题的核心战略与主导性话语框架。

中国政府在环境治理和传播过程中始终居于主导地位。传播是环境保护过程中必不可少的环节，政府作为环境保护的主体，既是环境政策和法律的制定者，也是环境执法的监督者，既要调整社会各种资源形成利益最大化，又要协调充分保证政府的环境新政策、新理念、新行动及时传递给每一位受众（用户），还要通过信息传播不断改变人们对生态文明的

---

① 《全国环境保护会议回顾》，中国环境网，2018 年 5 月 16 日，https://www.cenews.com.cn/subject/2018/0516/a_4113/201805/t20180516_874359.html.

② 《生态环保"十四五"规划编制启动　环境保护向纵深挺进》，中国水网，2020 年 5 月25 日，http://www.h2o-china.com/news/308955.html.

认知图式,增强环境保护意识。基于此,形成了环境话语表达的基本模式
(见图5-1):

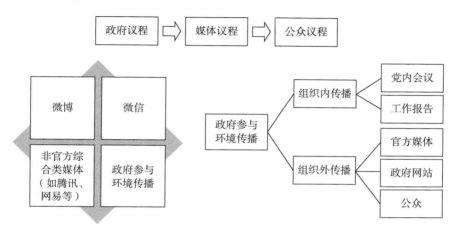

图5-1 政府在环境传播过程中的主导模式

政府参与环境传播主要通过组织内传播和组织外传播,组织内传播最
为重要的形式是党内会议和政府工作报告,其中党代会、"两会"等党和
政府报告以及领导人讲话是组织内传播的重要方式,因为议题的重要性、
全局性和引领性,具有十分重要的宣传价值和新闻价值,常常成为组织外
传播的重要议题和主要内容,并通过党和政府主管主办的官方媒体、政府
网站、政务新媒体以及平台媒体和自媒体进行传播。由此形成政府主导的
组织传播—大众传播—人际传播的环境传播机制。各级政府对环境保护和
生态文明进行议程设置,进而成为媒体报道的对象,最终成为公众包括意
见领袖接受和表达的议题。在这个传播过程中,政府既可以通过政务新媒
体直接发布环境信息,为各类媒体和公众设置议程,又可以通过组织传播
建构环境仪式性传播机制。

通过对2002—2016年在国内影响较大的60件环境传播事件进行文本
分析,我们发现官方作为主要信源的占有42件,其他途径只有18件,分
别占信源的70%和30%。也就是说,政府在环境报道中居于主导地位,扮
演着议程设置者和信息"发布者"的角色。而其他渠道和平台大多为信息
扩散者,通过整理、转发、评论等方式进行信息扩散,经由媒介化社会的

涵化机制形成环境与政治、经济、社会的逻辑关联，使得理性行政主义环境话语被公众接收和解码，进而改变受众的环境认知，形成资源使用与环境保护的知识图谱，影响相关利益者的环境行动。随着媒介融合的发展，媒介平台的多元化和传播形态的多模态化改变了环境传播的内容生产机制和传播路径。环境事件的原发新闻早期主要通过传统媒体和专业媒体进行报道，逐渐演变为通过官方网站、传统媒体和政务新媒体（两微一端）及时报道，平台媒体、自媒体跟进报道的传播格局。2017—2018 年国内重大环境传播事件中来自多元网络空间的信源明显增加。近年来，我国公众在行政理性主义环境话语不断强化的背景下更加注重周边环境与自身权益的保护，随着邻避运动的兴起，公众的环境解构式话语策略在公共空间日益活跃，甚至成为诸多环境公共事件中的议程设置者和环境事件的定义者。在课题组统计的 2017—2018 年由环境问题引发话语冲突的 10 件重大公共事件中，来自微信、微博、天涯论坛、百度贴吧等网络空间的信源或反话语主导事件走向的比重占到 60% 。理性的邻避运动与环境抗争话语有利于完善行政理性主义话语策略和行动框架。但是从多个环境公共事件样本分析来看，政府作为环境传播的主导者地位面临诸多挑战，对于环境议程设置的难度加大，万物皆媒的传播环境在一定程度上稀释了政府环境传播的声音，亟须建构党媒与社会化媒体、主流舆论场与草根舆论场的话语融通机制和舆论引导策略。

第二节　中国行政理性主义环境议题变迁

不同于绿色激进主义话语的对抗性、生存主义话语和可持续性话语的经济性取向，行政理性主义环境话语凸显政治中心、政策支持的话语实践。约翰·德赖泽克视行政理性主义环境话语为问题解决话语的一个分支，他提出的通过观察政策、制度和方法创制过程的实践来找到行政理性主义环境话语的本质的观点为我们提供了中国政府环境话语分析的一个可行视角。

环境议题的与时俱进体现了国家环境治理顶层设计和环境传播话语特征的变化。环境保护是一项长期艰巨的工程，我国环境保护与治理是一个不断演进的过程。21世纪以来,我国政府日益重视经济发展与生态保护之间的平衡关系,连续出台多项政策进行环境治理,弥合生态环境与社会发展的矛盾。环境传播更加注重人、社会与自然关系的协调以及环境话语的国家逻辑与人民逻辑。政府也在不断增强环境传播的参与度,通过不同的途径积极宣传党和政府的环境传播策略。主要途径有党代会、政府工作报告以及各界领导人的讲话。"在中国的政治体制中,执政党作为政治权力的行使者,掌握着塑造中国环境治理话语与议题的相关权力,通过党代会、党委常委会、党委第一书记来明晰环境保护的大政方针,进行话语和议题塑造,把握环境保护的总方向。"① 从环境议题的变化我们可以洞察中国环境治理顶层设计的演进逻辑、环境事件的框架策略与环境舆论走向的脉络。

领导人在重要场域的讲话具有环境政策指南和方向标的作用。中国领导人基于时代变化和国家战略导向在不同时期发表环境保护的重要讲话,成为环境组织传播与大众传播的重要议题。尤其是改革开放以来,随着政治生态的变化,环境保护和生态文明建设成为国家领导人的重要讲话内容。20世纪70年代,邓小平同志推动了桂林漓江污染问题的解决,他指出,"我们必须按照统筹兼顾的原则来调节各种利益的相互关系"②。1991年,江泽民同志建议"两会"期间召开"中央人口资源环境工作座谈会",1997年将环境保护纳入议题,1999年他在座谈会上指出:必须从战略的高度深刻认识处理好经济建设同人口、资源、环境关系的重要性。③ 胡锦涛同志丰富和完善了科学发展观,他在全党深入学习实践科学发展观活动动员大会暨省部级主要领导干部专题研讨班上,五次提到了生态文明建设、环境保护和节能减排工作,特别是把生态文明建设与经济建设、政治建设、文化建设、社会建设并列,作为全面建设小康社会的宏伟目标。④

---

① 王鸿铭、黄云卿、杨光斌:《中国环境政治考察:从权威管控到有效治理》,《江汉论坛》2017年第3期。

② 林震、冯天:《邓小平生态治理思想探析》,《中国行政管理》2014年第8期。

③ 周宏春、季曦:《改革开放三十年中国环境保护政策演变》,《南京大学学报》2009年第1期。

④ 周生贤:《深入学习实践科学发展观》,http://www.china.com.cn/tech/zhuanti/wyh/2008-10/10/content_16595733.htm。

习近平总书记自 2013 年以来在各大会议中，有关环境问题的讲话超过 60 多次。他多次从人类历史发展的角度阐释人与自然的关系、环境保护与人民福祉的关系。2018 年习近平总书记在全国生态环境保护大会上提出生态文明建设是关系中华民族永续发展的根本大计，生态环境问题也是政治问题等重要论断，并提出了"美丽中国"建设的时间表和路线图。

党和政府工作报告也是环境传播重要议程设置的指导方向和重要内容，亦反映了行政理性主义环境话语的时代性和引领性。党代会记者云集，环保议题在媒介事件中常常成为各大媒体报道的热点和网络舆论场热议的话题。通过政府工作报告的仪式传播增强了公众和相关利益者对于国家环保政策、执行情况和愿景目标的了解、认知和行动方向感。党的十六大以来党和政府工作报告中涉及可持续话语和生态文明建设的传播主题见表 5 – 1。

表 5 – 1　　党的十六大以来党和政府工作报告中环境传播的主题变迁

	关键词	议题塑造	话语特征
党的十六大	可持续发展	确定小康社会建设的目标之一：可持续能力不断增强，生态环境得到改善，资源利用效率显著提高，促进人与自然的和谐，推动整个社会走上生产发展、生活富裕、生态良好的文明发展道路	党的十六大期间，科学发展观、全面协调可持续发展、加强环境保护和生态建设等环境议题成为我国政府环境传播和媒体报道的主线
党的十七大	科学发展观	坚持生产发展、生活富裕、生态良好的文明发展道路，建设资源节约型、环境友好型社会，强调社会与环境协同发展，建设生态文明	党的十七大期间，我国环境传播围绕科学发展观、经济增长方式调整与生态文明建设展开
党的十八大	生态文明	全面促进资源节约和环境保护，增强可持续发展能力，要建立系统完整的生态文明制度体系，加强环境监管、责任追究和环境破坏惩治力度	党的十八大期间，打好节能减排和环境治理攻坚战、环境督察、曝光和批评违规企业等成为环境传播的主要话语特征
党的十九大	绿色发展	树立和践行绿水青山就是金山银山的理念，坚持节约资源和保护环境的基本国策，实行最严格的生态环境保护制度，形成绿色发展方式和生活方式，坚定走生产发展、生活富裕、生态良好的文明发展道路，建设美丽中国，为人民创造良好生产生活环境，为全球生态安全做出贡献	党的十九大期间，全面推动绿色发展和建设美丽中国，加强"三大污染源"治理，打赢蓝天保卫战，提高环境治理水平，完善最严环境保护与考核、追责制度等环境话语特色鲜明

第三节　中国环境政策与环境传播的逻辑内构

环境规制的逐步完善彰显了政策工具的威严力度及其与环境传播的同构关系。为了保障和落实国家环境治理和保护的顶层设计，政策性规制工具的创制与实施显得十分重要。本书所指环境政策仅指狭义内涵，包括有关环境与资源保护的法律法规、部门规章和地方性法规等规范性文件。1973 年，我国首次举行全国环境保护会议，通过了《关于保护和改善环境的若干规定（试行）》，这是我国第一个由国务院批转的环境保护文件。① 从 2002 年至 2020 年我国出台和修订了《中华人民共和国清洁生产促进法》《中华人民共和国环境保护法》以及《国家突发环境事件应急预案》《防治海岸工程建设项目污染损害海洋环境管理条例》《大气十条》《水十条》和《土十条》《危险废物鉴别标准通则》《生活垃圾焚烧发电厂自动监测数据应用管理规定》等数十部环境保护和生态发展的法律法规和政策制度。

环境保护法律法规和政策制度的渐次发布呈现出中国政府环境话语表达的逻辑起点、权力变化。从这一窗口可以窥视环境传播与政治生态的同构关系。

第一，环境保护和生态发展的法律法规是政治生态变化的"晴雨表"，体现国家治理的方略指南，同时又是媒体重点宣传和主题报道的重要内容和价值判断的主要依据。

第二，促进政府主动履职、信息公开透明，降低舆论风险。自我国政府颁发《中华人民共和国政府信息公开条例》、新《环境保护法》等法律规制之后，在众多环境事件或生态问题发生时，各级政府积极履职，加强了政务信息公开工作，创建了具有预警性、系统性、及时性和透明性的信息反馈机制，加强互联网政府信息公开和服务平台建设，或举办新闻发布会或通过各类媒体及时公开信息，强化环境服务，不仅减少了流言、谣

---

① 周宏春、季曦：《改革开放三十年中国环境保护政策演变》，《南京大学学报》2009 年第 1 期。

言，还有利于树立政府公信力，巩固政府在环境传播过程中的主导地位。

　　第三，加大环境监察与惩治力度，践行环保国策，共建"美丽中国"。国家相继出台了《中华人民共和国节约能源法》和《中华人民共和国可再生能源法》等众多法律法规调整经济结构和发展模式，倡导节约资源和保护生态环境，同时颁布了《环境保护违法违纪行为处分暂行规定》《党政领导干部生态环境损害责任追究办法（试行）》等规制加强环保督察与执法力度和对领导干部环境保护的追责力度。

　　第四，全面实施规划环评，技术专家在环境保护与传播中作用日益凸显。2005 年，国家环保总局针对圆明园环境整治工程举行了《环境影响评价法》实施后的首次听证会。之后，我国政府颁布了新的《中华人民共和国环境影响评价法》等法规，成为环境报道的旨趣和专家、公众参与式传播的保障。生态环保部的官方网站还专门设置了"互动交流"和"廉政举报"栏目，开设了生态环境网络投诉举报、微信投诉举报等信息反馈平台。生态环保部在"曝光台"栏目及时发布执法信息和环境问题的处理结果。各省市县的生态环保局也通过官方网站或者官微开设了政民互动平台，及时接受市民环境投诉，展开调查和依法依规作出处理。北京市生态环保局还每月公布环境投诉情况分析报告，将投诉类型、渠道、地域、处理结果等类项进行大数据分析，及时告知公众。生态环境部门主导的扁平化的信息沟通和互动机制既为行政部门环境执法提供了线索，为有效解决环境问题和化解社会矛盾创造了有利时机，又为公众主动承担环保责任、参与环境行动提供了话语表达空间。

　　同时，从我国环境专业性资源管理机构从国家环保局—国家环保总局—生态环境部的层级和功能的转变也反映了我国行政理性主义环境话语的时代特征和传播偏向，标志着我国从环境保护向生态环保治理的不断升级，也是对人民期盼碧水蓝天和美好生活的回应。

　　中国行政理性主义环境话语体现了政治生态的变迁。近年来，我国政府越来越注重环境传播的重要性，不断拓宽自己参与环境事件发声的途径，积极转变发声的态度，不断强化环境传播过程中的主导地位，准确把握各种传播时机。技术专家在环境政策制定、重大工程项目和企业生产的环保评估等方面发挥的作用越来越大，在环境传播内容生产中亦具有不可忽视的作用。中国行政理性主义环境议题和政策的变化常常成为媒体策划和报道的重点、网络空间舆论的热点，环境公共事件和邻避运动甚至成为风险社会人们情绪的燃点。近年来，媒体对环境新闻报道日益重视，环保NGO与政府不断合作，公众积极参与环保监督等为我国行政理性主义环境话语的实践提供了机遇。但是随着智能传播时代的到来，政府主导环境传播的话语方式受到了极大挑战，亟须建构不同媒介场域的话语融通策略。

第四节　生态文明建设引领下环境传播的话语建构

作为一种"建构公众对环境风险的认知、揭示人与自然关系"的传播实践，环境传播与其背后的环境伦理观——对于人与自然关系的深入理解密切相关。近代以来，人类在处理人与自然关系中形成了"人类中心主义"和"非人类中心主义"两种环境伦理观，两者不断进行着话语权的争夺和博弈，深刻影响着环境传播话语框架的建构机制。早期的环境传播带着明显的反抗"人类中心主义"的烙印，这种解构式的环境话语催生了西方世界"深绿"激进环保运动，引发了人们对"生态中心主义"的质疑。在伦理观对立、权力与利益纠缠不清的背景下，环境传播实践不断面临着选择性失语、立场偏位、客观性缺失等问题，部分极化的传播行为一定程度上加剧了人类与生态系统的二元对立①。随着人与自然矛盾冲突的加剧，重思人类中心主义以维护可持续发展成为学术研究、国家治理和社会实践的新面向。"大地伦理学""深层生态学""自然价值论""环境正义"等环境伦理思想应运而生，它们强调将把生态系统的整体利益视为最高价值形态来看待，人类利益仅仅是生态利益的一部分，把是否有利于维持和保护生态系统的完整、和谐、稳定、平衡和持续存在作为衡量一切事物的根本尺度，作为评判人类生活方式、科技进步、经济增长和社会发展的终极标准，"生态整体主义"环境伦理理论由此形成。② "生态整体主义"提倡人类社会利益与自然生态系统利益的一致性，并将人类社会作为

---

① 周呈思：《环境传播与生态整体主义伦理观》，《新闻前哨》2017年第10期。
② 张炳淳：《论生态整体主义对"人类中心主义"和"生物中心主义"的证伪效应》，《科技进步与对策》2005年第11期。

子系统纳入整体的生态系统。① 生态整体主义打破了人与自然的单边主义、中心主义立场，强调整体系统的协调和融合，体现了生态文明理念的基本内涵。生态文明思想的倡导为环境传播树立了路标，有利于建构政府环境话语与绿色公共空间的最大交集，避免"盲人摸象"以及走向极端化和对立化，促使环境报道超越单一利益主体的窄化，以更加客观、理性的态度认识环境秩序，建构环境认知，进而完成权力的再生产，促进生态保护。

一 生态文明建设的核心理念与认知维度

生态文明建设是为了解决环境问题和生态危机，实现绿色发展和民族永续而产生的一种生态理论和哲学实践。中国理论界吸收了西方人类中心主义、生态中心主义、生态学马克思主义和建设性后现代主义生态文明理论②的合理成分。但是，中国社会结合国家发展战略和现实情况，大大拓展了生态文明理论与实践的广度和深度，形成了以习近平生态文明思想为核心的社会主义生态文明理论体系与实践范式。党的十八大报告从生态文明建设的重大意义、根本要求、重要地位、基本国策和发展路径等方面为生态文明建设描绘了清晰的蓝图。党的十九大报告首次将"树立和践行绿水青山就是金山银山"的理念写入中国共产党的党代会报告，并且在表述中与"坚持节约资源和保护环境的基本国策"一并成为新时代中国特色社会主义生态文明建设的思想和基本方略。③ 有别于西方生态文明理论维护资本主义获利本质而将生态保护当成经济可持续发展的工具，中国的生态文明建设是以解决人民对美好生活的向往为逻辑前提，以促进人与自然和谐共生为根本任务的顶层设计和国家战略。

全面深入理解生态文明建设的目标任务和实现路径等核心理念是掌握中国政府环境话语框架建构的主脉，也是环境传播更好地承担党的新闻舆论工作的责任和使命的逻辑前提，因此，我们要从主要面向的重要性、历史空间的流动性和现实图景的系统性等多种维度来认知和把握我国生

①　周呈思：《环境传播与生态整体主义伦理观》，《新闻前哨》2017 年第 10 期。
②　王雨辰：《西方生态思潮对我国生态文明理论研究和建设实践的影响》，《福建师范大学学报》（哲学社会科学版）2021 年第 2 期。
③　黄承梁：《习近平新时代生态文明建设思想的核心价值》，《行政管理改革》2018 年第 2 期。

态文明建设的生成逻辑与核心思想,才能准确、有效地引领环境传播的话语建构。

（一）从治国理政的维度来把握生态文明建设的目标任务和重大意义

中国的生态文明建设是在马克思主义生态观的指导下,经过多年的环境治理和生态实践建立起来用于指导中国可持续发展和高质量发展的理论与实践体系。近年来,习近平总书记对生态文明建设提出了一系列具有创造性的新理念、新观点、新任务、新目标、新战略和新路径,形成了习近平生态文明思想,成为国家治理的大政方针,标志着中国社会主义生态文明建设进入新时代。

生态文明建设成为我国治国理政、安邦定国的指导思想和重要支撑。生态文明建设是国家治理体系现代化和治理能力现代化的核心内容。节约资源和保护环境被确立为基本国策,可持续发展被确立为国家战略。"增强生态文明建设"被写入国家五年规划,"坚持以人民为中心的发展思想,坚持创新、协调、绿色、开放、共享的发展理念"和"增强绿水青山就是金山银山的意识"写入了党章,贯彻新发展理念、生态文明协调发展等内容写入了《中华人民共和国宪法修正案》,并在国务院的职权中新增了"领导和管理生态文明建设"的表述,在机构改革中组建新的生态环境部,强化生态和污染排放治理等,生态文明建设在党中央治国理政中发挥着日益重要的作用。《习近平谈治国理政》一书中收录了习近平总书记对于生态文明建设、建设美丽中国、促进人与自然和谐共生等核心观点和生态思想。习近平总书记指出,"生态环境是关系党的使命宗旨的重大政治问题,也是关系民生的重大社会问题"[1]。这些创新论断成为治国理政的重要指导思想。

（二）从经济发展的维度来把握生态文明建设是推动绿色发展和高质量发展的必然前提

可持续发展是世界经济增长与环境保护协同发展的主流。要实现经济社会可持续发展,就要解决"涸泽而渔"的生产方式、生活方式和消费方式,力求达到"社会经济活动对环境的负荷最小化,将这种负荷和影响控

---

[1]　《习近平谈治国理政》第三卷,外文出版社 2020 年版,第 359 页。

制在资源供给能力和环境自净容量之内，形成良性循环"。① 经济发展与生态保护不是天然的矛盾，而是辩证统一的。世界各国都出现过只顾发展经济而牺牲环境的现象，其代价是惨痛的。习近平总书记运用"绿水青山就是金山银山"的比喻生动形象地阐释了经济发展与生态保护相依相存的关系。"绿水青山"象征的是富饶的自然资源和生态环境，是生命赖以存在和发展的物质基础和栖居空间，是生产力之源。通过节能减排、降低污染、保护生态等生产方式形成绿色产业、提供绿色优质的产品、创造美好的生活环境，可以赢得"金山银山"的收成。

我国已经从可持续发展走向绿色发展、高质量发展的阶段。绿色发展既重视经济社会的可持续发展，更重视绿色经济在产业结构和经济增长中的权重、绿色产业创造财富的动能、绿色消费创造美好生活的惯习，这是经济社会高质量发展的必要条件。高质量发展的目标和要求进一步促进节能减排、降低消耗、减少污染的绿色生产和生活方式形成机制和规模。

（三）从文明永续的维度来把握"生态兴则文明兴，生态衰则文明衰"的深刻洞见

习近平总书记从文明发展逻辑出发，深刻地提出"生态兴则文明兴，生态衰则文明衰"的洞见。世界文明古国的衰落史也是生态环境的恶化史。人类文明的永续首先要保障人的高质量生存和繁衍生息。我国的生态文明建设以人为中心，关系人民的福祉。从文明永续的主体角度保护环境、维护生态体现了生态文明建设的民生观。政治稳定、经济发展、社会繁荣、环境美好都是为了人民群众的安居乐业、满足人民群众对美好生活向往的需要、对美丽家园期待的需要。只有不断解决损害人民群众健康的突出问题，才可能提高人民群众的生活质量和幸福指数。人民群众高质量的生活和发展，才会促进各项事业的发展以及各民族的繁荣昌盛。

要解决文明永续的问题就要解决好人与自然和谐共生的问题。习近平总书记指出："要坚持人与自然和谐共生""人与自然是生命共同体"②。人和自然有自己的生命规律，充分尊重自然、合理开发自然、有效保护自

---

① 陈彩棉、康燕雪：《环境友好型公民》，中国环境科学出版社2006年版，第13页。
② 《习近平谈治国理政》第三卷，外文出版社2020年版，第360页。

然才会得到自然的回馈，反之就会遭到自然的报复，甚至阻断民族和文明的延续。

（四）从系统治理的维度来把握生态文明建设的一体化与协同性特征

头痛医头，脚痛医脚的生态治理方式只会获得"按下葫芦浮起瓢"的治理效果。环境保护和生态治理是一项系统工程。从时间角度而言，需要建立起持续不断、层层递进的长效治理机制，因而需要沿着时间轴从事前、事中、事后建立起一体化的治理体系。从空间角度而言，生态保护是全域与全球的事业，我们既要保护"美丽家园"，也要珍惜"美丽地球"，避免出现城乡、东西地区重视程度与保护力度的不平衡。从系统角度而言，任何事务都是在一个系统里运行，不同要素与环境之间彼此联系，形成生态结构和能量互动机制。环境问题关系经济社会发展的整体性和全局性利益格局，它既是发展问题也是生活问题，既存在生产方式、生活方式之中，也体现在消费方式之中，只有处理好生态环境的每一个要素及其相互关系，才能从根本上解决生态问题。国家的顶层设计将生态文明建设贯穿于政治、经济、文化、社会的全过程，并形成"五位一体"的总体布局。推进生态治理体系现代化和治理能力现代化就要树立一盘棋的思想，要对政策制定、法规保障、环评审批、资源匹配、技术条件、政绩考核、执法力度、巡视督察等环节进行全流程、一体化建设。从主体角度而言，生态治理要避免责任不清、主体缺位和单打独斗的现象，要建构政府、媒体、企业、社会组织（含环境 NGO）、公众等多元主体参与合作，发挥不同主体的作用，产生多元主体协同共治效应。

二　生态文明建设的媒介呈现

（一）指导思想：以马克思主义新闻观和新时代社会主义生态文明建设为根本遵循

马克思主义新闻观是马克思主义关于人类新闻传播活动规律的总看法，是无产阶级政党领导的新闻舆论事业的指导思想和行动指南。[①] 马克

① 张华志：《马克思主义新闻观的丰富和发展》，人民网，http：//theory. people. com. cn/n1/2017/1030/c40531 - 29616043. html.

思主义新闻观明确了党的新闻舆论工作的属性、宗旨、原则和目标等。毛泽东、邓小平、江泽民、胡锦涛、习近平等党和国家领导人为推动马克思主义新闻观的中国化做出了重大贡献。"党的十八大以来,以习近平同志为核心的党中央积累了许多新闻舆论工作的新经验新理论,形成了符合时代需要、具有新时代特点的新闻思想,将中国共产党新闻思想推进到了一个新的阶段,为马克思主义新闻观的中国化、时代化谱写了新的篇章。"①马克思主义坚持党性与人民性的统一、坚持新闻报道的真实性原则、坚持群众路线、遵循新闻传播规律、掌握网络舆论场的主动权等观点成为中国新闻传播实践的指导思想。环境传播作为一种话语建构与传播实践,也是舆论工作的重要组成部分,要坚持马克思主义新闻观的基本原则,承担建构真实世界、引导社会舆论的责任和时代使命。

生态马克思主义和生态社会主义的"整体思考""关联思考"为中国的生态文明建设提供了理论滋养。以习近平生态文明思想为核心的新时代社会主义生态文明,充分体现了人与自然、人与人、人与社会之间形成的整体性、系统性运行规律。有别于西方自由主义主导的"生态整体主义"主流话语的无序化、形式化、功利化,中国的生态文明建设的整体性是以政府主导,多元主体协同治理,贯穿于政治、经济、文化、社会等各个领域,具有绿色发展的时间承续、空间共享、生命平等的底色,更具有包容性、实践性和引领性,能够真正解决环境问题的顽症,实现生态环境充满活力的多样性的统一。

以习近平生态文明思想为核心的社会主义生态文明建设也为环境传播内容供给提供了指导思想和操作方案,既是我们认知绿色发展和生态治理的世界观,也是解决环境问题和生态危机的方法论,体现了中国环境主导性话语的基本特征。从治国理政、经济发展、文明永续、系统治理等维度认识生态文明建设的重大意义、根本目标、实践难点、治理要点及其相互关系,有利于新闻工作者与传播机构深入理解、深刻把握新时代生态文明建设的核心思想和实现路径,采用全面系统、重点突出、深入浅出、生动活泼、贴近时代的话语方式解读、阐释、传播生态文明建设的重大贡献、

---

① 本书编写组:《习近平新闻思想讲义》,人民出版社、学习出版社 2018 年版,第 25 页。

现实图景、存在问题和突破方向，为公众建构正确的环境认知和行动框架，践行党的新闻舆论工作的责任和使命。

（二）传播话语：政府主导的协同治理话语框架

国内的环境传播场域是一个多元环境话语共在的绿色空间，其中有两种环境话语表征为鲜明的旨趣：一是以主流媒体为主建构的行政理性主义环境话语，二是以自媒体为主建构的民主实用主义环境话语，两者之间的互动与博弈依然是当前中国绿色公共领域的主要特征之一。[①] 行政理性主义环境话语，强调政府在环境治理中的主导性以及专家的核心作用，并体现在专业性资源管理机构、污染控制机构、规制性政策工具、环境影响评价、专家顾问委员会等制度安排与社会实践之中[②]。而民主实用主义环境话语，强调借助民主理念、民主程序和组织架构来化解环境危机，通过建构一个自由参与充分讨论的平台实现交互影响式的利益表达[③]。很长一段时间里，这两种环境传播话语体现出不同的话语框架化机制。前者强调环境宣传路线，依托自身作为党媒的定位和性质，在行政理性主义环境话语的框架下进行社会动员、公共教育，改善环境形象。后者主打环境监督路线和另类绿色公共领域的建构，立足于新闻专业主义和守望理念，在民主实用主义环境话语的框架下发挥信息沟通、舆论监督的职责，参与环境治理。在两种路线中，行政理性主义话语占据强势地位，影响着环境新闻报道的主要倾向，而民主实用主义话语则在公共环境事件中通过舆论的放大和博弈，推动绿色公共领域的发展，而媒体作为"分享与交流"的中介成为连接政府与民众的重要记录者、宣传者和组织者，也沿着两种话语实践形成不同的话语框架。

随着生态文明建设理论体系的不断完善和实践的有序推进，行政理性主义与民主实用主义的环境话语实践逐渐合流、交融。一方面，国家环境治理的顶层设计高度重视社会化治理体系的建设，对民主实用主义话语的积极部分进行了吸纳和引导，发动社会组织和公众在环境协同治理中发挥

① 于璐：《中国环境深度报道的话语方式与权力关系》，博士学位论文，中国政法大学，2019 年，第 47 页。
② 漆亚林：《环境传播：中国行政理性主义话语考察》，《青年记者》2019 年第 13 期。
③ 沈承诚：《西方环境话语的类型学分析》，《国外社会科学》2014 年第 5 期。

重要的作用。中共十九大报告指出，要着力解决突出环境问题，构建政府为主导、企业为主体、社会组织和公众共同参与的环境治理体系，从政治层面赋予了民主实用主义环境话语的合法性，并将其纳入行政理性主义话语的框架之中。另一方面，生态文明、绿色发展等中国特色环境话语的创新，打破了原有西方环境话语之间的排他性，以中国特色的环境话语实践弥合了行政理性主义与民主实用主义之间的象征鸿沟。学者沈承诚曾对西方生态场域的环境话语进行分析，指出这些环境话语都具有排他性，且存在一个基本共同点，即在维持资本主义既有的政治经济框架下寻找环境问题的解决方案。① 以习近平生态文明思想为核心的新时代中国特色社会主义生态话语体系，具有中国绿色政治哲学的价值观特质，是全球生态治理领域的中国智慧和中国方案，与西方的环境话语体系存在着本质的区别。因此，媒体参与生态文明建设的过程中，应突出中国特色生态实践的环境话语，打破行政理性主义与民主实用主义这类西方式环境话语之间的壁垒，以更具建设性、协同性和创新性的复合型话语建构中国的主导性环境话语范式。具体而言，这意味着媒体包括政务新媒体应在议程设置、传播方式、表达语态、环境监督、象征功能等方面达到某种平衡，形成情感共鸣、价值共识、达到共治的治理效果。政府尽量避免说教式的环境宣传，从政策制定、平台建设、实现手段等方面加大对环境问题治理的监督和督察，及时处理群众反映的碳排放、垃圾、用水、土壤等污染问题，并通过主流媒体和政务新媒体及时发布，体现了以人民为中心的环境民生导向。比如，《中国环境报》及时报道多轮中央生态环境保护督察通报中的典型案例，进行建设性的舆论监督。

生态文明建设的主导性环境话语引领自媒体空间民主实用主义话语重构，避免满足于单纯的批判和揭丑式监督所带来的快感，而是从自我做起，发挥生态文明建设和保护环境的主体作用，推动环境协同治理的有效开展。

（三）传播方式：主流媒体全景式多声道的融合表达

主流媒体是建构环境认知、推动生态保护行动的主力军，更是环境场

---

① 沈承诚：《西方环境话语的类型学分析》，《国外社会科学》2014 年第 5 期。

域舆论引导的"压舱石"和"定盘星"。"数字化生存"时代,传统主流媒体的环境传播实践无法逃避融媒体的传播环境,环境传播在媒介生态、话语权利、表达路径等方面发生了深刻的结构性变革。① 这为主流媒体带来了新的机遇,也提出了新的要求。

首先,新媒体的强势崛起和快速发展打破了过去以大众媒体主导的环境传播生态,受众获取环境信息的渠道增多,逐渐向网络新媒体迁移,传统媒体开展环境传播的难度加大。大多数主流媒体逐渐改善对传统渠道的依赖,通过组织再造和流程再造,自建"两微一端"等新媒体平台,或借助社会化媒体建构新的传播体系,形成新型主流媒体,开辟更为广阔的融媒体传播场域。这意味着媒体的环境传播是通过多渠道、多媒介、多形态来实现的,包括电视、广播、报纸等传统大众媒体渠道和微信、微博、抖音等新媒体渠道,建构文字、图片、音频、视频等多种文本形态,依靠新闻报道、社会互动或活动组织等多种方式进行传播,赋予了主流媒体更为广阔的操作空间和传播能力。

其次,生态文明建设需要融入文化建设和民众的日常生活,而融媒体的传播环境使媒体能更直接地介入受众的生活和消费,潜移默化地改变受众的认知图式。同时,融媒体环境对主流媒体的生产能力、传播能力、运营能力、创新能力提出了更高的要求,而新媒体的分众化、圈层化也为构建绿色公共空间筑起了壁垒。因此,主流媒体一方面需要适应融媒体的生存环境,加快媒体融合的一体化发展,创新绿色话语表达语态和环境传播视觉修辞,另一方面应充分发挥融媒体传播体系的优势,以全景式、全链条的媒介呈现和传播方式参与生态文明建设之中。随着 UGC 在环境传播场域议程设置中的作用日益增大,环境传播也生成了公民参与式的态度合意机制。主流媒体正在尝试以全覆盖多声道方式建构环境图景,表达环保态度,进行环境监督,积极吸收公众设置的环境议题,借助公众的动员力量,推动环境治理过程中的民主协商进程和绿色公共领域的构建。

(四) 传播效果:助推生态文明建设实践的系统性融合

媒体在环境传播体系中承担的职责和功能,代表着公众对环境传播效

---

① 张淑华、员怡寒:《新媒体语境下的环境传播与媒体社会责任》,《郑州大学学报》(哲学社会科学版) 2015 年第 5 期。

果的媒介期待。大众传媒是风险社会的"文化之眼",发挥着环境预警、风险沟通、舆论监督、生态教育等功能。① 媒体环境传播必须担负起基本的社会责任:通过传播信息来实现其在环境事件扩散中的信息沟通、舆论监督、社会抚慰作用;通过展开日常社会动员和公共教育来改善环境形象"培育健康伦理观念";通过充当社会驱动力量来建构环境"社会共同体"。② 综上所述,媒体环境传播的职责和应该达到的传播效果主要包括以下四个方面:风险信息沟通、环保社会动员、推动环境治理、构建环境形象,最终推动整个社会力量解决人与自然和谐共生的问题。而生态文明建设的顶层设计和战略布局为媒体实现上述传播职责指明了方向。

1. 动员公众将生态文明建设思想"内化于心,外化于行"

习近平总书记在中共中央政治局第四十一次集体学习时的讲话指出,"生态文明建设同每个人息息相关,每个人都应该做践行者、推动者""要强化公民环境意识,把建设美丽中国化为人民自觉行动""要加强生态文明宣传教育,在全社会牢固树立生态文明理念,形成全社会共同参与的良好风尚"③。这些论述强调了人民是生态文明建设的重要主体,在生态文明建设中如何提升民众环保意识、进行社会动员显得重要而紧迫。而大众传媒的环境传播是强化公众接受环保知识的主动程度的有效且必要的基本途径④。媒体尤其是新型主流媒体具有强大的议程设置能力和广泛的社会影响力,在传播环境事实和知识信息,提升公众环境素养,转变公众环境价值观念,促进公众参与环保行为等方面具有强势的动员力量。⑤ 因此,媒体要充分发挥自身在环境传播领域的资源整合能力、内容生产能力和舆论引导能力,以公众喜闻乐见的话语修辞建构生态世界,弥补社会大众的环境"知识赤字",同时培育公民的节约意识、环保意识、生态意识,助推全民绿色行动。

---

① 郭小平:《论"风险社会"环境传播的媒体功能》,《决策与信息》2018 年第 7 期。

② 张淑华、员怡寒:《新媒体语境下的环境传播与媒体社会责任》,《郑州大学学报》(哲学社会科学版) 2015 年第 5 期。

③ 新华社:《习近平主持中共中央政治局第四十一次集体学习》,人民网,http://cpc.people.com.cn/n1/2017/0528/c64094 – 29305569.html.2017 – 05 – 28.

④ 郭小平:《论"风险社会"环境传播的媒体功能》,《决策与信息》2018 年第 7 期。

⑤ 杨楠:《环境新闻传播教育功能的固有特性》,《国际新闻界》2008 年第 9 期。

2. 强化报道视角的民生关切，"攻克老百姓身边突出的生态问题"

2018 年 5 月 18 日，习近平总书记在全国生态环境保护大会上强调："发展经济是为了民生，保护生态环境同样也是为了民生""打好污染防治攻坚战，就要打几场标志性的重大战役，集中力量攻克老百姓身边的突出生态环境问题。"① 基于环境传播的新时代社会责任和文化使命，媒体理应立足于民生，将环境问题的解决和生态文明建设当成民生、民心工程，注重解决老百姓身边的环境问题，如大气污染、节能减排、低碳出行、绿色生活、健康消费等。新闻报道注重环境传播中的建设性实践，切实推动环境治理惠民和利民。具体而言，媒体应重视从民生视角开展环境报道，发挥区域性作用，尤其是地方性主流媒体和政务新媒体，可以通过本地化和独特性的环境新闻报道或信息发布解决身边突出的环境问题，讲好生态故事，剖析环境个案，传播生态文明建设中的正能量，激发公众参与当地的环境治理行动之中。

3. 重视传播大国责任，"共同推进全球生态环境治理"

随着生态文明建设不断深入，我国从多个方面推动全球环境治理体系建设。2021 年 4 月，习近平总书记在领导人气候峰会上表示，"作为全球生态文明建设的参与者、贡献者、引领者，中国坚定践行多边主义，努力推动构建公平合理、合作共赢的全球环境治理体系。"随后，习近平主席向世界环境司法大会致贺信表示，"中国愿同世界各国、国际组织携手合作，共同推进全球生态环境治理"②。大国责任和使命担当的文化基因注定中国是一个负责任的国家，愿意与国际社会一起推动全球环境治理。但是，由于西方媒体主导了环境传播场域的议程设置与解释权，需要打破西方环境话语体系的垄断，树立我国在全球环境治理的话语权，将中国绿色的"发展优势"转化成全球生态治理中的"话语优势"③。这对于我国多

---

① 人民日报：《让绿水青山造福人民泽被子孙——习近平总书记关于生态文明建设重要论述综述》，https：//baijiahao. baidu. com/s? id = 1701522397247945952&wfr = spider&for = pc. 2021 – 06 – 03.

② 人民日报：《让绿水青山造福人民泽被子孙——习近平总书记关于生态文明建设重要论述综述》，https：//baijiahao. baidu. com/s? id = 1701522397247945952&wfr = spider&for = pc. 2021 – 06 – 03.

③ 李玉洁：《以中国为方法的环境传播话语建构》，《湖南师范大学社会科学学报》2020 年第 4 期。

元主体尤其是媒体在进行国际传播构建环境形象时提出了新要求和新任务。无论是主流媒体还是社会化媒体都应成为传播中国声音、讲好中国生态治理故事的重要行动者和创新者，应积极地参与推动全球环境话语建构的实践中来。

总而言之，在生态文明建设的背景之下，媒体应与时代要求和党的使命紧紧相连，齐心协力承担新时代社会主义生态文明建设的传播者、记录者、推动者和守望者，充分发挥自身在环境传播领域中发挥风险信息沟通、环保社会动员、推动环境治理、构建环境形象的作用，做好"连接中外，沟通世界"的全球传播工作，从而助推生态文明建设融入经济建设、政治建设、文化建设、社会建设的全过程，进而建构基于法治、德治、自治框架化机制的全社会、全领域、全流程协同治理的生态治理传播范式。

三 个案剖析：《羊城晚报》的生态文明传播实践

（一）框架策略：建构生态中国的融合话语模式

《羊城晚报》立足时政、民生大报的环境报道定位，是探索中国行政理性主义环境话语与民主实用主义环境话语融合传播的先行者。《羊城晚报》作为新中国成立后创办的第一张大型综合性晚报，深耕岭南逾60年，一直是全国颇具影响力的时政大报、民生大报和岭南第一文化大报，也是广东省委主管主办的党报。身处率先重视并开启环境治理的广东省，羊城晚报也是环境传播媒体中的探索者。不同于《人民日报》为代表的国家级主流媒体以大政方针、典型案例、严肃话语为主的传播语态，也不同于《中国环境报》《南方周末》等专注于环境报道或专门设立垂直版面的聚焦式表达，《羊城晚报》结合自身"民生时政大报"的特色定位，强化生态环境的民生观和社会治理角色，以综合性报道和全程报道的形式在环境传播领域走出了一条差异化道路。

由于环境新闻涉及的内容和领域较为广泛，《羊城晚报》没有设立环境新闻领域的专门采编部门和记者团队，而是将相关板块分散在了时政新闻部、民生新闻部、健康教育部、要闻部四个不同的部门。不同组织建构了各具特色的报道框架，时政新闻部主要进行环境时政报道和环境知识科普，结合环境政策时事进行动态报道，并与科技板块融合普及环境知识，以建构政策与知识图谱为主要特征；民生新闻部主要涉及环境传播中与民众生活息息相关的内容，如垃圾分类、绿色交通、绿色社区、绿色消费等市民生活方式与城市环境管理信息；健康教育部则建构环境新闻领域的核心议程，由记者对接广东省生态环境厅、广州市生态环境局，着重报道环境与健康问题、环境治理的主体表现以及成果展示等相关内容。要闻部则主要负责《羊城晚报》报纸媒体的要闻版面，在《羊城晚报》完成流程改革、实现主报道阵地的彻底转移之前，要闻部是环境新闻报道的主阵地。

从环境新闻采编的部门分工可以看出，《羊城晚报》的环境报道主要以综合性的呈现方式融合在各个内容板块之中。以报道角度和框架策略而言，《羊城晚报》不断拓展题材边界的宽度，纵深开掘意蕴的深度，彰显人文关怀的温度。这种理念具体体现在选题不拘泥于生态环境本身，勾连环境相关的周边话题、社会议题，且以民生、时政视角见长，凸显环境问题与生态治理与人民福祉和城市治理的关系。以"垃圾分类"主题为例，《羊城晚报》进行了诸多追踪报道和系列报道。2019年，上海强势推行垃圾分类政策的背景下，《羊城晚报》推出了"垃圾分类双城记"系列报道，通过考察上海实施垃圾分类的模式，挖掘广州更早推行垃圾分类却收效甚微的原因，对比报道并总结了垃圾分类的成功经验。而随着垃圾分类的深入推进，《羊城晚报》也追踪了垃圾分类实施过程中存在的不足，如垃圾站垃圾车的扰民问题、餐厨垃圾的处理问题、楼道撤桶与"守桶员"设置的问题等。这些追踪报道以民众视角观察到了环境政策实施过程中容易忽视的盲点，以贴近民众生活的细节之处切入环境治理的宏观问题，展现出羊城晚报"贴近读者、贴近生活"的环境报道视角。

（二）修辞策略：构建线上线下环境传播权力再生产的同心圆

新媒体时代背景下，《羊城晚报》经过多年的媒体融合改革实践，由一张报纸发展到拥有三大核心传播矩阵的全媒体平台，构建出一个立体传播、全媒体发展的环境传播平台。羊城晚报采编机制的升级迭代经历了流程再造、技术升级、机构重组三重变革，而经过2020年初对采编机构进行的外科手术式改革，彻底打破了传统媒体、新媒体界限，按职能设立全媒体采编中心、发布中心、运营中心，打造了基本具备"全程、全息、全员、全效"媒体特点的新业态,[①] 形成了适应多种传播形态的话语修辞和象征机制。2021 年 4 月 27 日,人民网研究院发布的《2020 年媒体融合传播指数总报告》及《2020 报纸融合传播指数报告》显示,羊城晚报融合传播力指数综合得分在所有省级报纸中排名第三,在所考察的 275 份报纸中排名第十。[②] 通过拓展传播载体,依托羊城派新闻客户端、《羊城晚报》官方微博和官方微信、《羊城晚报》在外部平台的三大传播矩阵以及目前正在规划发展的新传播平台和渠道,《羊城晚报》构建了移动传播的"1 + 2 + 3 + N"立体传播链,使自身的环境新闻报道能由此直抵亿万用户和读者。[③] 全流程再造和全媒体建设为《羊城晚报》打造多语态生产机制,形成了通过线上线下的场域融合构建环境传播权力再生产的同心圆。

　　基于修辞策略和象征平台的全域建构,《羊城晚报》还通过开展广泛的环保主题活动,以线上和线下融合传播的方式进行环保宣传和教育,如该报举办广东省青少年环保创意大赛、广州垃圾分类观察体验团、"暖爱广州"主题活动等。广东省青少年环保创意大赛由广东省生态环境厅指导,广东省环境保护宣传教育中心与羊城晚报社主办,向全省中小学生发出倡议。该报采用年轻态的话语修辞和体验形式激发年轻主体参与环保行动。2020 年该活动参与者覆盖省内 21 个地市,共收到参赛作品 13000 余件,包含手抄报作品 12000 余件,短视频作品近 1000 件。活动期间,《羊城晚报》充分发挥青少年教育版块策划、运营及主流媒体推广优势,在社会化搭建赛事专栏,并充分借助羊城晚报社融媒体资源,根据赛事相关节点于"网、端、微"多个渠道进行信息发布和宣传,在初选作品网络投票环节中,页面访问人次累计超 800 万,投票总票数达 44 万。《羊城晚报》作为岭南大报,通过活动组织将自身的文化品牌与环保宣传相结合,以灵活多样的全媒体平台和融合性修辞策略助推青少年环保意识培育工作。

---

　　① 刘海陵:《把握大势、发挥优势,实现多元发展——羊城晚报报业集团"双转型"战略的实践与思考》,《新闻战线》2021 年第 11 期。

　　② 人民网研究院:《2020 年媒体融合传播指数总报告》,人民网,DB/OLhttp://yjy.people.com.cn/n1/2021/0426/c244560 - 32088214.html.2021 - 04 - 27.

　　③ 刘海陵:《把握大势、发挥优势,实现多元发展——羊城晚报报业集团"双转型"战略的实践与思考》,《新闻战线》2021 年第 11 期。

（三）角色调适：兼具主流性、专业性与建设性的环境传播定位

在环境新闻报道实践中，《羊城晚报》对于自身承担的角色和职能具有独特的理解和认知，并形成了一套环境新闻传播的报道原则和实践模式。

第一，坚持环境新闻报道的主流价值导向。《羊城晚报》以新时代中国生态文明建设的顶层设计与主要内涵为指引，强化环境新闻报道的主流价值观、民生观和整体观，强调基层治理和民生福祉，着力解决公众身边的环境问题和生态风险，促进公众参与城市生态文明建设的行动之中。

第二，遵循新闻传播规律。《羊城晚报》立足于新闻传播的全面、客观、真实、公正的报道立场，将新闻价值作为筛选环境新闻内容的基本标准。同时，该报针对渠道特性制定灵活的筛选标准，将一般性、日常性的新闻让给互联网，以"平面发布精品化"的理念指导新闻生产，[1]使《羊城晚报》的环境报道更贴近民众、贴近生活，有思想、有情怀，有力度、有效度，体现了传统媒体环境话语建构的高质量发展。《羊城晚报》健康教育部负责环保线的记者陈亮在接受笔者深度访问时也表示，环境内容的相关报道见报率较高，足见《羊城晚报》对于环境议题的重视。

第三，凸显报道者和倡导者的双重角色。《羊城晚报》善于在环境议题的报道者和倡导者的双重角色矛盾中找到平衡点。这两种角色的矛盾在于：一方面新闻的客观性原则要求媒体对事件保持理性、中立的观察与记录的专业态度，不应直接介入环保行动中倡导公共议题；另一方面新闻记者群体如果基于自身理想或利益，在环境诉求上与批判性主体产生共鸣，也可能通过报道框架的使用为环境行动推波助澜[2]。《羊城晚报》要闻部主任郭启钊认为，环境新闻具有其特殊性，除了环境报道本身的科学性、调查性等特点之外，环境事件本身也具有相当的敏感度，一方面，环境内容贴近民生，涉及深度的公民参与和社会治理层面；另一方面，许多环境事件背后存在着复杂的话语争夺和利益博弈，环境问题背后存在着盘根错节的政治、社会因素，容易引发舆情。在环境事件报道过程中，媒体要坚

①　刘海陵、林洁：《从疫情防控报道看羊城晚报的流程改革》，《新闻战线》2020 年第 11 期。
②　戴佳、曾繁旭、黄硕：《环境传播的伦理困境》，《湖南师范大学社会科学学报》2015 年第 5 期。

持党性原则和人民性原则相统一，社会效益与经济效益相统一，坚持社会
责任和文化使命，坚守公正、理性的价值尺度。羊城晚报报业集团旗下的
综合性日报《新快报》总编辑冯树盛也强调了这种中立、客观的媒体角
色，认为媒体不适合做环境冲突事件中的仲裁者，而应该建构一种反馈机
制，作为多方声音交流的平台和绿色讨论的公共空间。因此，《新快报》
的环境报道更多是一种"行动派"，以记者和志愿者的双重角色去参与环
境信息的沟通和环境治理行动，推动环境保护行动的高质量发展。该报的
环境报道注重"以和为贵"，以"共治为贵"，避免造成传播场域话语冲
突以及政府与民众之间的矛盾。《羊城晚报》要求新闻记者协调好两个方
面的角色，一方面承担"信息传播者、亮点发现者和舆论引导者"的重
要职能，从客观公正、专业判断和民众关切的角度进行政策解读、风险
沟通，提高公众环境素养和生态认知，激发公众环保的自治意愿和行
为；另一方面通过建设性的新闻报道为环境治理提供解决的方案和样
本，或是通过多渠道向主管部门反映问题和民意，推动环境治理和生态
建设的进程，促进生态治理体系现代化和治理能力现代化。《羊城晚报》
在环境报道上凸显自身作为环境场域中各方行动主体之间的桥梁作用，
将传统优势与新时代使命相结合，承担理性客观的报道取向和参与治理
的行为角色，逐渐形成具有代表性的中国生态文明建设的媒体话语框架
机制。

第五节　中华环保世纪行打造协同治理传播模式

　　中华环保世纪行是我国政府主导的多元主体参与环境保护的协同治理
传播模式，体现了行政理性主义环境话语中国实践的一个重要面向。传播
模式是对传播活动的过程及其各个要素之间关系和相互作用规律的较为直
观而简洁的描述。环境传播有三种基本模式："宣传模式""科学传播模
式"和"风险模式"。① 宣传模式是指在环境新闻报道或战略传播以"喉

---

① 郑和顺：《创建"世界风险社会"背景下环境传播的公共新闻模式》，硕士学位论文，重
庆大学，2011年，第6页。

舌论"为指导思想，体现新闻舆论的意识形态功能，是一种以正面宣传为主、批评报道为辅的传播模式。科学传播模式是以传播环境科学和科学传播人与自然关系的传播方式。风险模式是指环境传播的立足点在于通过沟通机制规避环境问题所带来的生态风险和社会风险，以消除民众的恐慌与焦虑。"中华环保世纪行"是政府主导的全国多家主流媒体和社会组织参与的跨部门、跨区域的大型宣传报道活动，以环境宣传为主兼具科学传播与风险沟通的传播方式，极大地挖掘了环境传播的实用性和建构性的功能。随着社会主义生态文明建设理论与实践的日益完善，中华环保世纪行逐渐形成以宣传生态政策和环境监督为主要目的，以解决当年突出生态问题为主要任务的环境传播活动。该活动能够及时有效地推动环境问题的解决和生态风险的预警，成为生态治理和国家治理的一部分。从这个层面而言，中华环保世纪行建构了环境协同治理传播模式，体现了具有中国特色的生态文明传播范式的重要特点。

一　中华环保世纪行的概况与主题

当代环境传播不断呈现新的触发临界状态，特别是后工业时代以来，爆发的种种自然灾害、生态灾难，无时无刻不昭示着环境问题的严重性及其与人民群众的利害关系。中华环保世纪行在这样的社会背景下，1993 年由全国人大资源与环境保护委员会牵头组织（后改为全国人大常委会办公厅），中央、国务院 10 多个部委（局）共同主办的历时 20 多年的大型环保宣传与生态治理活动。该活动被称为"我国环保工作有史以来规模最大、新闻单位参加最多、影响最广、群众反映最为强烈的一项宣传活动"。依据国家的环境政策，该组织每年都会确立一个主题组织记者采访，主要的目的在于宣传我国环境与资源保护方面的法律法规，实地勘察生态保护的成效，将法律监督、舆论监督、群众监督有机结合，推动环境与资源重大问题的解决。① 此外，各地区的省人大也响应号召，相继成立了本地的"世纪行"，通过不定期的调研采访，形成了中央到地方的环保矩阵网络

---

① 李新彦、白剑锋：《"中华环保世纪行"的舆论监督之路》，《人民日报》2003 年 1 月 15 日第 3 版。

分布。

笔者梳理了自十八大以来中华环保世纪行历年的主题。从表 5 - 2 中可以看出，每个主题都贴近实际，贴近生活，都是全国人大和环保部门等决策机构根据当前环境与资源保护的重大问题制定的实施计划，为推动地方政府通过法治、德治和公民自治的协同方式形成善治体制，并及时解决突出生态问题起到了重要的作用。一些重大主题历经多年的采访报道与环境宣传，显示出国家对环境保护带有明显的侧重点和现实针对性。话语修辞也从最初的宏大叙事到如今具体治理与保护的定制框架。近几年来，中华世纪行宣传的主题主要集中于对长江、黄河水资源的治理与保护层面。

表 5 - 2　　　　　中华环保世纪行 2012—2021 年活动宣传主题①

年份	宣传主题
2012	科技支撑、依法治理、节约资源、高效利用
2013	大力推进生态文明，努力建设美丽中国
2014	大力推进生态文明，努力建设美丽中国
2015	大力推进生态文明，努力建设美丽中国
2016	大力推进生态文明，努力建设美丽中国
2019	守护长江清水绿岸
2020	贯彻习近平生态文明思想　守护黄河流域绿水青山
2021	贯彻习近平法治思想　加强黄河保护立法

注：缺少 2017 年、2018 年的相关资料。

二　党的十八大以来中华环保世纪行的内容生产特征

本书根据中华环保世纪行新闻奖 2011—2012 年度和 2013—2015 年度一等奖获奖作品的情况，见表 5 - 3。通过对这 20 篇报道的内容分析，我们可以看出中华世纪行报道的总体特点、报道对象和话语框架。2016 年以后的报道大多围绕重点环保工程进行报道，讲述生态文明建设的典型故事。比如，2018 年《中国绿色时报》获一等奖的作品《右玉·碧玉——

① 中国人大网：《中华环保世纪行历年回顾》，http：//www.npc.gov.cn/npc/2021zhhbsjx003/2021zhhbsjx_ list. shtml.

记与共和国同龄的绿化工程》报道了山西右玉"沙洲换绿洲"的绿色发展故事。

表 5 - 3　　　　中华环保世纪行 2011—2015 年度一等奖获奖作品①

典型报道	单位	作者	报道对象
《太湖，碧波重现不是梦》	人民日报	孙秀艳	太湖
《产业准入、排放标准不统一：治理太湖能否"一盘棋"？权威专家呼吁：我国亟待出台首部流域法规》	新华社	陈芳	太湖
《饮水安全从水源保护开始》	经济日报	鲍晓倩	湿地水源保护
《中国宁夏合理高效利用水资源　打造新的"塞上江南"》	中国国际广播电台	王丽楠	宁夏水资源
《想喝"好"水，该怎么"付钱"？——解析生态补偿的四川模式》	科技日报	李禾	四川水资源补偿
《拯救太湖进行时——太湖水环境治理调查》	中国妇女报	王春霞	太湖
《八桂大地，固废利用在发力》	中国经济导报	程晖	广西固体废物处理
《宁夏：因节水而变》	中国水利报	曹铮	宁夏水资源
《太湖何时迎来生态拐点？》	中国环境报	郭薇	太湖
《德兴铜矿：从"三废"中淘金》	中国矿业报	李平	德兴铜矿处理
《污染最重城市为何扎堆河北》	人民日报	孙秀艳	河北污染情况
《2013，拿什么拯救你——"爆表"的霾！》	新华社	陈芳	霾
《治水之意在乎水　更在乎经济转型——中华环保世纪行聚焦钱塘江水源保护》	光明日报	叶乐峰	钱塘江水源
《北京大气污染调查》	中央人民广播电台	侯艳、满朝旭、杜震	北京大气污染
《Cleaning the air》	中国日报	江雪晴	空气污染
《绿水青山如何变为金山银山？——探寻浙江"五水共治"绿色发展之路》	中国妇女报	王春霞	浙江水资源
《丹棱模式：破解农业面源污染有益探索——"中华环保世纪行"四川采访记（上、下篇）》	中国经济导报	程晖	四川丹棱农业污染探索

---

①　笔者根据中国人大网资料自行整理。

典型报道	单位	作者	报道对象
《京津冀治大气何处切入》	中国环境报	邢飞龙	大气污染
《老大难依旧难》	中国环境报	刘晓星	陕西污水处理
《空间在哪里？——安徽、河南两省节能减排情况调查》	中国电力报	马建胜	安徽、河南节能减排

（一）深入基层，实地调研

由于水资源、大气污染等相关环境问题的长期性和重要性，中华环保世纪行组织了大量记者进行调研、采访和报道，各地方政府组织的环保世纪行也根据中华环保世纪行每年的活动主题，结合当地实际情况，采取焦点式报道。表 5 - 3 表明，获奖作品包含不同类型的报道对象，但主要集中在各地水资源和大气污染等主要领域或突出问题。其中有关太湖的报道最为丰富，乃因太湖水资源的保护与治理是一项长期系统的工程，水资源的污染与否与周边居民的生活休戚相关，这是党和政府将生态治理当成民生工程对待的表征。例如，孙秀艳在撰写《太湖，碧波重现不是梦》之前，就跟随中华环保世纪行采访组来到江苏省，对太湖治污的状况进行了扎实的采访，洞悉太湖治理的故事逻辑及其变迁史。中国妇女报社的记者王春霞也是跟随中华环保世纪行的采访团，先后在常州、无锡、苏州等地进行实地调研。获奖的环保新闻大多是记者蹲点的所见、所闻、所问和所访的致思结果。

（二）关注热点，紧跟时代

2012—2016 年中华环保世纪行的主题较为多元，综合性较强，集中在科技、资源、生态文明等各个方面。从 2013—2016 年的宣传主题聚焦"大力推进生态文明，努力建设美丽中国"，可以看出国家层面对生态文明建设的重视程度和主导方向。从 2019 年起，中华环保世纪行的关注重点落在比较具体的环境问题上，如 2019 年的"守护长江清水绿岸"，2020 和 2021 年对黄河流域的关注。这些宣传主题在一定程度上反映了问题的重要性与鲜明的时代特征。

从表 5 - 3 中，我们可以看到前十个话题中对环境的关注与水资源有关的居多，这可能是因为当时水资源受污染的情况较为严重，特别是太湖流域。自 20 世纪 80 年代以来，随着社会经济的高速发展，太湖流域水质逐年下降，湖泊富营养化日趋严重，"九五"以来被列为国家"三河三湖"治理计划，成为我国水污染治理的重点区域。而后十个话题中，我们可以看到关于大气污染的报道日益增多，可以看出当时我国大气污染的严重程度。中华环保世纪行紧跟时代，关注公众的痛点、企业的难点、治理的重点问题，增强其舆论监督的效果，采取实际有效的方式推动环境问题的解决，促进生态治理体系和治理能力现代化。

（三）标题多元，凸显情感

获奖作品中一些标题态度明确，强化情感动员。比如，《绿水青山如何变为金山银山？——探寻浙江"五水共治"绿色发展之路》《产业准入、排放标准不统一：治理太湖能否"一盘棋"？权威专家呼吁：我国亟待出台首部流域法规》等，这些标题大多采用感叹号、问号的形式来表达态度和情感倾向。一些标题采用中性客观的陈述语，如《北京大气污染调查》《宁夏：因节水而变》《饮水安全从水源保护开始》等。还有一些标题则是采用口语化或俗语化的表达方式，生动活泼，令人印象深刻，如《太湖，碧波重现不是梦》《绿水青山如何变为金山银山？——探寻浙江"五水共治"绿色发展之路》等。此外，中华环保世纪行获奖单位的多元化也体现了该活动是由政府主导的多媒体参与的生态媒介事件。

三 打造"三元主体"协同治理传播模式

环境传播的各项议题通常以全国性的热点问题为主，传播主体主要由三部分组成。政府机构是主导型力量，在其中扮演引领者和组织者的角色；大众媒体主要是通过搭建环境传播平台，提供绿色话语讨论空间，成为党和政府的"耳目喉舌"，承担传播主流意识形态的角色，建构主导性环境话语，引导环境舆论，辅助政府治理环境问题，化解生态危机。公众是一个变化的角色，随着公民意识的觉醒，其逐渐由被教育者和信息接收者转换成了环保参与者和传播者，共同参与环境治理与传播。杨保军认为以互联网为中心的"技术丛"促生了新闻传播主体"三元"类型结构的初步形成——职业新闻传播主体、民众个体传播主体和脱媒传播主体的共在结构。① 中华环保世纪行作为一个联合 10 多个政府部门和全国多家媒体的大型环保资源宣传活动，显然离不开"三元主体"的协同传播。

（一）脱媒主体主导下的传播框架与宣传意指

所谓"脱媒传播主体"，实质指那些非民众个体、亦非职业新闻传播组织主体的组织性、群体性新闻传播主体。② "脱媒主体"大体可以分为三大类：一是以政府机构、党委组织为自建的媒体（包括全国和各地人大、宣传部门、环保资源部门等政务新媒体）；二是以一般企事业单位为根源的自建媒体（这里重点指相关利益企业的网站、两微一端等社会化平台）；三是以其他社会群体（如各种社会民间团体、非政府组织等）为依靠的自建媒体，包括环境 NGO 等公益组织。③ 而本书所指的脱媒传播主体主要指以党委组织、政府机构为自建的媒体。中华环保世纪行自成立之初，就由全国人大环资委会同多个部门共同组织，这些部门大多是政府部门，它们自建的政务新媒体也成为中华环保世纪行的重要宣传与传播阵地。中华环保世纪行的宣传活动紧紧围绕党和国家环保重点、治理难点等生态文明建设的工作大局，紧密配合全国人大常委会环境资源立法和监督工作重点，不仅利用自身的自建媒体平台进行环境传播，还组织多家专业机构媒体记者进行采访报道，大力宣传我国环境与资源保护方面的法律法规，进行重大环保工程的督察，提高公众特别是各级领导干部的法律意识和环境资源意识，积极推动各级政府加强有关法律法规的执行，完善生态治理体系。此外，中华环保世纪行还着力培养公众环境素养，提高公众生态意识，激发环境公益组织和社会各界人士参与环境保护行动。

中华环保世纪行的活动主体离不开国家环保政策和社会主义生态文明建设蓝图的指引。自党的十八大以来，习近平生态文明思想为规范环保工作和深化绿色发展提供了理论与实践依据。将生态文明建设纳入中国特色社会主义事业"五位一体"的总体布局，建设美丽中国，实现中华民族的

---

① 杨保军：《"共"时代的开创——试论新闻传播主体"三元"类型结构形成的新闻学意义》，《新闻记者》2013 年第 12 期。

② 杨保军：《"共"时代的开创——试论新闻传播主体"三元"类型结构形成的新闻学意义》，《新闻记者》2013 年第 12 期。

③ 杨保军：《"脱媒主体"：结构新闻传播图景的新主体》，《国际新闻界》2015 年第 7 期。

永续发展等战略思想成为中华环保世纪行的指导思想和年度主题。党的十八届三中全会也要求围绕建设美丽中国深化生态文明体制改革，加快建立生态文明制度，健全国土空间开发、资源节约利用、生态环境保护的体制机制。中华环保世纪行也紧扣纲领性的政策文件，于2013年就将活动主体拟为"大力推进生态文明，努力建设美丽中国"，并在之后几年围绕这一主题展开持续报道。

中华环保世纪行除了紧扣环保政策的导向之外，还积极推动生态文明的法治建设，持续地更新、修订环保法律法规。2012—2021年新增加和新修订的法规涉及水土资源、大气污染、可再生能源、固体废物污染、环境管理、环境保护、海洋环境和水资源管理等人民群众十分关心、国家高度重视的领域。中华环保世纪行根据这些法规组织了各项专题活动，报道践行情况和存在问题。由此可见，生态文明政策以及相关的法治建设与中华环保世纪行的议程设置和宣传策略之间形成了循环互通，互相促进的关系。

（二）职业传播主体的建设性新闻实践

职业传播主体也就是具有新闻采编权的传统媒体及其网络新媒体，是中华环保世纪行活动报道的主角。该活动主要邀请国内影响力较大的主流媒体，包括网络主流媒体和专业媒体参与报道，建构绿色话语空间和环境风险沟通平台。2019年中华环保世纪行宣传活动参与媒体就包括人民日报、新华社、中央广播电视总台等为代表的中央级主流媒体、中国改革报、中国环境报等为代表的专业媒体以及中国网、澎湃新闻等为代表的主流网络新媒体，另外还有新京报为代表的都市类媒体，2020年的活动邀请了更多的都市类媒体，形成了结构性的绿色传播场域。

职业传播媒体既要坚持党性原则和政治价值，也要遵循全面、真实、客观、公正报道的新闻传播规律和新闻价值。职业传播媒体参与中华环保世纪行活动的目标任务是密切结合人大立法、监督和代表工作，宣传新时代社会主义生态文明思想，贯彻党中央环境治理和生态建设的重大战略布局，充分反映各地各部门依法环保的新经验、新方法、新故事和新作为。身兼传播、督察、参与治理的多重使命，职业传播媒体以解决生态问题为导向，报道环境治理经验和成就，从积极心理学的角度进行建设性舆论监

督，既建构环境问题的成因框架、责任框架，也提出解决生态问题的思路
与方案。

　　参与中华环保世纪行活动的职业传播媒体承担舆论引导工作，坚持正
面宣传为主的同时进行环境问题的舆论监督是该活动的一大特色。习近平
总书记指出："舆论监督和正面宣传是统一的。新闻媒体要直面工作中存
在的问题，直面社会丑恶现象，激浊扬清、针砭时弊，同时发表批评性报
道要事实准确、分析客观。"① 职业传播媒体记者通过实地调研，发现问
题，提出建设性批评性意见有利于促进生态问题的及时解决，调适人与自
然的冲突以及社会矛盾，有利于维护生态繁荣和经济高质量发展。笔者通
过人民日报数据库搜索"中华环保世纪行"，发现从中华环保世纪行创办
伊始，《人民日报》发表了290篇环保文章，其中不乏见证解决"民心之
痛、民生之患"生态环境问题的成就报道和推动生态综合治理进程的监督
报道。例如，全国人大环资组织中华环保世纪行采访组，到浙江探访"五
水共治"工程的效果。通过采访组的深入观察和现场访问，厘清了水环境
整治的过程与长效机制的构建，证实了"五水共治"效果显著的基本逻
辑，在《人民日报》刊发了《"五水共治"呵护江南水乡》一文。

　　（三）公众个体主动参与环保治理传播

　　以微博、微信为代表的新媒体的出现赋予了普通民众的表达空间，促
使了"公民意识"的觉醒。② 自媒体的出现解构与重构了传统的科层式传
播的秩序，消解了传统意义上的精英阶级的话语权。新媒体赋权机制激发
了普通民众参与环境保护的热情。公众不再只是环保知识被动无知的信息
接受者，相反，他们可以对风险有着自己的评估与质疑。③ 早期，中华环
保世纪行组委会为了了解各地民众关注的环境问题，专门设立了举报电
话，通过多种渠道倾听来自基层群众的声音，之后再通过记者实地调研探
访证实内容的真实性，最后通过报道的形式推动政府有关部门的解决。随

①　《习近平谈治国理政》第二卷，外文出版社2017年版，第333页。
②　邹火明、许珍珍：《对新媒体语境下传播主体的三点考量》，《长江大学学报》（社会科学版）2014年第10期。
③　戴佳、曾繁旭、黄硕：《环境阴影下的谣言传播：PX事件的启示》，《中国地质大学学报》（社会科学版）2014年第1期。

着网络新媒体的快速发展,组委会获得生态文明建设的信息源更为快捷和多样。公众可以通过微信、微博、抖音等社会化媒体参与环境治理传播,促进人民群众参与环保行动。同时,公众还可以通过各级人大、环境资源部门等官方网站等政务新媒体提供生态治理的线索,为政府建构多元主体协同治理创造了条件。

四 "三元主体"的主导与协商机制

党的十九大报告指出,要着力解决突出环境问题,构建政府为主导、企业为主体、社会组织和公众共同参与的环境治理体系。[1] 中华环保世纪行的参与主体具有多元特质,包括各级政府、媒体、公众等多种社会力量。不同的环境传播主体代表不同的利益阶层和价值取向,在实际行动中,政府的主导力量显而易见。党和政府是生态文明建设的规则制定者和践行推动者,是确保以人民为中心的整体生态利益的主导力量,有应对、监督、治理等方面的权力和资源优势,并借由传统主流媒体的推动,在环境传播的话语实践中占据主导地位。[2] 随着 2015 年《环保法修订案》明确规定公民的环境权之后,公民获得了正式参与环保议题建构和推动生态治理的合法性。公民有权利、责任和义务参与生态文明建设。

在有关中华环保世纪行的报道中,不少公民主动提供问题线索、参与环保工作,获得中华环保世纪行的关注和支持,最后通过媒体报道,推动环境问题的解决。近年来,随着生态文明建设的升维与全域开展,绿色发展取得了丰硕的成果。一些网民自觉将生态治理的感人故事、辉煌成就以及建言献策等通过各种社交平台进行传播,甚至以各种展演方式将"美丽家乡"作为打卡地,通过网络新媒体推广家乡的旅游资源和生态形象,获得良好的环境协同治理传播效果。

但是我们也要正视,由于环境认知的差异、价值理念的分歧、利益需求的不同,各主体的话语不会总是一致,在一些环境事件中难免会出现一

---

[1] 陈虹、潘玉:《从话语到行动:环境传播多元主体协同治理新模式》,《新闻记者》2018年第2期。

[2] 贾广惠、房继茹:《"中华环保世纪行"报道背后的权力机制——以〈人民日报〉为例》,《新闻界》2014年第6期。

定程度的碰撞与摩擦。詹姆斯·博曼（James Bohman）指出在公共协商过程中，即使存在持续性的意见分歧，但只要协商各方能从理性交流和判断出发，作出适度妥协，保持持续合作，仍然可以达成共识。这就是公共协商的"多元一致"理念。① 中华环保世纪行在社会主义生态文明思想指导下，"共谋绿色生活，共建美丽家园""促进人与自然和谐共生"是多元主体的根本利益，这个最大公约数为多方主体协同治理创造了巨大的动能和想象空间。当下，环境宣传和动员取得了良好的成效，显然是"三方主体""多元一致"、协商与互动的结果。

---

① ［美］詹姆斯·博曼：《公共协商：多元主义、复杂性与民主》，黄相怀译，中央编译局2006年版，第78页。

第六章

生动的数据:"美丽中国"语境下环境
新闻报道的内容分析

——以《人民日报》《中国环境报》《新京报》为例*

第一节 研究对象与样本选择

一 研究对象

本书选择在大陆公开发行的三种不同类型的中文报纸《人民日报》
《中国环境报》和《新京报》作为研究样本（剔除掉广告及副刊等内容）。
它们分别代表建构主导性话语的党报、市场化程度较高的都市报和行业特
色较浓的专业报。

《人民日报》创刊于1948年，1949年8月升格为中国共产党中央委
员会机关报。作为党报的主要代表媒体，该报的环境新闻报道一定程度上
代表了国家层面在环境报道议题上的相关政策与主张。

《中国环境报》创刊于1984年，是国家生态环境部主管的环境保护
专业类报纸，是环境专业报的主要代表媒体，在一定程度上代表政府声
音，又彰显了专业特色和行业特点。《中国环境报》创刊三十多年来，
始终坚持以"防止污染、改善生态、促进发展、造福人民"为宗旨。①
它能够较为全面地呈现我国环境保护事业实践与发展的前沿问题和专业

---

* 张婧:《"美丽中国"语境下环境报道框架——以〈人民日报〉、〈中国环境报〉、〈新京报〉
为例》，硕士学位论文，中国社会科学院大学，2018年。

① 《中国环境报》，百度百科，https://baike.baidu.com/item/.

观点。

《新京报》创刊于 2003 年，是北京市主管主办的综合性大型日报，因其建构了颇具弹性的公共话语空间，成为都市类报纸的佼佼者。它秉持着"品质源于责任"的办报理念，在重大社会事件发生时总是第一时间发出声音，该报的环境报道一定程度上反映着民间声音和受众喜好，《新京报》对环保问题所进行的报道，体现出作为新型主流都市报对公共事件和民生问题的关照。

综上所述，以上三份纸媒分别是三种类型报纸的核心代表。因其受众定位、媒介属性、话语风格等不同，其所呈现的环保议程设置和话语框架也会呈现出较大的差异性，能够较为系统地描述我国报纸对于环境公共事件报道的现实图景。因此，本书选择以上样本作为研究对象。

二　样本选择

笔者对 2013—2017 年的报纸样本进行了统计观察，《人民日报》均为周七刊，基本版面为周一至周五 24 版，周六、周日为 12 版（其中，2014 年 9 月 7 日、2016 年 6 月 11 日为 8 版）。《中国环境报》均为周五刊，基本版面为 8 版。其中，2014—2016 年除常规 8 版外，每周二、周四为 12 版；2017 年除常规 8 版外，每周三为 12 版。《新京报》以 A 叠时政新闻统计为准，5 年间版面基本维持在 20 版。

我们选取的《人民日报》《中国环境报》《新京报》样本量分别为 874 篇、4057 篇、362 篇，总计样本量为 5293 篇。

第二节　《人民日报》环境新闻报道的内容分析

作为一张严肃庄重、权威性极高的综合性日报，《人民日报》取样期间的环境新闻报道数量稳中有降，涉及的主题类目源自环境问题的多个方面。除每年 3 月的两会特刊讨论环境议题外，每周六均设有生态周刊版面，其他版面诸如要闻、社会、政治、经济、国际、读者来信等均有对环境议题的关注，使得环境新闻覆盖社会生活的各个领域。历年具体报道篇数如图 6-1、表 6-1 所示。

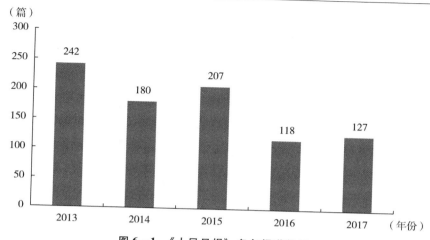

图 6-1　《人民日报》各年报道数量

表 6-1　　　　　　　　　《人民日报》5 年间环境新闻报道数量

年份	2013	2014	2015	2016	2017	总计
报道数量（篇）	242	180	207	118	127	874

一　报道主题

从《人民日报》报道主题统计数据和分布图可知，主题类目报道数量前三名的是"管理""生态"和"污染治理及减排"类目，分别占报道总量的 37%、17% 和 13%。其中，"生态"类目中，农村生态、物种保护、城市生态构成"生态"类目报道的主体，见图 6-2、图 6-3。

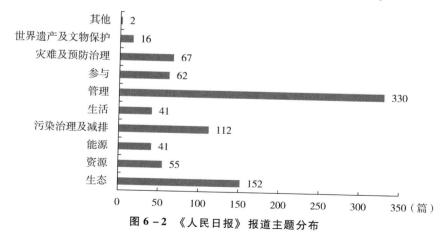

图 6-2　《人民日报》报道主题分布

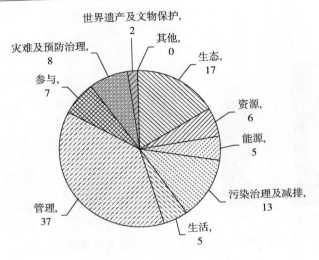

图 6 – 3 《人民日报》报道主题分布（%）

二　报道来源

（一）新闻来源

《人民日报》新闻来源的主体为"本报记者"，占比达 82%。其次为"其他（特约或其他媒体记者）""普通民众""官方""专家及专业人士""环保组织""企业"，见图 6 – 4 和表 6 – 2。

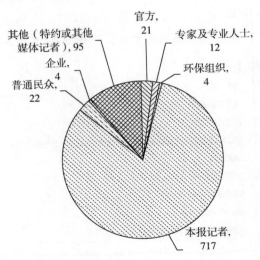

图 6 – 4 《人民日报》新闻来源（篇）

表 6 - 2　　　　　　　　《人民日报》新闻来源数量及占比

消息来源	官方	专家及专业人士	环保组织	本报记者	普通民众	企业	其他(特约或其他媒体记者)
数量(篇)	21	12	4	717	22	4	95
占比(%)	3	1	0	82	3	0	11

注:部分新闻为双重来源,因此来源数量超过抽样样本总量。

在"其他"新闻来源类目中,以新华社电讯消息为新闻源主体,主要内容为国内外突发环境事件、领导指示、政府部门举措等。普通民众的声音主要来自读者来信版面,经常设置诸如"美丽乡村建设面临的环境问题"等环境主题专版,刊登读者对于环境问题的态度、意见及建议等。而来自环保人物、环保组织和企业的声音较少。

(二)信息来源

由于样本数量庞大,考虑到人力、物力及时间成本等因素,本书采用随机抽样的方法,利用在线随机数生成器①从《人民日报》共计 874 篇新闻报道中抽取了 30 篇做信息来源分析(下文该类目下的《中国环境报》和《新京报》环境新闻报道也采用相同方法进行抽样),得到如表 6 - 3所示的数据。

表 6 - 3　　　　　　　《人民日报》主要信息来源出现频率

消息来源类别	频率	百分比(%)
官方机构	17	36.95
媒体机构	15	32.61
专家学者	7	15.22
环保组织或个人	2	4.35
企业组织	3	6.52
普通民众	0	0
模糊信源	2	4.35
合计	46	100

注:鉴于单篇环境新闻报道的信息来源不止 1 个,本书中限定单篇信息来源不超过 4 个,因此出现信息来源数量超过抽样样本总量。

---

① 在线随机数生成器,https://www.99cankao.com.

在 30 篇环境新闻报道中，《人民日报》使用最多的是"官方机构"信源，共计 17 次；"媒体机构"和"专家学者"信源使用分别为 15 次、7 次，位列第二、第三位。"企业组织"的信源被使用 3 次，"环保组织或个人"和"模糊信源"（包括分析人士、知情人士、数据显示或据悉等）被使用 2 次，而"普通民众"的陈述或观点作为信源的频率为 0。

三 报道角度

从"政府及企业组织举措"视角建构议题框架的内容占据《人民日报》环境报道的绝大多数。此外"相关部门的呼吁建议"等基本通过社论、人民时评或读者来信等言论互动形式表达。而对"公民环境意识的培养""环保相关知识或法律法规的解读介绍"等报道数量较少，体现出《人民日报》以政策政令为导向的报道特点，见图 6-5。

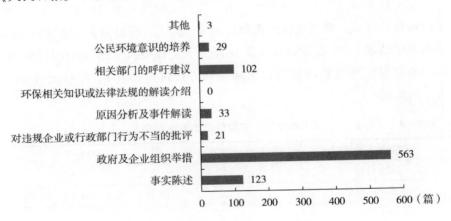

图 6-5 《人民日报》报道内容角度

四 报道态度

统计数据显示，三家报纸的中立或混合报道占报道总量的比重最高，这与中央主流媒体的权威定位和编辑方针密切相关。因《人民日报》各年环境新闻报道数量逐年减少，报道态度也呈现阶梯下降的趋势。除 2013 年正、负面报道量有部分差异外，其余各年的正、负态度报道数量基本相同，无较大倾向性，见表 6-4、图 6-6 和图 6-7。

表 6 – 4 　　　　　　　　　　《人民日报》各年报道态度数量

年份	2013	2014	2015	2016	2017
正面报道（篇）	31	0	3	1	0
中立或混合报道（篇）	209	177	203	115	127
负面报道（篇）	2	3	1	2	0

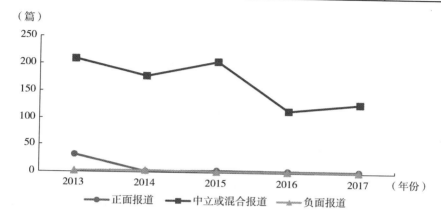

图 6 – 6 　《人民日报》报道态度

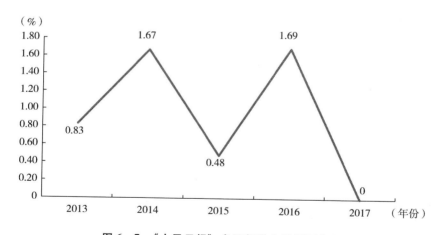

图 6 – 7 　《人民日报》负面报道占总量百分比

五　报道切入点

《人民日报》最主要的环境新闻切入点为"政府政令或相关部门环保举措"类，占总样本量的54%。其他类目的报道切入点诸如"领导言论或行动"

"有关专家学者的政策解读与建议""新近公众关心话题"等相对均衡，均占5%，"企业举措动向"及"有关组织或个人动向"占比均为7%，见图6-8。

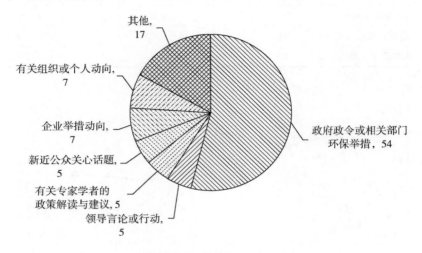

图6-8 《人民日报》报道切入点分布（%）

六 话语风格

新闻报道的话语风格多种多样，但是专业术语的准确与合理使用可以体现环境报道的专业特色，并增强传播效果。《人民日报》的环境新闻报道中，专业性术语较少，且语言通俗易懂，较少使用解释性文字。"专业术语较多"（4个及以上）的报道仅占样本总量的0.91%，如图6-9所示。

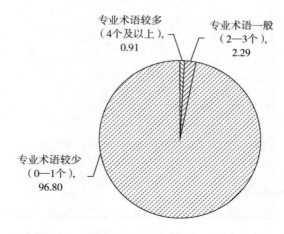

图6-9 《人民日报》话语风格分布（%）

七 所涉及的环保传播层次

"知觉"是《人民日报》最主要的环保传播层次,常以消息、通信、特写等报道形式出现,用以告知新近发生的环境新闻与事件等。而其他环保传播层次随着整体报道数量的减少,所涉及的"知识""技能""参与"等与民众贴近的内容逐渐减少,缺少对公众环保素养的培养和深度认识的建构,如图6-10所示。

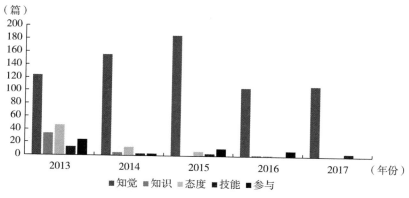

图6-10 《人民日报》涉及环保传播层次

八 新闻体裁

"消息"作为短、平、快的新闻报道形式,是《人民日报》报道环境新闻的主要新闻体裁,占报道总量的71%。"通讯特写""深度报道"及"评论"较为平均,各占7%左右,且多以积极正向的宣传报道为主,"摄影报道或图表"新闻也占据一定比例,多以物种保护、环境破坏等内容为主,见图6-11。

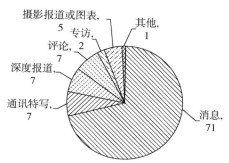

图6-11 《人民日报》新闻体裁分布(%)

第三节 《中国环境报》环境新闻报道的内容分析

《中国环境报》作为国家级环境保护类报纸，在环境报道的数量上遥遥领先于其他两类报纸。5 年间的环境新闻报道主要以消息为主。除部分简讯外，文章篇幅均较长。就报道内容来看，多以客观陈述与鼓励呼吁为主。负面报道基本上源于本报记者为数不多的深度采访报道。其头版多关注政府职能部门颁布的环境相关类政策措施、环保部门领导组织参与的环保级别会议、活动等。该报与时俱进，为结合"大气十条"的落实情况开设"大气环境"专版等。历年具体报道篇数如图 6 – 12、表 6 – 5 所示。

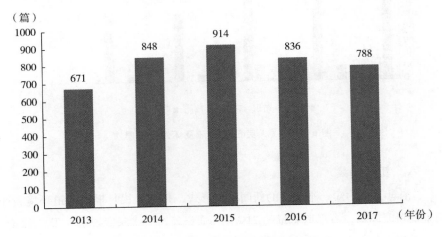

图 6 – 12 《中国环境报》各年报道数量

表 6 – 5　　　　　　　《中国环境报》5 年间环境新闻报道数量

年份	2013	2014	2015	2016	2017	总计
报道数量（篇）	671	848	914	836	788	4057

一　报道主题

从《中国环境报》报道主题统计数据和分布可知，"管理"主题占报道总量的 39%，报道篇数高达 1574 篇，是 5 年间该报环境新闻报道的主要议题。紧随其后的是"污染治理及减排""生态""参与"等主题，其所占总报道量的比例分别为19%、14%和11%，见图6-13、图6-14。

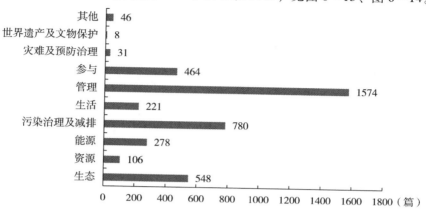

图6-13 《中国环境报》报道主题分布

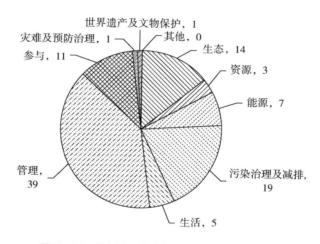

图6-14 《中国环境报》报道主题分布（%）

二 报道来源

（一）新闻来源

《中国环境报》新闻来源数量由高到低的排序依次为："本报记者""其他（特约或其他媒体记者）""官方""专家及专业人士""普通民众""环保组织""企业"，见图6-15、表6-6。

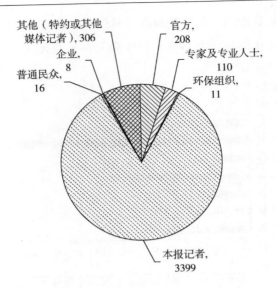

其他（特约或其他媒体记者），306
企业，8
普通民众，16
官方，208
专家及专业人士，110
环保组织，11
本报记者，3399

图 6-15　《中国环境报》新闻来源（篇）

表 6-6　　　　　　　　**《中国环境报》新闻来源数量及占比**

消息来源	官方	专家及专业人士	环保组织	本报记者	普通民众	企业	其他（特约或其他媒体记者）
数量（篇）	208	110	11	3399	16	8	306
占比（%）	5	3	0	84	0	0	8

　　该报重视环境新闻报道的原创性，"本报记者"新闻来源占了最大比例，达到84%。"其他（特约或其他媒体记者）"新闻来源类目中，多以新华社的简讯短消息、人民日报的社论等国家级媒体机构为主，且涉及内容为政府部门举措、国内外重大环境事件。而环保行动十分重要的两支队伍环保NGO以及广大公众的新闻来源相对较少。《中国环境报》早期经常设置读者来信等公众互动栏目，① 但经过笔者对 2013—2017 年《中国环境报》的样本统计发现，5 年间读者来信及"回音壁"等栏目均已取消，代之以"开卷/

---

　　① 肖文舸：《中国环境新闻报道研究——以〈南方周末〉和〈中国环境报〉1984—2012 年的相关报道为例》，硕士学位论文，暨南大学，2013 年。"早期《中国环境报》经常设置读者来信等公众互动的栏目，一些对违规违法企业的揭露投诉就常常来自这些栏目。"

应知""绿色城市""绿色生活"等栏目，多为环保科普、环保人物、颂扬绿色发展等积极向上的环保内容，但是贴近百姓生活的互动性和参与性减少了。

（二）信息来源

在取样的 30 篇环境新闻报道中，《中国环境报》使用最多的是"官方机构"和"媒体机构"信源，频率分别为 18 次和 17 次。"模糊信源"（包括分析人士、知情人士、数据显示或据悉等）为主要信源被使用频率为 8 次，"专家学者"和"普通民众"的信源频率均为 2 次，"环保组织"的信源使用频率为 1 次，如表 6 - 7 所示。

表 6 - 7　　　　　　　　　《中国环境报》主要信息来源出现频率

消息来源类别	频率（次）	百分比（%）
官方机构	18	36
媒体机构	17	34
专家学者	2	4
环保组织	1	2
企业组织	2	4
普通民众	2	4
模糊信源	8	16
合　计	50	100

注：鉴于单篇环境新闻报道的信息来源不止 1 个，本书中限定单篇信息来源不超过 4 个，因此信息来源数量超过抽样样本总量。

三　报道角度

统计发现，《中国环境报》的报道角度多元，"事实陈述"权重最大，其次为"政府及企业组织举措"。"环保相关知识或法律法规的解读介绍"以及"对违规企业或行政部门行为不当的批评"等内容相对较少。"公民环境意识的培养"报道虽然总体数量不多，但从历年的报道数据变化来看，呈现逐年上升的趋势，具体分布情况见图 6 - 16。

四　报道态度

2013—2017 年，三类报道态度变化趋势保持稳定。其中，中立或混合报道数量占绝对优势，正面报道数量以 72 篇为轴上下波动，负面报道比例下降趋势明显，占比最高年份为 2013 年，比例也不足 2%，如图 6 - 17、图 6 - 18、表 6 - 8 所示。究竟是 5 年来环境恶化等问题得到有效治理，还是出于媒体属性、国家环境行政主义抑或其他原因，留待下文比较后再做分析。

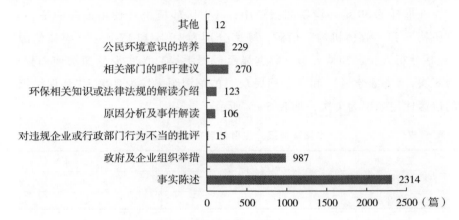

图 6 - 16　《中国环境报》报道内容角度

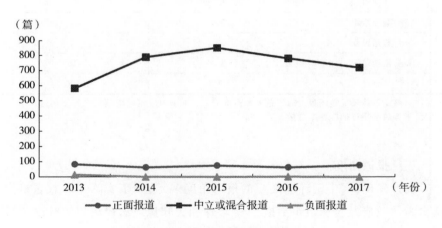

图 6 - 17　《中国环境报》报道态度

表 6 - 8　　　　　　　　　《中国环境报》各年报道态度数量

年份	2013	2014	2015	2016	2017
正面报道（篇）	82	63	74	64	77
中立或混合报道（篇）	576	782	839	768	708
负面报道（篇）	13	3	0	4	3

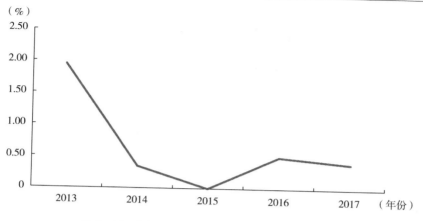

图 6 - 18 《中国环境报》负面报道占总量百分比

五 报道切入点

统计数据显示,《中国环境报》最常见的环境报道切入点为"政府政令或相关部门环保举措"类,占总样本量的59%。其次为"有关组织或个人动向"类,占比11%,再次是"企业举措动向"类,占10%。后期创刊的"产业专版""企业专版""境界:人物专刊"等热衷于报道环保产业最新技术、有关组织部门的相关环保经验、环保先进个人集体等均在此类目中有所体现。而以"有关专家学者的政策解读与建议"或"新近公众关心话题"的热门环保议题为切入点的报道较少,总占比约为5%,见图6-19。

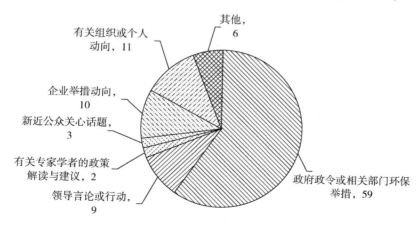

图 6 - 19 《中国环境报》报道切入点分布(%)

六 话语风格

与 2013 年之前的研究数据有所不同,[①] 该报 5 年间的环境新闻报道中,"专业术语较少"的报道占比高达 95.23%,"专业术语较多"(4 个及以上),且有一些解释性文字的仅占报道总样本量的 1.14%。摒弃了"专业报纸专业术语较多"的刻板印象,报道内容大多通俗易懂,易于被没有相关环境专业知识背景的普通民众所接受,具体分布情况见图 6 – 20。

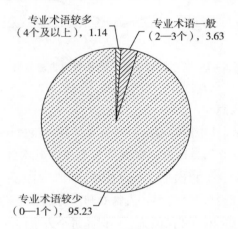

图 6 – 20 《中国环境报》话语风格分布 (%)

七 所涉及的环保传播层次

"知觉"是环保传播中最为主要的传播层次,且常以消息报道为主,用以告知新近发生的环境新闻与事件。而以普及环保知识、加强环境宣传教育的"知识"传播层次较少,除 2014 年外,基本呈现出逐年递减的态势。"参与"这一传播层次近年来逐渐得到重视,但递增趋势并不明显,如图 6 – 21 所示。

八 新闻体裁

《中国环境报》在报道环境新闻时主要运用的新闻体裁是"消息",占

---

① 肖文舸:《中国环境新闻报道研究——以〈南方周末〉和〈中国环境报〉1984—2012 年的相关报道为例》,硕士学位论文,暨南大学,2013 年。

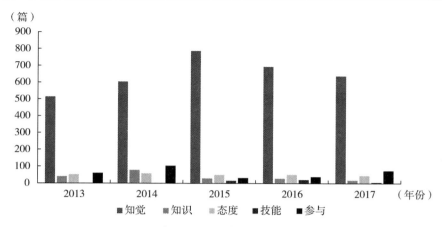

图 6-21　《中国环境报》涉及环保传播层次

报道总量的 60%。"通讯特写""评论"等也是其较为常用的报道类型，占比均为 11%。值得一提的是，"摄影报道或图表"是《中国环境报》常用来活跃版面的报道形式，后期更多融入了漫画等方式，体现出该报通过视觉修辞建构环境话语的价值取向。"深度报道"中积极正向的专题报道、系列报道较多，而深入"揭黑"的调查性报道较少。"其他"类目中诸如启示、科普文章、学习报告性质的公文类文章占据报道总量的 4% 左右，如图 6-22 所示。

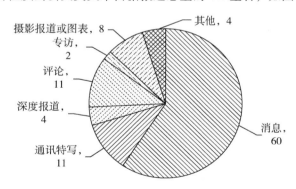

图 6-22　《中国环境报》报道类型分布（%）

第四节　《新京报》环境新闻报道的内容分析

《新京报》在抽样研究的各个时间段中均有对环境议题的报道，如图

6－23 所示。自 2013 年之后，虽然该报关于环境报道的数量逐渐减少，但是 5 年间报道的总量也有 362 篇（见表 6－9）。报道内容涉及环境议题的多个方面，关于"世界遗产及文物保护"议题的报道数量超过其他两份报纸。为建构丰富灵活的环境话语，该报除评论及读者来信外，大部分报道均采用文图兼备的话语策略。该报试图拓展绿色公共空间的专业追求，常有整版的环境新闻系列报道，体现出较强的专题策划能力和深度阐释能力。

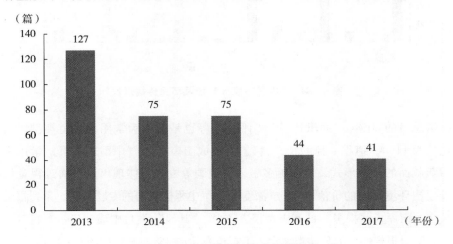

（篇）

图 6－23　《新京报》各年报道数量

表 6－9　　　　　　《新京报》5 年间环境新闻报道数量

年份	2013	2014	2015	2016	2017	总计
报道数量（篇）	127	75	75	44	41	362

一　报道主题

从《新京报》报道主题统计数据和分布（见图 6－24、图 6－25）可知，不同于《人民日报》和《中国环境报》的"管理"主题一枝独秀，"污染治理及减排"主题是该报环境新闻报道的主要议题，占报道总量的36%，报道篇数达到 132 篇。"管理"主题排在第二位，"生态"和"灾难及预防治理"数量突出，成为该报的常规议题。"世界遗产及文物保护"议题的报道数量多于其他两报，侧重于古建筑及古文物的修缮与保护。除极为突出的"污染治理及减排"议题外，《新京报》整体议题分布较为均匀。

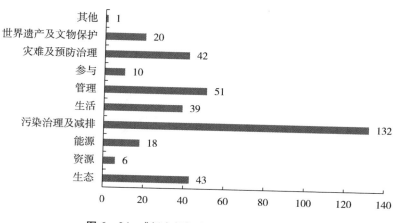

图 6 - 24　《新京报》报道主题分布（篇）

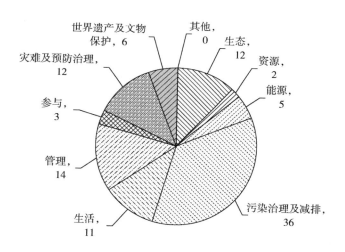

图 6 - 25　《新京报》报道主题分布（%）

二　报道来源

（一）新闻来源

《新京报》新闻来源的主力依然是"本报记者"，占比高达 67%。此外，由于一直以来每期均设有"社论·来信"等与民众沟通互动，用以登载普通民众对于环境问题的态度、观点、建议的栏目，因此来自普通民众的新闻来源也占据了相当部分比例，体现出该报贴近受众和市场的特色，丰富了民主实用主义环境话语体系。与"其他媒体"类目中的报道数量平分秋色，见图 6-26，表 6-10。

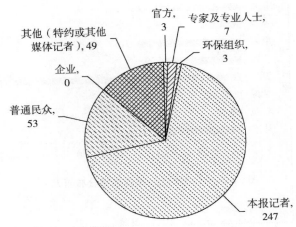

图 6-26 《新京报》新闻来源（篇）

表 6-10 《新京报》新闻来源数量及占比

消息来源	官方	专家及专业人士	环保组织	本报记者	普通民众	企业	其他（特约或其他媒体记者）
数量（篇）	3	7	3	247	53	0	49
占比（%）	1	2	1	67	15	0	14

值得注意的是，来自环保 NGO 及人士的声音依然较弱，且主要出现在"时事评论"等时评专栏中。作为一支不可忽视的民间环保力量，相较于国外影响力较大的绿色和平组织、地球之友等著名 NGO，中国环保NGO 的发展与影响力仍需继续发力。

（二）信息来源

在 30 篇环境新闻报道中，《新京报》使用最多的是"官方机构"信源，共计 22 次；"媒体机构"和"专家学者"信源使用分别为 13 次、7次，位列第二、第三位。"普通民众"陈述或观点作为信源的频率为 6 次，"企业组织""模糊信源"（包括分析人士、知情人士、数据显示或据悉等）和"环保组织"的信源频率分别为 4 次、3 次和 2 次，见表 6-11。

表 6 - 11   《新京报》主要信息来源出现频率

消息来源类别	频率（次）	百分比（%）
官方机构	22	38.60
媒体机构	13	22.81
专家学者	7	12.28
环保组织	2	3.50
企业组织	4	7.02
普通民众	6	10.53
模糊信源	3	5.26
合计	57	100

注：鉴于单篇环境新闻报道的信息来源不止 1 个，本书中限定单篇信息来源不超过 4 个，因此信息来源数量超过抽样样本总量。

三 报道角度

统计发现（见图 6 - 27），以客观报道为主的"事实陈述"角度的文本比重为《新京报》之最，"政府及企业组织举措"排在第二位。"相关部门的呼吁建议"和"对违规企业或行政部门行为不当的批评"报道数量有所增加，但"公民环境意识的培养"报道比较少见。

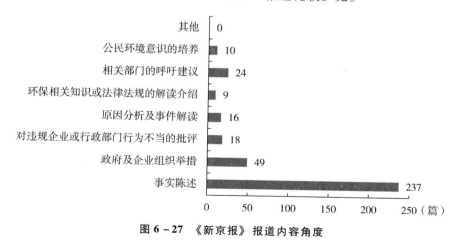

图 6 - 27 《新京报》报道内容角度

四 报道态度

三类报道态度均有下滑趋势，部分原因在于该 5 年中《新京报》的环境新闻报道的数量逐年减少。值得注意的是，该报"负面报道"占比均高于其他两报，这与该报的受众定位和办报宗旨相关，但5年来上下波动较为明显，见图6-28、图6-29、表6-12。

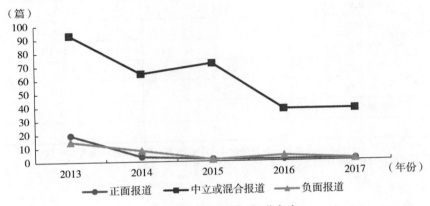

图6-28 《新京报》报道态度

表6-12   《新京报》各年报道态度数量

年份 报道态度	2013	2014	2015	2016	2017
正面报道（篇）	20	3	2	2	2
中立或混合报道（篇）	93	64	72	38	38
负面报道（篇）	14	8	1	4	1

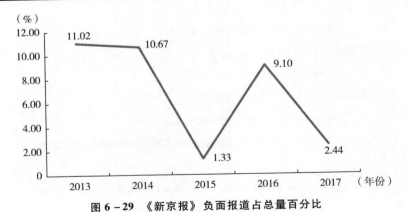

图6-29 《新京报》负面报道占总量百分比

五 报道切入点

由图6-30数据显示，《新京报》环境报道切入点比较均衡多元，尽管占比最大的仍然为"政府政令或相关部门环保举措"类，但占总样本量仅为37%。该报对于"新近公众关心话题"的环境问题报道给予了更多的关注，如雾霾天气、城市生活垃圾、污水处理等。而"有关组织或个人动向"的报道多讲述环保人物的故事，如《退休媒体夫妇为城市"谏言"》《72岁农民治沙12年获联合国邀请参会》等。

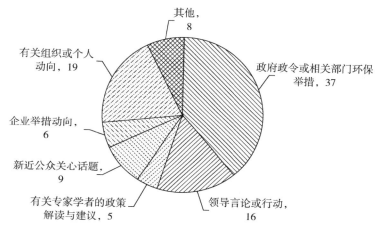

图6－30　《新京报》报道切入点分布（％）

六　话语风格

《新京报》作为"飞入寻常百姓家"都市类报纸，其中98.34%的环境新闻报道专业性术语较少，代之以通俗易懂的话语修辞，以人为本，凸显平民视角和平民立场，常常运用老百姓的语言以增强新闻的可读性和鲜活性，贴近民众生活，见图6－31。

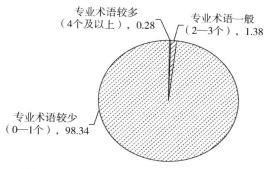

图6－31　《新京报》话语风格分布（％）

七　所涉及的环保传播层次

《新京报》"知觉"层次的报道内容占环境新闻报道的比重最大，而"技能"和"参与"层次呈现出此消彼长的态势。"提供社会团体和个人获得知识和解决环境问题的技能"成为近年来《新京报》的环境话语建构的重点，见图6－32。

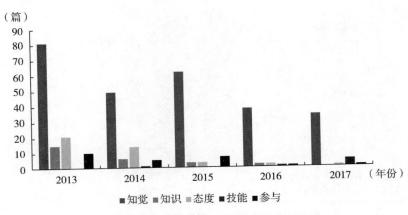

图6－32　《新京报》涉及环保传播层次

八　新闻体裁

如图6－33所示，"消息"仍然是《新京报》运用最多的新闻体裁，

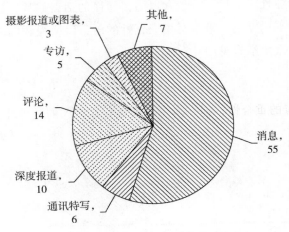

图6－33　《新京报》新闻体裁分布（％）

其次是"评论"和"深度报道"。"摄影报道或图表"新闻所占比例最少。"评论"类目下,大部分评论声音来自"社论·来信""时事评论"等版面。除社论外,《新京报》较多刊载社会民众如公务员、普通职员等对于环保问题的观点及建议,促进多元主体通过观点碰撞与环境治理的取向明显。该 5 年间,评论篇数以 10 篇为轴上下波动(见图 6 - 34)。

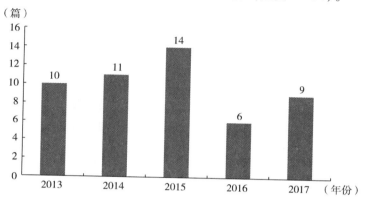

图 6 - 34 《新京报》评论篇数

第五节 《人民日报》《中国环境报》《新京报》 环境话语框架比较分析

一 三报媒介框架异同分析

现有文献中关于框架辨识的方法有三种,[①] 本研究主要以第二种方法为主,即通过对新闻文本的"主题""消息来源""报道角度"等文本内容进行统计,在解释量化资料的基础上分别对背后的框架逻辑进行分析。

我们通过对统计样本进行数据分析,得出的结论与前文的预期结论相比,有部分观点的重合性,但在多个方面也存在较大的差异性。

重合性观点在于,如消息来源方面,《人民日报》和《中国环境报》

① 万小广:《王石捐款事件报道的媒介框架分析》,《传播与社会学刊》(香港)2010 年第 12 期。一是在阅读文本的基础上,建构出框架类别,给出操作化定义,然后将媒介文本分别归入其中进行量化统计;二是不直接给出框架,而是通过对新闻文本的"主题""消息来源""报道角度"等进行统计,在解释量化资料的基础上分别对背后的框架进行分析;三是通过内容分析软件,统计文本中词汇出现频次得出关键字,然后归入大类,辨别出框架,之后结合历史背景进行阐释。

的环境报道确实多为本报本刊专业记者的采写及政府权威部门的信息发布，而《新京报》除上述消息来源外，因开设"社论·来信"等版面而引入了更多普通民众及环保组织的声音；在报道向度，即报道内容角度方面，三报均以事实陈述、政府及企业组织举措和相关部门呼吁建议为主，而缺少对违规企业或政府相关部门行为不当的批评，也就是说环境监测的功能比较弱化；在环保传播层次方面，三报的环境新闻报道均处在浅层的"知觉"层面的信息传播，诸如"态度""技能"等环保传播层面的内容供给严重不足。

差异性观点在于，《人民日报》《中国环境报》除单一的管理框架外，还兼具领导力、宣传成就等话语框架，而《新京报》除了这两家报纸相同的话语策略之外，重点建构"污染治理及减排"等问题框架和责任框架。三份报纸媒介框架异同的具体分析如下所述。

（一）报道主题：党报、专业报以管理框架为主；都市报以问题和责任框架为主

根据上文对三份报纸报道主题的统计分析，《人民日报》和《中国环境报》的"管理"主题占各报的报道比重最大，分别为38%和39%。《新京报》的报道量相对较少，只占其总报道量的14%。而在"污染治理及减排"主题中，《新京报》的占比则居三报之首，为36%。具体分布情况见图6-35。

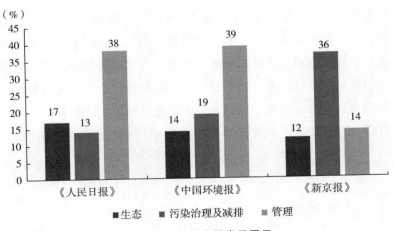

图6-35　三报主题类目图示

　　三报主题框架不尽相同的主要原因是办报宗旨和受众定位不同，进而形成不同的象征机制和框架化策略。《人民日报》作为官方主流权威媒体，要承担主流意识形态建设和主导性话语的建构。它以正面报道为主建构环境保护和生态文明建设的成就框架与该报的宗旨和定位相匹配，希望受众更多地将注意力集中于国家在环境保护方面所做出的贡献和资金、技术、科研等政策扶持上。如《"中国绿色行动"闪亮气候变化巴黎大会》（2015年12月11日）、《我国已有26省份出台省级湿地保护条例》（2017年12月6日）等。《中国环境报》作为官方专业性权威媒体，在报道主题上与《人民日报》异曲同工，但更注重环境议题的专业性解读，希望为受众普及和传播国内外有关环境保护方面的相关知识和技术，推进环境理性主义话语空间的建设。例如，《检察机关如何惩治危害生态环境犯罪？》（2013年6月4日）、《监测数据怎样体现权威性？》（2013年6月5日）等（但从实际数据所得，专业报其专业性解读方面仍显薄弱）。而《新京报》之所以选择"污染治理及减排"作为报道重点，是希望受众意识并关注身边日益恶化的生态环境，侧重于报道环境保护过程中存在的困难和问题，通过问题探讨和舆论监督推动社会多元主体协同保护我们美丽的家园。

　　由于媒体属性、编辑方针、组织管理等不同，党报、专业类报和都市报的报道框架和话语特点均有不同，但三报对环境新闻的报道均克服了以往环境新闻"运动战"的报道缺陷，将其纳入了日常报道的范畴。从以上对于三报报道主题的分析可以看出，《人民日报》和《中国环境报》的主题框架以管理框架为主，《新京报》的主题框架以问题和责任框架为主。

　　（二）报道来源：党报、专业报信源框架较为单一；都市报信源框架较为多元化

　　1. 新闻来源

　　从上文对《人民日报》《中国环境报》和《新京报》的新闻来源进行的统计分析可知，三份报纸的主要信源均为本报记者，所占比例均在68%以上。而在企业、环保组织等消息来源中，三报均少有涉及。通过对抽样样本的研究比较，三份报纸在其他新闻来源上又有所差异。具体分布情况见图6-36、表6-13。

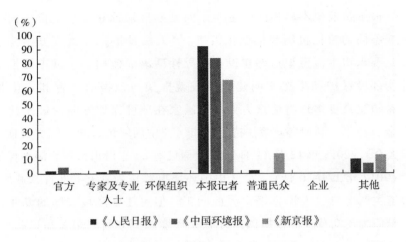

图 6 - 36　三报消息来源类目示意图

表 6 - 13　　　　　　　　　　　三报新闻来源占比　　　　　　　　　　单位：%

	官方	专家及专业人士	环保组织	本报记者	普通民众	企业	其他
《人民日报》	2.40	1.37	0.45	82.04	2.47	0.45	10.82
《中国环境报》	5.11	2.70	0.26	83.76	0.38	0.19	7.60
《新京报》	0.83	1.93	0.83	68.23	14.64	0.00	13.54

2. 信息来源

参考塔奇曼（Tuchman）的观点，学者曾繁旭等认为，信息来源是记者建构新闻的起点，同时权力部门往往通过充当媒体的信源，成为社会真实的定义者。[①] 因此，对三报环境新闻报道的信息来源进行对比分析，有助于揭示环境新闻媒介框架的建构者和定义者。

如表 6 - 14 所示，三报信息来源排名前两位的均为官方和媒体机构，这与三报为传统主流媒体的定位基本相符。然而值得注意的是，环保组织是三报均较少涉及的信息来源，并且除《新京报》外，其余两报的普通民众信源十分鲜见。

---

①　曾繁旭、戴佳、郑婕：《框架争夺、共鸣与扩散：议题的媒介报道分析》，《国际新闻界》2013 年第 8 期。

表 6－14 三报信息来源百分比 单位：%

信源类别	《人民日报》	《中国环境报》	《新京报》
官方机构	36.96	36	38.60
媒体机构	32.61	34	22.81
专家学者	15.22	4	12.28
环保组织或个人	4.35	2	3.51
企业组织	6.52	4	7.02
普通民众	0	4	10.53
模糊信源	4.35	16	5.26
合计	100	100	100

各种社会组织对真实有不同的诠释角度，互相争取对社会意义建构的独占性。因此，不同消息来源组织之间亦会彼此竞争，争夺对新闻媒介建构社会真实的影响力。[①]《人民日报》重视消息来源的可靠性与权威性，新闻来源主要为本报记者采写和新华社供稿。在报道环境保护工作中取得的成功经验和重大成就时，经常会选用政府部门或权威部门信息发布者作为消息来源，关于普通民众的信息来源均源自"读者来信"等版面。

《中国环境报》除了本刊记者采写外，也常采用新华社国际重大环境事件、环境会议、活动等的报道稿件。《人民日报》《光明日报》等社评文章也会被《中国环境报》转载刊发。此外，《中国环境报》关于"专家学者"的新闻来源数量尽管高于其他两报，但总量仍然偏少。选用这一新闻来源可以解释环境问题背后复杂的社会逻辑，阐释当前环保问题中遇到的困难及其成因。但是，在此类目中来自专业领域的声音稍显不足，无法体现出环境新闻对专业性的要求。而诸如《我住三峡边——中山杉写给全国读者的信》（2017 年 6 月 5 日）是《中国环境报》总体样本中来自普通民众当中屈指可数的环境新闻之一。

《新京报》突出的特点是信源结构较为多元化，来自专家学者和普通民众的信息来源相对丰富。这得益于该报开设的"社论·来信""新评论"等专栏，所涉及的内容涵盖了社会生活的各个方面，体现出环境问题

① 臧国仁：《新闻媒体与消息来源——媒介框架与真实建构之论述》，台北：三民书局 1999 年版，第 236 页。

与社会大众息息相关的重要性和紧迫性。该报还通过突出环境问题导向建构反话语空间，如《捡垃圾也"有劳"老外?》（2013年9月2日）、《公布镉大米产地有何不方便?》（2013年9月5日）等。这种信源采用策略体现了媒体对民众建言献策的尊重和倡导，增强传播的互动效果，提高公众的生态文明意识，发挥公众参与环保的主体性，又展示出该报在承担环境协同治理中拓展绿色话语空间的努力。

（三）报道角度：党报以宣传成就框架为主；专业报以问题成因框架为主；都市报以责任冲突框架为主

报道角度是新闻记者或媒体机构在挖掘和表现新闻事实时的着眼点和侧重点，同时报道角度也是媒介框架的提炼，通过话语框架化策略，符号的处理者按照惯例来组织话语。① 也就是说，新闻媒体常常通过选择、凸显和遮蔽等方式来体现传播主体的价值取向和立场倾向。

《人民日报》《中国环境报》《新京报》的报道角度排名前三位的是"事实陈述""政府及企业组织的举措"和"相关部门的呼吁建议"，如图6-37所示。其中，《人民日报》与其他两报不同，"政府及企业组织的环保举措"的总报道量远远大于其他报道角度，关注政府出台的政策、环保行动、企业举措等报道，重点在于近年来环境友好型社会和生态文明建设

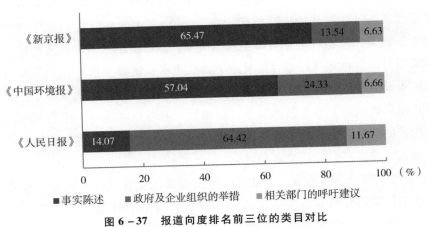

图6-37　报道向度排名前三位的类目对比

①　李海波、郭建斌：《事实陈述 vs. 道德评判：中国大陆报纸对"老人摔倒"报道的框架分析》，《新闻与传播研究》2013年第1期。

的国家战略所取得的成效，以宣传成就框架为主。而《中国环境报》和《新京报》则是对生态环保事件的事实陈述与剧目演展居多。

《中国环境报》在内容生产中最突出的特点就是具有较强的专业性。在事实陈述类目中，较多报道运用技术语言准确地解释环境问题和建构环境认知，如 PM2.5 的成因分析及其预防措施等。

《新京报》在环境新闻报道中突出以问题为导向的媒介框架，对违法违规行为的批评、原因分析及事件解读类目占比均高于其他两份报纸，议程框架起着解读和评论新闻事件、揭发事实真相的作用，较好地履行了新闻媒体的舆论监督职责。《新京报》的深度报道常常从普通民众的视角，用冷静的事实说话，讲述环境问题给人类所带来的困境与伤害，突出都市报的公共责任与反话语特征，见图 6-38。

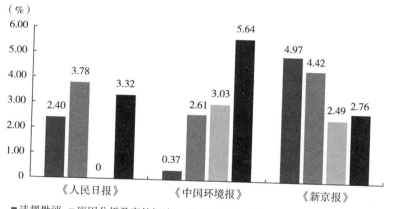

图 6-38　三报报道角度其他向度类目分布

（四）报道态度：三报均以客观中立的报道框架为主

通过数据分析发现，《人民日报》《中国环境报》《新京报》三家定位不同的传统媒体关于环境新闻的报道态度均以中立或混合报道为主，兼有正面的报道态度。这与过去环境新闻的比较研究略有不同，但与"美丽中国"建设背景相契合。在以往环境新闻的比较研究中，各报报道基调壁垒分明，尤其在 2013 年以前的新闻报道中，诸如《人民日报》《中国环境报》的正面报道占了绝大多数，担负着积极正向的宣传引导作用，以环境保护行动中的成就报道为主要言说框架。党的十九大报告提出，人民对美好生活的愿望和要求随着经济的发展日益提升，对环境的要求也在提高。环境污染现状、环境抗争事件、生态文明建设以及环境治理成果等亟须媒体进行符合实际情况的话语生产。因此，传统媒体大多以客观中立的环境报道为主。

从负面报道的角度而言，随着环境治理力度的加大，环境问题在2015年前后有了一定程度的缓解与改善。承担社会责任与文化使命的新闻媒体，其环境新闻报道框架也紧跟国家环保政策、法律法规等一系列制度建设与践行的步伐。三报关于环境新闻调查性、揭露性的负面报道相对较少，《新京报》占样本量的7.73%，其余两报负面比例均不到1%。

（五）报道切入点：党报以平衡框架为主；专业报以官方框架为主；都市报以民生框架为主

三份报纸均以"政府政令或相关部门环保举措"为主要切入点。除此之外，其余各报报道切入点均有所不同。《新京报》作为北京地区都市类报纸，关注民生和社会热点，其报道多以"新近公众关心的话题"为切入点。《中国环境报》作为生态环境部的机关报，承载着传播官方信息、提供权威观点、发布国内外环境政策会议等重要功能。《人民日报》因宣传为其首要功能，因此报道切入点分布相对均匀，以达到平衡各方观点的目的，如图6-39所示。

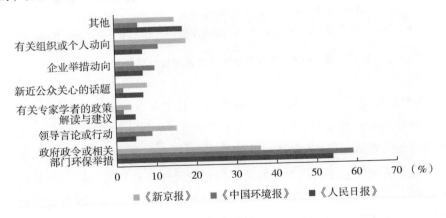

图6-39　环境报道切入点分析

（六）话语风格：专业报以专业性术语与解释性文字框架为主；党报、都市报以解释性文字框架为主

环境新闻是基于调查研究，以充分准确的材料为依托，反映新近发生的环境问题的新闻。作为一种科学性的新闻写作方式，如何让广大受众理解、接受这些科学性的术语，并把其转化成为大众化的语言，是环境新闻写作者所面临的难题。

三报关于环境新闻报道的话语风格较为一致，即在进行环境新闻内容生产时，均较少使用专业性术语，语言通俗易懂，并在科学性较强的环境新闻文本中辅以图片、图表等形式进行具象化和形象化表达，加强了环境新闻的可读性和可观性。

西方媒体记者普遍认为，在环境报道中化解科学术语的技巧大体上有四种，即科学阐释与可视化的结合、诠释与生活情境相结合、多角度描述科学术语涵盖面的新变动、用想象力化解抽象科学理念。① 通过对三份报纸的研究发现，媒体记者在处理科学术语时，尽可能将微观数据融入宏观主题，将技术话语融入社会生活，将专业意蕴融入视觉修辞。如《中国环境报》在 2014 年 3 月 6 日《中国核电站会受地震海啸影响吗?》的报道中，运用示意图（见图 6 - 40）这种可视化的方式，图解我国地理位置与日本核电厂址的差异，进而帮助普通大众更容易理解为何中国核电站不易受到地震海啸的侵蚀与影响。

但囿于样本主题与体裁的限制，调查性、揭露性环境新闻报道较少，关于环境新闻的报道多以政府工作报告、国内外环境工作会议、环境保护取得成就等为主，与公众利益相关的环境报道也以客观陈述现状的方式为主，因而化解科学术语的技巧没有得到充分的运用与体现。

（七）环保传播层次：三报均以知觉层次框架为主，技能和参与层次框架薄弱

2015 年 9 月 1 日，《环境保护公众参与办法》正式实施，其宗旨在于切实保障公民、法人和其他组织获取环境信息、参与和监督环境保护的权

---

① 王积龙：《抗争与绿化：环境新闻在西方的起源、理论与实践》，中国社会科学出版社 2010 年版，第 112—115 页。

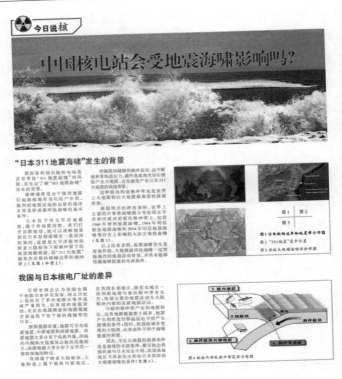

图6-40　《中国环境报》2014年3月6日第六版截选部分

利，畅通参与渠道，规范引导公众依法、有序、理性参与。近年来，出于对自身环境权益的保护，公众已由过去的"要我参与"向"我要参与"的态度转变。

　　从环保传播层次角度审视，三份报纸内容生产均着力影响公众的知觉感觉，即浅层次的环境认知。在技能和参与层次方面着力不够。具体而言，环境新闻在培养公众环境素养、解决环境知识沟、提升环境问题解决能力和主动参与生态治理行动等方面仍显不足。这与新闻体裁不无关系，诸如简短的消息给读者带来的大多是浅层次的阅读，同时也与办报理念和版面设置有关。例如，《中国环境报》早期曾设置"读者来信"等公众互动栏目，但是早已"销声匿迹"，因此难以体现读者作为编码者的主体性和鲜活性。尽管《人民日报》和《新京报》均设有"读者来信"版面，但在引导公众有序、理性参与方面未见发力。如何把环保理念渗透进公众的社会生活，增强公众的环保意识，促进公众参与环保行动是环境新闻报道在内容和形式上均需考量的问题。

（八）新闻体裁：三报均以宏观叙事框架为主，故事化叙事框架不足

数据显示，三报在环境新闻报道中使用最多的新闻体裁均为"消息"。此外，《人民日报》也较多运用"通讯特写"、"深度报道"和"评论"这三种体裁。《中国环境报》在"通讯特写"、"深度报道"以及"摄影报道或图表"三种体裁使用频率较高。《新京报》在"评论"和"深度报道"这两种体裁的使用上频率较高。

三报均以消息为主，因为它是短、平、快的新闻产品，容易把握新闻的时效性。《人民日报》运用"通讯特写"、"深度报道"和"评论"等新闻体裁，以报道全国各地环境保护和生态治理的进程与成果为主，且评论以社评的方式，彰显中央级党报高度决定影响力的核心能力。《中国环境报》除"通讯特写"和"深度报道"外，还善于运用"摄影报道或图表"新闻建构视觉能指，展示各地方政府、多元主体参与的环保行动，并将科学性、复杂性、专业性的环境内容通过图表等可视化形式直观地呈现。《新京报》的环境报道追求新闻时效性的同时，力图通过解释性报道、深度报道等新闻体裁，呈现人与自然关系的困境与调适之道、分析环境问题背后的权力关系和话语冲突的动因，为受众留下了反思生态环境与经济发展关系的空间。

囿于报道体裁和内容等原因，三报均显示出以宏观叙事为主，故事化叙事能力不足的特点。它们进行环境报道和话题讨论时，缺少细节化、故事化和场景体验。同时，《中国环境报》没有坚持运用"读者来信"这一体现互动性和参与性的话语形式，环境污染和治理过程中的参与者、见证者、受害者等大众声音的扩散力度显然不够，这种现象在《中国环境报》的微信公众号的内容生产中有所改观。环保事业离不开政府、企业、社会组织以及民间力量的对话、沟通与合作，社会大众作为生态环保建设的新兴力量，是督促环保事业由"浅绿"向"深绿"发展的动力源泉。综上所述，三报在新闻体裁所代表的表达形式上还有较大的拓展空间。

二　三报环境新闻报道文本框架分析

本书选取了 2015 年 12 月 8 日当天三报关于雾霾、气候治理的环境新

闻报道进行对比分析，试图厘清三报关于环境新闻报道的媒介框架（见表
6－15）。

表 6－15   三报关于雾霾天气的报道及其框架

时间	报纸名称	版面	报道标题	报道角度	信源	议题倾向性	报道框架
2015年12月8日	《人民日报》	第三版要闻版	《引领全球气候治理的中国作为》	政府举措	本报记者官方机构	正面	
		第十版要闻版	《北京首次启动空气重污染红色预警》	事实陈述	官方机构	中立	
	《中国环境报》	第一版要闻版	《环境保护部督察北京市重污染天气应急响应工作有所改进，但仍存在一些问题》（配图）	事实陈述	官方机构企业组织	中立	问题成因
			《陈吉宁再次主持召开专题会部署重污染天气应对充分肯定北京市及时启动空气重污染红色预警，要求进一步加大督察力度，加强监测预报》	事实陈述	官方机构	中立	
			《北京首次启动重污染红色预警——机动车单双号行驶，建议中小学幼儿园停课》	事实陈述	官方机构	中立	
			《治理散煤燃烧应成为治霾着力点——雾霾治理的反思》	成因分析	本报记者模糊信源	中立	
	《新京报》	第八版热点版	《北京首发重污染红色预警今日双号上路——单号单日，双号双日行驶；环保部深夜表态肯定北京红色预警》	事实陈述	本报记者官方机构企业组织专家学者普通民众	中立	责任冲突
		第二版社论版	《雾红色预警也是共同治霾"集结号"》	呼吁建议	本报记者官方机构	正面	

从版面分布来看，三报均把北京首次启动空气重污染红色预警作为重
要新闻进行报道。《人民日报》和《新京报》在要闻版和热点版均有对此
次红色预警的报道，相比之下《中国环境报》显然更为重视，在一版要闻
版中有四篇报道，分别从不同角度进行报道。此外，三报均刊登有对治霾
和全球气候治理的社论文章。

从报道标题来看,三报雾霾报道的主标题基本一致,即为"北京首次启动空气重污染红色预警"。此外,《中国环境报》和《新京报》均配有副标题,如"机动车单双号限行""建议中小学幼儿园停课"等。梵·迪克(Van Dijk)认为"主题可以用标题的形式进行表达和暗示,标题显然是消息文本的纲要性概述"①。新闻副标题不仅可以将新闻事件的核心事实呈现给读者,同时也起到了提示与领读的作用,彰显了两家报纸以人民利益为导向的办报策略。

从报道信源来看,官方机构的声音是三家报纸的主要消息来源。此外,《中国环境报》也采用了企业组织这一信源,而《新京报》在雾霾报道中信源较多,除官方机构外,企业组织、专家学者、普通民众等也位列其中。

从报道倾向性来看,当日的环境新闻大都展现出了新闻职业所要求的客观中立的报道态度,同时也体现出了各报媒介框架的特点。《人民日报》的社论文章《引领全球气候治理的中国作为》一文通过运用"构建合作共赢""打造命运共同体""积极倡导"等环境治理象征策略,宣传政府在环保治理中所做出的努力,展现出了一个负责任的大国形象,在环境新闻报道中较常使用成就框架;《中国环境报》的《治理散煤燃烧应成为治霾着力点——雾霾治理的反思》一文通过探讨雾霾成因并提出相应对策,体现了该媒体所强调的问题与归因框架;《新京报》的社论文章《雾霾红色预警也是共同治霾"集结号"》一文通过运用肯定及称赞语气,如"北京……主动积极治霾意识不难窥见""共同治霾'集结号'""是必要也是值得的"等,突出该报较强的人本色彩。同时在雾霾报道专版中,该报通过采访企业组织、普通民众、专家学者等表达各方观点,强调了治理雾霾行动已迫在眉睫,突出强调责任与冲突框架。

从报道角度来看,三报除了以事实陈述为主的重污染红色预警报道外,《人民日报》突出政府举措、《中国环境报》强调问题成因、《新京报》则侧重对策建议,均体现了不同媒介属性的媒体机构所凸显的媒介框架。

三份报纸具体的媒介框架异同分析见表6-16。

---

① [荷]托伊恩·A.梵·迪克:《作为话语的新闻》,曾庆香译,华夏出版社2003年版,第38页。

表 6 – 16　　　　　　　　　　三报媒介框架异同分析

	《人民日报》	《中国环境报》	《新京报》
报道主题	管理框架	管理框架	问题责任框架
报道来源	信源框架单一	信源框架单一	信源框架多元化
报道角度	宣传成就框架	问题成因框架	责任冲突框架
报道切入点	平衡框架	官方框架	民生框架
话语风格	解释性文字框架	专业性术语与解释性文字框架	解释性文字框架
报道态度	以客观中立的报道框架为主		
环传层次	以知觉层次框架为主，技能和参与层次框架乏力		
新闻体裁	以宏观叙事框架为主，故事化叙事框架稍显不足		

第七章

移动的言说:技术驱动环境传播的话语构序

第一节　环境传播的解构式话语框架研究

一　解构式话语框架理论

解构式话语是与主导性话语争夺象征意义的话语表达方式，也有学者称为"反话语"。"反话语"作为辞屏由美国文化学者理查德·特迪曼（Richard Terdiman）率先提出，[①] 他运用修辞策略揭示边缘性话语对霸权话语或主导性话语的颠覆机理。理查德·特迪曼认为反话语是引起社会秩序改变的逻辑起点。在后殖民主义语境中，解构式话语意指边缘性话语试图打破西方中心主义话语构序的努力，重构与之"对峙"的冲突性话语，"以此保持自身相对独立的民族尊严和价值观念，并进一步逐步介入甚至影响主导性话语"。[②] 法国思想家雅克·德里达（Jacques Derrida）基于结构哲学将反话语生产解释为一种解构式阅读，即读者要找到所看到的语言部分和看不到的"语言"部分之间的关系，这种关系或许是作者本人也没有意识到的。它是一种批判性的或者说解构式的阅读应该得出的一种表意结构。[③] 赫伯特·马尔库塞（Herbert Marcuse）从艺术的视角对解构式话

[①]　Ashcroft, B. & Criffiths, Gareth & Tiffin, H., Key Concepts in Post-Colonial Studies, Roufiedge: London and New York, 1999, pp. 6 – 57.

[②]　转引自段永杰《从民主到民粹：政治传播中反话语空间的生成机制与流变》，《湖北行政学院学报》2018 年第 3 期。

[③]　［法］雅克·德里达：《关于写作》，转引自［英］约翰·斯道雷《文化理论与通俗文化导论》（第二版），杨竹山、郭发勇、周辉译，南京大学出版社 2001 年版，第 124 页。

语做出了阐释,认为在对抗性社会中的艺术是独立于现存秩序并反对它的意识形态,他提出脱离现实生活的艺术虽然不能直接介入政治革命,却能通过审美想象恢复人的批判性,间接实现对现实社会的抗议。① 米歇尔·福柯(Michel Foucault)认为所有话语都是由权力产生的,但它们并不全都对权力俯首帖耳,它们也可以被当作"抵抗的支点和反抗策略的起点"。② 美国黑人女性戏剧文学话语的重构就是通过建构一种边缘性话语,"打破白人建构的种族支配主义'霸权',瓦解男性霸权话语和意识形态,让黑人女性的主体意识与身份得到重新确认"。③ 福柯还指出了颠覆西方霸权话语的策略——以东方的"反话语"(文化批评)来解构西方的霸权话语。罗伯特·考克斯、约翰·道宁(John Downing)等学者将解构式话语生产挪用到大众传播和公共舆论的研究领域,是指一种致力于对传播场域中主导性话语进行修订或提供一种替代性的话语表达模式。我国传播学者关于解构式话语的研究旨趣集中在"反话语空间"的生成机制、官方舆论场与民间舆论场博弈中的非主流话语、网络语言的对抗性话语修辞策略、抗争行动的文化框架、青年亚文化、性别歧视等方面,也有学者将环境传播中的解构式话语生产与新社会运动进行逻辑勾连。刘涛(2011)梳理了环境传播"反话语空间"的逻辑理路,从政治经济学、社会心理学、符号修辞学三个角度系统分析了解构式话语的生成机制;郑满宁(2013)立足于社会化媒体,从解构式话语的戏谑化的话语方式入手分析话语方式的变革和原因,指出社会媒体中戏谑化的反话语方式带来社会群体话语权的增强和精英话语权的削弱;④ 宋桂花(2015)以网易女性频道作为研究个案,探索女性反话语空间的建构思路,从深层次分析女性反话语难以建构的根源;⑤ 周裕琼(2016)以环保和征地事件为例,较为深入地探讨了中

---

① 〔美〕赫伯特·马尔库塞:《审美之维》,李小兵译,广西师范大学出版社2001年版,第214页。

② 转引自杨春芳《福柯话语理论的文化解读》,《安康师专学报》2005年第4期。

③ 李慧:《美国黑人女性戏剧文学的边缘性与话语权重构》,《戏剧文学》2018年第11期。

④ 郑满宁:《"戏谑化":社会化媒体中草根话语方式的嬗变研究》,《中国人民大学学报》2013年第5期。

⑤ 宋桂花:《网络空间中女性"反话语"的建构与悖论》,《中华女子学院学报》2015年第3期。

国解构式话语体系建构的路径,并对解构式话语框架策略的文化逻辑和实践图景进行了分析;① 段永杰(2018)从政治传播的角度分析反话语空间的生成机制与流变,并指出反话语空间的生产机制"往往伴随着符号生产、身份建构和权力关系的重构与互动"②。巩瑞贤、张爱军等学者则对网络民粹主义在网络空间建构的反话语机制及其应对之策进行了有益的探索。

综上所述,无论是从政治学、文化艺术学还是传播学的角度,解构式话语或反话语的实质是边缘文化通过话语策略进行文化抗争的符号实践活动。但是反话语强调与主导性话语的冲突性或者批判性,而解构式话语试图对主导性话语进行全新解读、扭转、祛魅或重构。在环境协同治理背景下,协商性解构式话语空间日益扩大,有利于弥合社会矛盾是对主导性话语的一种有益补充。边缘性话语在发展过程中融合了多元文化或者思潮,建构了一个争夺权力和意义的另类公共领域,以一种异质性的话语方式挑战霸权文化,并通过框架化策略使边缘文化获得正当性和合法性身份。

罗伯特·考克斯曾提出"批判性的话语"(critical discourses)的观点,表示替代性话语对支配性话语和主流意识形态的挑战,并形成对抗的空间。③ 20世纪80年代以来,话语成为西方符号化运动研究的核心命题。欧文·戈夫曼提出的框架理念试图帮助人们建立"诠释的基模",即认识、理解和标记周遭的世界。④ 框架是传播主体建构文本的逻辑理路和诠释方式。归责、冲突、经济、人道主义和道德规范的五种框架⑤指出人们在新闻文本建构中所要凸显与遮蔽的重要元素。不管是从话语的生产还是传播

---

① 周裕琼:《从标语管窥中国社会抗争的话语体系与话语逻辑:基于环保和征地事件的综合分析》,《国际新闻界》2016年第5期。

② 段永杰:《从民主到民粹:政治传播中反话语空间的生成机制与流变》,《湖北行政学院学报》2018年第3期。

③ [美]罗伯特·考克斯:《假如自然不沉默:环境传播与公共领域》,纪莉译,北京大学出版社2016年版,第75页。

④ 潘忠党:《架构分析:一个亟需理论澄清的领域》,《传播与社会学刊》(香港)2006年第1期。

⑤ S. H. Cho, K. K. Gower, "Framing Effect on the Public's Re-sponse to Crisis: Human Interest Frame and Crisis Type In-fluencing Responsibility and Blame", *Public Relations Review*, 2006, 32 (4): 420 – 422.

的角度来看，话语本身就是一种用符号建构认知框架争夺象征意义的社会运动。"新"社会运动是一种激进的民主政治，在哲学上表现为以"领导权"为核心、以"链接"实践为基础、以反本质主义为特征的政治本体论。① 环保运动与女权运动、民权运动、反战和平运动等成为后现代社会重要的新社会运动形式。凯文·迈克尔·德卢卡（Kevin Michael Deluca）认为新社会运动是一场借助话语修辞"挑战既定的社会规范，质疑统治阶级的价值逻辑，并最终完成对于现存世界秩序的命名方式的根本性解构"② 的社会实践运动。随着西方生态主义运动成为主流的新社会运动的不断演进，解构式话语框架便有了新运动方向和诠释图式。解构式话语框架的建构正是环境运动借助话语修辞试图调适社会权力关系的话语实践活动。格尔（Gurr）在讨论社会运动时提出了"相对剥夺感"的观点，"当社会变迁导致社会的价值能力小于个人的价值期望时，人们就会产生相对剥夺感。相对剥夺感越大，人们造反的可能性就越大，破坏性也越强"③。随着经济增长和科学技术的快速发展，工业主义主导了经济持续增长的话语权和社会实验的决定权。但是，技术革命和经济增长在促进生产和消费创造巨大商业价值的同时，也改变了文化边界和人与自然的关系，导致环境问题丛生，社会风险不断叠加。市场主义、消费主义与环境主义之间的矛盾日益加剧，加之其他社会矛盾的参揉加深了人们的相对剥夺感。追求民族独立、公平正义等多元社会运动易于与环境运动形成情感共振和价值共识。环境正义、生态女性主义、绿色民粹主义、绿色自由主义等社会思潮和话语修辞寄身环境公共领域建构不同的话语框架。罗伯特·考克斯从环境话语的接受程度和社会地位角度将环境话语进行二元分类，即主导话语与批判话语。当一个话语获得被广泛接受或理所当然的地位时，或当它的意义帮助某些行为合法化时，就能被视为主导话语；质疑社会主导话语的可替代方式，就可被认定是批判的话语。④ 前者建构了环境主导性话语

---

　　① 孔明安：《后马克思主义的政治哲学批判——拉克劳和墨菲的多元激进民主理论研究》，《南京大学学报》（哲学·人文科学·社会科学）2005 年第 4 期。

　　② 刘涛：《新社会运动与气候传播的修辞学理论探究》，《国际新闻界》2013 年第 8 期。

　　③ 赵鼎新：《社会与政治运动讲义》，社会科学文献出版社 2014 年版，第 78 页。

　　④ ［美］罗伯特·考克斯：《假如自然不沉默：环境传播与传播领域》，纪莉译，北京大学出版社 2016 年版，第 74—75 页。

框架，后者建构了环境解构式话语框架。从某种程度上来讲，解构式话语这种社会运动通过框架化策略不但生产意义，还驱动社会机制调整权力关系和规则秩序，重新确定话语主体的位置、身份以及社会资源的分配机制。本书前文提到的八种环境传播的解构式话语框架，均建立在社会运动的基础上，通过话语实践对现存的环境污染和生态问题进行纠偏。

环境传播是旨在改变社会传播结构与话语系统的任何一种有关环境议题表达的传播实践与方式。[①] 环境传播通过议程设置和修辞策略建构话语框架来呈现环境图景、核心问题及其背后的政治、经济、文化、技术逻辑，建构对话协商空间，以推动环保行动，平衡社会发展的质量。学术界普遍认为环境传播存在两种功能取向：一种是实用主义，另一种是建构主义。实用主义话语框架更突出环境知识图谱的传递、环境政策的阐释、环境问题的解决方案等工具性话语，而建构主义话语框架着重强调环境议题深层的符号体系与象征意义，凸显环境问题背后的权力关系。而环境传播的解构式话语框架则是传播主体通过象征符号建构一个异于霸权话语或者说支配性话语的绿色话语生产机制。由于西方国家与我国的政治制度和发展模式不同，环境传播采用的话语框架机制所建构的解构式话语空间也不尽相同。

二　中国环境传播解构式话语框架建构的实践

随着 20 世纪 60 年代环境危机的迸发并愈演愈烈，生态问题成为人类生存和发展的最大威胁，生态运动因而成了"新社会运动"的代表和主导。[②] 在西方国家伴随着后物质主义价值观发展起来的生态运动成为新社会运动的大潮。无论是以美国为代表的理性动员范式，还是以英国、德国等欧洲国家为代表的认同动员范式，都是在经济发展到较高水平之后对环境问题的关注，并采取资源动员行动。中国的环保运动是自上而下与自下而上相结合的环境实践活动。有研究者以厦门某事件为例对中国环保运动

---

① Niklas Luhmann, *Ecological Communication*, University of Chicago Press, 1989, p. 28.
② 叶海涛：《生态社会运动的政治学分析——兼论绿色政治诸原则的型塑》，《江苏行政学院学报》2016 年第 5 期。

的文化逻辑进行分析，发现"在当代中国，人们参与环保运动的动机更多的是个人利益的算计"①。但是这种始于家/己的利益诉求通过传播框架的符号转喻和意义延伸，构建了环境正义和公民权利的话语框架。我们从大连、番禺、什邡、郴州、茂名等环境公共事件中也能看到维护个体权益为出发点的环境运动。这种自下而上的邻避运动主要的环境保护取向是建构家门口的"环境友好型社会"。如何从生态整体观角度来建构公众的环境认知和生态思想，推动环保新社会运动中国化的守正创新是一项新时代课题。孙玮教授认为环保在转型中国面临极其特殊的社会状况，充分运用媒介资源开展"新社会运动"是必要而有效的方式。② 近年来，绿色发展理念和生态文明建设国家战略的全面展开创建了具有中国特色的绿色政治范式和环境治理模式。自上而下的主导性环境话语建构了"美丽中国""全球命运共同体"等环境意象和生态愿景。在环保运动和生态治理过程中，媒介通过环境传播的议题框架进行社会动员发挥了十分重要的作用。

全球环境传播存在两个主要的话语空间，一个是主导性话语空间，即传播场域居于强势地位和权力中心的环境话语，通过框架化策略建构引领社会舆论的话语空间。另一个是解构式话语空间，即通过与支配话语的博弈，从主导性话语文本当中寻找矛盾逻辑，通过全新解码或意义重构，把沉默的边缘性话语和压抑的社会秩序重新加以传播和扩散，进而形成一种解构式话语空间。③ 从全球环境传播来看，以美国、欧洲传播场域形成的环境话语空间建构了主导性话语空间，引导世界舆论的走向。以第三世界为主的国家或地区亟须建构一个改造、消解、重构西方环境话语霸权的解构式话语空间，在全球环境传播场域传播各国或地区环境治理的经验、成果和独特的治理方式，以获得国际社会的理解和支持。

中国环境传播面临三个主要的媒介场域：一是基于全球视角的境外媒

---

① 周娟：《环保运动参与：资源动员论与后物质主义价值观》，《中国人口·资源与环境》2010 年第 10 期。

② 孙玮：《转型中国环境报道的功能分析——"新社会运动"中的社会动员》，《国际新闻界》2009 年第 1 期。

③ 段永杰：《从民主到民粹：政治传播中反话语空间的生成机制与流变》，《湖北行政学院学报》2018 年第 3 期。

介场域对中国环境议题的报道。西方媒体的意识形态偏见常常渗透于对中国事务的报道中，包括环境问题和生态治理。在全球媒介话语体系中西强东弱的格局依然存在。二是基于国内治理者视角的传统媒体场域，它致力于建构主导性话语框架。传统媒体的环境议程设置注重从环保政策、法律、治理、责任、成果等方面建构行政理性主义话语框架，对于环境问题的报道进行多角度探讨，尤其是对中国生态文明建设的目标、愿景、治理举措等进行持续深入的报道。一些都市类媒体或者以深度见长的媒体为建构绿色公共空间做出了巨大努力，对环境问题进行了有力的监督。三是基于国内技术主义视角的新媒介场域，它建构了多元环境话语框架。新媒介尤其是社交媒体场域既有主流媒体和政务新媒体通过媒介融合生产的主导性话语、相关企业生产的危机公关话语，也有 ENGO 生产的绿色公共话语。规模最大的还是由公众生产的 UGC 话语，它们是建构环境解构式话语空间的主体力量。从近年来发生的多起环境公共事件来看，微信、微博、论坛、手机短信、QQ 群等社交媒体成为环保运动重要的资源动员媒介。

　　环境传播场域中传统媒体和新媒体传播的内容调性、话语框架和修辞策略等存在一定的差异性，导致共意空间的缺失。缺乏共识基础的意义争夺难以建立对话与协商机制，从而形成环境概念与意指的割裂，拓展了环境解构式话语空间。公众通过技术话语在新媒介场域建构解构式话语框架来争夺环境意义，确保环保行为的合法性、正当性和有效性。网络场域资本的结构性改变大大扩展了公众环境话语实践的空间，甚至颠覆了传统的环境话语秩序。伴随新传播空间发展起来的环境解构式话语框架体现出协商性、戏谑化、批判性、妖魔化的显性特征。

　　（一）协商性话语框架

　　主导性话语与解构式话语是相对而言的。"协商强调一种广泛的公共交流，它意味着一定程度的事实确认、论点的证据提供、解释或提议、质疑、对疑问和反对声音的开放性、错误识别等。"① 协商性话语框架强调环境传播主体采用公共交流、彼此补充和意义共享的话语修辞。研究者通

---

　　① 龚晓洁、黄春莹:《网络政治参与中公民话语协商性的实证研究》,《济南大学学报》2017年第 4 期。

过对西方国家环境话语进行考察，可以发现"增长的极限"所隐喻的生存极限主义话语针对经济增长的主流话语，在当时建构了"人们必须改变这种挥霍的生产消费方式"① 的解构式话语框架，警示、抵制商业主义和消费主义无节制的资源开采与消耗的增长方式。但是，生存极限主义话语并不反对资本主义制度，并提出了修复经济增长带来的环境问题的途径是在现有的工业主义框架下与行政理性主义协商找到解决环境问题的方案。因此，可以说生存极限主义是协商性环境话语框架的主要形式，也包括普罗米修斯主义、环境理性主义、可持续性、绿色激进主义等环境话语框架。

在中国语境下，完全模仿西方环境话语框架建构传播机制具有很高的风险性。中国经过多年环境治理和生态文明建设，形成了具有中国特色的主导性环境话语范式，即以中央主导的环境治理与生态文明建设的环境政治话语框架。生态文明要求在实现社会生产力增长与发展的同时，还要注重生态环境的保护与建设，特别是美好生态环境的建设。② 中国媒体的环境修辞策略和环保行动基本上是在中央主导的环境话语框架下展开的。从这个角度上说，我国环境主义话语实践大多采用的是协商性话语框架，成为社会发展、人民福祉、国家治理和政治使命相统一的主导性环境话语的有力补充和完善。

政府、专家、媒体、环保公益组织、公众等环境传播主体在绿色思想启蒙、环境知识普及、阐释环境政策、监督环境问题、动员社会力量参与环保行动等方面合力建构了巨大的协商空间。作为环境传播的主导力量，政府通过法律法规、政策制度和治理行动确定环境传播的总体性话语框架以及阶段性的行动框架，建构环境传播的主导性话语空间和解构式话语协商机制。政府借助与环境保护相关的重要时间节点组织大规模的环境宣传与公众动员活动。世界地球日、环境日、无烟日、气象日、植树节等环境节日以及环境保护法律、法规和政策制度出台前后都会举办系列生态保护与环境治理的宣传活动，促使社会各界达成环境保护和生态文明建设的共

① ［澳］约翰·德赖泽克：《地球政治学：环境话语》，蔺雪春、郭晨星译，山东大学出版社 2012 年版，第 29 页。

② 戴圣鹏：《经济文明视域中的生态文明建设》，《人文杂志》2020 年第 6 期。

识和行动自觉。同时也是地方政府、企业、专家、媒体、环保公益组织和公众协同审视环保程序正义,监督环境治理成效,建构协商话语机制的重要时机。

　　我国环境行政理性主义依托技术专家通过建构协商性话语框架推动生态环境法治建设起到不可忽视的作用。在完善环境法律、法规和政策制度以及地方环境公共事件中,我们都能看到环境专家通过专业论证和学术智慧来推动环境正义和生态文明的健康发展。《中华人民共和国环境保护法》和《国务院关于环境保护若干问题的决定》的颁布为建立公众参与机制,激发公众参与环境保护提供了重要的法律保障。但是,有专家认为"从这些规定可以看出,从立法上就将公众参与的重点集中锁定在对环境违法行为的事后监督,而缺乏对事前参与的重视",并提出"鉴于环境危害的严重性,事前的预防更加重要,如果在事前能够充分发挥公众的聪明才智和公众对环境事务关系的热情,将会取得更好的效果"①。还有学者指出《环境影响评价法》对于如何保障公民知情权、听证会人员选定程序以及违背法规应如何惩治等具体细则没有明确体现,这就容易导致某些重大决策的听证制度难以落到实处。② 技术专家建构的协商性话语框架为环境相关法律法规的修订和完善提供了理性的讨论空间。技术专家在圆明园防渗工程事件等环境公共事件对推动环境问题的有效解决亦功不可没。

　　大众媒介通过用对事实的选择和叙事策略,建构环境话语框架,争夺环境意义。传统媒体要承担主流意识形态宣传功能和社会责任,主要从社会治理视角建构主导性话语空间。同时,为了更加实际地保护生态环境,建设美丽家园,传统媒体也通过协商性话语框架为公众搭建一个积极参与对话的公共空间和舆论监督场域,主要体现为以下几种方式:一是专业性媒体建构的系统性绿色"故事会",如《中国环境报》《中国绿色时报》《中国国家地理杂志》等;二是综合性媒体的环境新闻报道,包括绿色话题、系列策划等形式;三是通过政府搭建的平台或创造的媒介事件进行集中报道和社会动员,如"中华环保世纪行"等环境宣传活动政务新媒体对

---

①　陈彩棉、康燕雪:《环境友好型公民》,中国环境科学出版社 2006 年版,第 63 页。
②　徐迎春:《绿色关系网:环境传播与中国绿色公共领域》,中国社会科学出版社 2014 年版,第 192 页。

于建构协商话语框架起着举足轻重的作用，政府相关部门，尤其是各级生态环保部门搭建了公众投诉环境问题、及时处理的信息沟通平台；四是国内大多数报纸、电视台、杂志等媒体设置的绿色专版、专栏、栏目等，进行品牌化、标识化、持续性的环境话语空间建设。例如，中央电视台的《绿色空间》、四川电视台的《对话绿色先锋》、人民日报的《绿色时空》、南方周末的《绿色》专版等。同时，商业网站和社交媒体等社会化媒体建构的绿色公共领域也具有一定的协商空间。无论是传统媒体还是新媒体都尽量从整体上协调经济增长和环境保护之间的关系，力求凸显社会和谐与稳定发展。它们通过动员社会资源，促进环保治理，维护公众利益。此外，一些环境非政府组织以其柔性化和灵活性的传播方式，在环境传播中也发挥着推动绿色公共领域建构的协商性作用，例如，自然之友、绿色和平、世界自然基金会等 ENGO 发起的地球熄灯一小时、寻找江豚最后的避难所等环保活动，在践行生态建设、激发公众参与、培养日常环保习惯的生态思想和建构环境话语框架等方面，呈现出兼容治理者、媒体和公众诉求的协商性表达特征。

（二）批判性话语框架

当人们对事物的看法不同或者利益诉求不一致时，就会产生话语冲突。环境传播中的批判性话语是对社会运行过程中造成环境危机的反思和质疑的言说方式。它是一种激进的解构式话语（反话语的哲学含义是一种生态主义）。这种激进性质的话语可以理解为对经济增长中忽视生态保护的批判。其目的是促使政府或者政治精英在保持经济增长中重视人与生态环境的和谐共生，从而寻求一种顾及盖娅持久生命力的话语妥协方式。从西方环境话语来看，无论是改良主义环境话语还是激进主义环境话语都是挑战经济增长和技术进步的工业主义主导性话语的批判性话语，因为保守主义政治传统是西方国际对抗性话语的逻辑起点。[1] 罗伯特·考克斯在解释当代批判性话语时认为，"在我们自己的时代，批判的话语在主流媒体或网络上激增，质疑着关于经济增长与环境的主导假设"[2]。因此批判性

---

① 参见刘涛《环境传播：话语、修辞与政治》，北京大学出版社 2011 年版，第 40—41 页。

② ［美］罗伯特·考克斯：《假如自然不沉默：环境传播与公共领域》，纪莉译，北京大学出版社 2016 年版，第 75 页。

话语相对于经济增长与技术进步所表征的主导性话语之外，还有主导社会进程的环境话语，如在西方国家生态社会主义相对于生态资本主义，绿色激进主义相对于可持续性，生态主义相对于环境主义等。

中国环境传播的批判性话语框架是基层环境行动与日常政治通过框架化策略进行资源动员的话语表征。环境保护行动源于社会转型的急剧变动，这种变动导致了利益格局与认同心理的失衡。随着中国社会形态从传统社会向现代社会、从农业社会向工业社会、从封闭性社会向开放性社会的变迁和发展，在社会转型过程中出现的各种猝不及防的矛盾没有成熟的解决方案，经济增长与环境污染、生态失衡的矛盾逐渐显性化，基层环境话语主体试图借用媒介资源动员功能推动环境问题的有效解决和公民环境权的保护。为了获得环境运动在冲突中的合法化与正当性，得到主导性文化框架的接受与吸纳，环境运动主体与传播主体通过对环境运动的形式、辞屏、命名、符号、文化、平台等资源库进行话语修辞的组装、阐释、转喻、重构等框架化策略，从而建构一套避免政治风险、追求行动效果的批判性话语框架。在为自己的环境行动所做的辩解中，行动者会设法将具体的政府部门行为与"国家需要"区分开来，并将职能部门的负责官员与"政府"区分开来，或者是将"上面"（上级党和政府）与"下面"（基层官员）区分开来。① 如何将环境运动转化为国家正义和主导性话语框架下合法、合理、合情的批判质疑和意义争夺的冲突性话语框架是环境话语主体建构解构式话语空间的重要策略。

美国学者赫希曼（Hirschman）通过研究企业与消费者在市场中的博弈现象提出"退出、呼吁和效忠"（exit, voice, and loyalty）理论。该理论可以用来阐释邻避运动主体与地方政府、利益集团进行话语交锋的博弈机制。由于行动者的退出和效忠难以达到环境保护的目的和满足公众利益的诉求，他们便更倾向于采取呼吁求助的方式与地方政府和企业进行博弈。2013 年《社会蓝皮书》显示：30% 左右的群体事件是由环境污染和劳动争议引起的。在一些环境运动中行动者还通过身体书写建构了另类的

---

① 陈映芳：《行动者的道德资源动员与中国社会兴起的逻辑》，《社会学研究》2010 年第 4 期。

批判性话语框架，同时，在一些电影、音乐、摄影、广告、游戏、图书中也有批判性话语栖身其中。比如，电影《美人鱼》从生态主义角度建构了美人鱼珊珊所代表的生物家族对迷失在金钱欲望中的人类的控诉，通过艺术符号的隐喻与转喻机制，建构了自然对人类的批判性话语框架，呼吁人类与生态世界和谐相处。

传统媒体的文化使命和"用事实来说话"的传播规律要求传播主体在框架化过程中具有边界意识和底线思维，因而大多数内容从治理者角度力求在报道环境事实的基础上建构冲突性、批判性话语框架。一些追求可读性和戏剧性的市场化程度较高或者偏重解释性报道的传统媒体在讲述环境故事的过程中也会有意识地从矛盾冲突角度建构报道框架。网络新媒体无疑为公众参与环境保护运动提供了意义交换与建构想象共同体的话语空间。但是，社会化媒体场域存在大量非事实性内容，后真相时代情绪左右了真相，观点超越了事实的传播特点颠覆了媒体的价值秩序。① 新媒介增强了公众传播主体性，但是在大量 UGC 建构的"悲情框架""侵权框架"等批判性话语框架中也存在人身攻击、侵犯隐私权、虚假信息等失范的表达行为。相关利益者在进行环境权益争夺的过程中形成的话语策略和框架机制具有强烈的冲突性和情绪性，易于在环境行动中产生系统性社会风险，权威部门在处理环境运动时十分谨慎。如何通过制度设计和行动正义处理好政府、企业和公众（含邻避业主）之间的环境权力与利益之间的关系，建设保障性合议机制有利于化解批判性话语带来的风险难题。当前中国已经显示出较为明显的后工业化时代的基本特征，争议政治也隐约出现了转变的迹象。我们已经到了必须变革冲突治理思维、推动冲突治理体系和治理能力现代化的时候。②

我国一直在经济增长与环境保护之间积极探索可持续发展的战略决策。"在党的十八大以来，我国生态文明体制改革不断深入，党中央先后出台一系列生态保护修复决策部署，推动实施一大批国家级生态保护修复

① 漆亚林：《"后真相时代"新型主流媒体的价值重构》，《新闻与传播研究》2018 年第 S1 期。

② 张振华：《趋向新的争议政治：中国社会冲突中的新现象及其理论意蕴》，《理论探讨》2018 年第 4 期。

重大工程,生态保护修复取得积极进展和显著成效。"① 党的十九大以来国家逐渐向绿色经济转型,"建设人与自然和谐共生的现代化"的国家战略成为社会发展的主旋律,并从组织机构、生态指标、政绩考核、主题宣传、监督方式、治理体系等方面推进新时代社会主义生态文明建设,形成既有政治定力又有社会合力的环境治理模式,为政府、企业、公众等多元利益主体获得环境权益与国家治理的最大公约数提供制度和机制保障。中央还加大了对环境问题的监督和对责任人的惩处力度。中国近年来的环境公共事件大为减少,主流媒体与新媒体建构环境议题的话语框架各有特色,总体上符合国家话语框架,但在具体表达和框架策略上体现出一定的差异性和冲突性。

(三) 戏谑性话语框架

戏谑性话语是环保传播中一种更为柔和巧妙的话语修辞策略和表达方式。戏谑作为一个辞屏,"最早出现于《诗经·国风·卫风》:'善戏谑兮,不为虐兮。'意为善于开玩笑,待人不刻薄"②。诗经、唐诗、宋词以及近代的一些文学、戏剧等文化艺术作品中均蕴含着戏谑性的话语表达。戏谑与反讽修辞一样,不仅仅是一种作为方法论的修辞格,也是一种体现意识形态的世界观。戏谑性话语"与解构、后现代反逻各斯中心主义、反形而上学思潮相关联"③。戏谑采用"围魏救赵"的言说方式表达话语主体不便言说的内容或者增强话语的幽默性和娱乐性。从某种角度而言,戏谑性话语通过隐藏文本来建构言说者批判现实的解构式话语空间,兼具哄客效应的叙事机制使戏谑性话语具有解构与反射的话语张力。"哄客叙事是一种隐性的文本抵抗,是一种解构和颠覆的力量。"④ 在互联网环境下戏谑性话语是草根文化、青年亚文化、后现代文化等文化样态在网络文化土壤中合力催生的一朵"奇葩"。在环境传播场域,传播者运用比喻、拟人、戏仿、反讽、夸张、谐音、象征、影射等修辞手法和转

---

①　王夏晖、张箫:《我国新时期生态保护修复总体战略与重大任务》,《中国环境管理》2020年第6期。

②　汪正龙、王妍:《反讽与戏谑——一个比较的考察》,《学术研究》2017年第4期。

③　汪正龙、王妍:《反讽与戏谑——一个比较的考察》,《学术研究》2017年第4期。

④　郭小安、雷闪闪:《网络民粹主义三种叙事方式及其反思》,《理论探索》2015年第5期。

喻工具建构戏谑性话语框架，从而在众声喧哗中消解生态问题的凝重性和话语冲突的现实压力，达到更佳的传播效果。网络戏谑性象征符号及语料库丰富多样，如文字、图片、漫画、动漫、音频、视频、弹幕、表情包等。它们在建构环境话语框架时，可以是单一的符号表达，也可以形成超文本的富媒体形态。但是，我们不可以将网民创造的戏谑文化仅仅看作一般网民的无聊行为，甚至是"风言风语"，而应该严肃认真地探究网民将戏谑话语作为当代中国"文化复调"背后蕴含着怎样的"索引性表达"①。公众将日常生活和未来想象的焦虑感和无奈感通过网络戏谑性话语进行情感宣泄、压力释放，在大众狂欢中完成自我放逐和隐性抵抗的仪式。这种戏谑表达往往存在较为明显的指向性，如自我嘲讽式网络话语、情感支持性网络话语、渴望保护性网络话语②以及自我慰藉的佛系网络话语等。

在巨大的自然灾难或强势的主导性力量面前，当公众对于解决环境问题和生态危机表现出一种无奈、无力和无助的情感向度时，许多网民便借助自嘲、戏谑的话语方式来缓解这种外压情绪，传达自己的焦虑体验和压抑感受，从而形成一个具有共情基础的想象共同体。正如学者郑满宁所说，戏谑化的表达方式在解构的基础上更多地体现出民众对某一事件的强烈情绪，通过网民对这种情绪表达的心领神会进行层层转发。这种话语表达在解构的基础上往往兼具建构的成分，透射出网民对目前社会现实的极度关切和要求改变的集体情绪。③ 网民在环境传播中通过符号能指与所指的意蕴转换建构戏谑性话语框架来宣泄个体情绪，建构新的环境认知和权力关系，推动环境运动"去政治化"的话语转向。尼尔·波兹曼（Neil Postman）说，"和语言一样，每一种媒介都为思考、表达思想和抒发情感的方式提供了新的定位，从而创造出独特的话语符号"④。戏谑表达的话语符号在公众与社会现实结构之间建立起私域与公域互相转化的桥梁。公

---

① 宋辰婷：《网络戏谑文化冲击下的政府治理模式转向》，《江苏社会科学》2015 年第 2 期。

② 何云庵、张冀：《戏谑狂欢中的隐性抵抗：网络青年意见表达的话语焦虑及其反思》，《思想教育研究》2019 年第 5 期。

③ 郑满宁：《"戏谑化"：社会化媒体中草根话语方式的嬗变研究》，《中国人民大学学报》2013 年第 5 期。

④ ［美］尼尔·波兹曼：《娱乐至死》，章艳译，广西师范大学出版社 2004 年版，第 17—18 页。

众往往运用娱乐性、扯淡性、奇观性话语策略进行情感投射和反向展演，以调侃、讥讽、揶揄的表达风格来呈现对环境现实的观察与思考，从而将个体体验转化为绿色公共话语。

社交媒体时代，以这种独特的隐性的规训方式重塑环境传播的话语框架有利于引起更多的公众在压力释放和情绪转移中关注身边的环境问题。

（四）妖魔化话语框架

"妖魔化"英文为 Demonize，本义为"使变成或似乎变成妖魔"，引申义为"将某物描述为邪恶的或魔鬼似的"①。妖魔化是借用"妖魔"这一形象框架进行夸大、歪曲、造谣、嫁祸或者采用双重标准等修辞策略以达到影响舆论、丑化或者中伤话语对象的目的。新闻学视域中的"妖魔化"，被归结为一种典型的"负传播"，指媒介在新闻报道中既有丑化、矮化报道对象的主观故意和组织行为，又存在报道片面、报道倾向错误的现象。② 妖魔化的话语生产机制是话语主体预设立场，通过符号编码将事实进行改装、制造事实或者建构异化框架在特定时间进行媒介化扩散，主导舆论场以影响公众的认知和行为。

环境传播中的妖魔化话语来自两个不同的传播场域，因而形成两个不同的妖魔化话语框架：一个是来自他国或地区的妖魔化环境话语，另一个是来自本国或地区的妖魔化环境话语。前者具有很强的政治预设立场和意识形态属性，它是国际传播话语权与舆论引导权争夺的具体体现。后者更多的是为了解决环境问题本身而采用的话语修辞和象征手段，当然，也可能成为他国或地区政府或者媒体进行妖魔化报道的语料资源。

他国或地区在国际传播场域建构的妖魔化环境话语框架呈现出如下特征：一是被他国或地区意识形态和政治话语所征用，与该国或地区一贯的立场和主流意识形态相吻合，采用双重标准建构环境话语。新冠肺炎的暴发既是重大的公共卫生事件，也是一场全球环境公共事件。同样是为了抗击新冠肺炎而采取封城策略，《纽约时报》对中国武汉封城的报道框架是

---

① 转引自黄达安《"妖魔化"与权力关系再生产：国内报纸对农民工报道的内容分析》，《西北人口》2009 年第 3 期。

② 王璜：《"妖魔化"概念与媒介作为》，《传媒观察》2006 年第 8 期。

"给人民的生活和个人自由带来了巨大的损失",对意大利的封城报道框架却是"为遏制欧洲最严重的冠状病毒暴发而冒着经济危险"。这与美国等西方媒体不断将新冠肺炎的始发地嫁祸给中国的话语框架和传播机制一样,体现了西方国家意识形态偏见。二是通过歪曲事实建构他国的负面环境形象。环境问题是全球性问题,环境传播场域是西方主流媒体争夺话语权的主要场域之一,也是西方国家媒体进行妖魔化报道的"重灾区"。西方国家主流媒体通过夸张歪曲或话题置换等话语策略不惜对包括中国在内的他国建构负面环境形象。"在国外媒体的'塑造'下,崛起的中国龙'就像从下水道里腾空而起的,身上流淌着污水'。"① 西方国家媒体将对"龙"的刻板形象与环境恶化的形象叠加,严重歪曲了中国环境保护的显著成果与负责任的大国形象。美国、英国、韩国等资本主义国家或地区的媒体甚至还建构了"肮脏的邻居""中国环境威胁论""中国崩溃论"等负面形象。三是西方媒体通过语法逻辑和伪客观手法丑化他国环境现实图景和治理成效。西方媒体标榜新闻报道遵循不偏不倚的新闻专业主义,但是,实际上受到大型财团和意识形态的严重影响而难以保持真正的客观性,尤其是在报道其他国家或地区事务时更是呈现出一贯的"傲慢与偏见"。西方媒体通过环境事实的选择、细节的渲染、标题的凸显与遮蔽、关键词的强化以及文本的互文性等语法规制和编码策略来建构妖魔化话语框架。比如,《纽约时报》一则报道的标题是:Booming China Is Buying Up World's Coal (高速发展的中国正在买光全世界的煤炭)。② 该报在分析中国的高速发展与生态环境的关系时,通过"买光全世界的煤炭"的标题隐喻、夸张修辞及其背后的文化逻辑建构了一个威胁全世界生态环境的中国形象。

国内环境传播场域的妖魔化话语大多数是话语主体对环境问题和生态危机及其生成逻辑通过夸张、变异、失实、造谣等表达策略建构环境话语框架,常常伴随着环境运动而生。在一些国家或地区也会成为党派之间政治斗争和权力争夺的议题框架,如欧洲的绿党等。随着信息技术的高速发

---

① 郭小平:《西方媒体对中国的环境形象建构——以〈纽约时报〉"气候变化"风险报道(2000—2009)为例》,《新闻与传播研究》2010 年第 4 期。

② 陈俊、王蕾:《〈纽约时报〉涉华环境报道的批评性话语分析》,《编辑之友》2011 年第 8 期。

展和新媒体的普及化运用，一些环境事件相关利益者为了动员媒介资源引起更多人的关注，推进环境事件向有利于自己一方发展，常常会借助各种媒体建构妖魔化话语框架。随着互联网场域日益成为公众自我赋权的主要话语空间，环境事件中的一些网民借用新媒介建构妖魔化话语框架来达到自己的利益诉求。

　　面对突出的环境问题，在建设性的环境保护运动中，也夹杂着作为弱势者"攻击武器"的夸大其词、歪曲事实等象征符号，逐渐成为一种异化的环境话语框架。作为情绪发泄和利益争夺的表达方式，这种话语在框架化过程中还可能演变成流言和谣言，不但不利于真正解决环境问题，还增加了社会风险。环境传播的话语本身是一种社会实践，是一项公众进行环境意义争夺的生态行动。我国在改革开放转型初期，注重经济发展和社会繁荣，但是，由于地方政府重 GDP 轻环境保护、企业重高利润缺乏环境意识①、环保公益组织力量还比较弱小以及相应的环境治理体系还不够健全等原因，环境行动的利益方或者公众通过妖魔化的话语框架对环境问题或环境事件进行放大、定义，炮制新闻卖点，抢夺舆论引爆点，在"震慑"对方的同时争取更多公众的支持。清华大学化学工程系学生曾指责恶意篡改百度词条易于误导公众。在环境传播的冲突性话语中，我们也看到了网络空间存在对冲力量进行话语框架的纠偏与调适。

　　不同国家由于政治制度和国家形态不同，环境传播场域建构的解构式话语空间的主导性力量、话语内容、框架策略和象征意义等不尽相同，但是解构式话语生成机制有异曲同工之处。解构式话语通过符号再生产对环境问题和生态危机的重新建构和视觉争夺来引导公共舆论，进而推动解构式话语空间的合法化生产与传播，并试图通过改变公众的心理图式在主导性话语之外建构一个"替代性公共领域"，以此挑战主导性社会范式对公共伦理道德、价值信仰和心理结构施加影响的"话语领导权"地位，最终实现反话语背后特定的政治权力、阶级权力和经济权力的合法化再生产。② 环境传播的解构式话语生产与传播是伴随着社会发展的一种解决

---

①　张永清:《析我国环境问题产生的四大根源》,《理论前沿》2008 年第 23 期。
②　参见刘涛《环境传播:话语、修辞与政治》,北京大学出版社 2011 年版,第 169—176 页。

环境问题的话语实践，我们在考察它的生成机制及其产生的问题时，需要将其置于特定的历史语境与政治环境之中，在宏观的生态政治和微观的生活政治中辨识它的源流与走向，建构民主表达与协同治理的媒介逻辑，从而形成国家治理现代化与全球命运共同体的生态愿景，可谓本书研究环境解构式话语的一个努力方向。

　　尽管环境传播的解构式话语框架在西方国家和我国有着不同的诠释机制，但这种话语框架从实质上来说都是一种新社会运动的话语实践方式。其合法性和合理性是建立平衡经济发展与生态保护的公共表达机制，以此来建构另类的绿色公共空间。它通过历史与现实的文化对话，形成主体的文化共鸣，推动人类与自然生态的和平相处，但绿色投机主义话语除外。根据本福德和斯诺的框架理论，框架共鸣的程度越高，框架策略取得成功的可能性越大。也就是言说者要建构持续、稳定的认知与阐释框架，必须让公众产生情愫上的共情和价值上的共识，从而形成具有文化路径依赖的心理共鸣。在激烈的权力竞争环境和巨大的经济利益的诱惑下，公众对于环境问题的解决有着共同愿景、共情体验和共求行为形成的文化共鸣，因此具有强大的资源动员基础。解构式话语框架在环境传播中发挥着积极的、建设性的作用，同时也存在绿色伦理与传播失范等问题。比如，妖魔化和戏谑化的解构式话语框架中存在的低俗、暴力、谣言、异化、极端等问题亟须引起社会各界的重视。解构式话语空间的"草根群体在解构的同时却又缺乏重新建构的意愿与能力，他们试图颠覆、打破传统的价值体系、人伦秩序与文化意义，却又不试图建构新的价值体系，也不思考新的人伦秩序原则与文化意义"①。解构式话语框架建构与传播不仅仅是能指与所指简单地线性转换与拼贴，更重要的是在一个动态的话语冲突和调和的过程中建构主导文化框架下的绿色公共领域，促进多元主体的话语协商和环境共治。同时，主导性话语和解构式话语并没有明显的界限划分，而且在不同的发展阶段，会出现具有不同特征的环境解构式话语，并与主导性话语形成融合的话语形态。

---

　　①　郑根成：《网络围观的伦理审视》，《伦理学研究》2017 年第 2 期。

第二节　话语失序背景下多元主体的话语表达

2019 年十三届全国人大二次会议上,习近平总书记提出了"四个一"的环境保护理念,他提出要"保持加强生态文明建设的战略定力",并强调"保护生态环境"与"发展经济"并不是相互排斥,而要以全局性眼光去理解。① 习近平生态文明思想成为中国环境治理的指导思想和环境传播主导性话语的价值取向。建构具有中国特色的环境传播话语范式就要从历时性和共时性角度厘清中国环境话语面临的现实问题及其背后的文化逻辑,阐释当代环境传播之于生态文明建设与环境治理能力和治理体系现代化的重要使命和社会责任。为了发现环境传播中的核心问题,对环境传播场域的多元主体话语框架化机制的深入分析是一个有待拓展的研究方向。

话语是一种权力的表征。福柯认为话语是被建构的,这种建构与真理、知识及权力密不可分。② 话语冲突的元概念意为言语事件,主要指在交际过程中,话语主体争夺话语主导权引起的语言冲突。这种冲突表现为言语双方对同一事件持有不同观点,并反对彼此的言行和态度,继而引发冲突性话语事件。在新社会运动中"身体表达""隐性书写""政治涂鸦""视觉图像"等亚文化表现形式成为行动者与主导性文化交锋的重要话语方式。冲突性话语体系在多个领域生成,反映了公民试图通过策略性话语框架对主导性话语进行质疑、消解或协商。随着新媒介场域的形成,话语冲突剧目从现实空间走向了网络空间,自媒体空间成为各种话语体系进行博弈和商议的重要场域。③ 福柯认为在每个社会,话语建构受选择、控制和组织的程序化影响,这些程序的目的在于消除话语的危险,控制突发事

① 《"战略定力"与"四个一"习近平为绿色发展标定"蓝图"》,中国新闻网,2019 年 3 月 6 日,http://www.chinanews.com/gn/2019/03-06/8772899.shtml.
② [法]福柯:《福柯说:权力与话语》,陈怡含编译,华中科技大学出版社 2017 年版,第 34 页。
③ 漆亚林:《自媒体空间的话语冲突与青年政治认同》,《青年记者》2017 年第 7 期。

件的发生。① 政府是建构话语秩序的主导力量，并通过制度、法律与组织等体制性保障建构社会的主导话语，维持社会话语秩序的稳定和发展方向。社会组织和公众通过法律和制度所赋予的权利对社会问题进行监督和批评，从而建构冲突性话语空间。英国语言学教授诺曼·费尔克拉夫（Norman Fairclough）认为，政府话语与公众话语作为社会实践符号，两者之间存在着不对等的结构关系，与公众话语相比，政府话语处于明显的主导和支配地位。从话语的生成逻辑而言，话语具有三维结构：话语是篇章、弥散的实践和社会实践。任何"话语事件"都可以被同时看作一个文本、一个话语实践的实例、一个社会实践的实例。② 话语的文本向度及其背后的社会问题和意识形态实践与权力关系的三个维度为环境传播场域的话语冲突机制研究提供了一个可资参照的分析框架。在环境传播过程中，话语实践作为一种特殊的社会实践，对环境议题尤其是环境事件中的话语框架具有解构与建构的作用。政府、媒体、公众和环保组织等多元参与主体，由于社会背景和利益诉求不同，对环境议题的理解和解读存在着很大的差异性，这是话语冲突形成的逻辑前提。由于环境问题产生的环保运动被学者认为是后工业社会的新社会运动。环境公共事件成为环境话语的历史文本，从环境话语文本出发阐释环境问题的社会实践以及话语主体的意识形态与权力关系有利于发现环境话语的社会逻辑和建构融通话语的路径。

我国早期的粗放型经济增长方式导致环境恶化，工业污染、城市污染、农村污染以及包括声光电磁在内的新型污染成为公众十分关注的环境污染源。环境问题严重威胁人民的身体健康、生活质量和社会稳定。环境问题也会影响经济发展的质量和可持续性。气候、土壤、生物、水等构成的自然环境是人类赖以生存的基本条件和物质基础，是人类社会最基本的公共利益。环境污染与生态问题所导致的社会不满容易引起公众的集体共鸣与群体认同，使隐性情感逐步宣泄为显性行动，对现行社会秩序造成冲突和挑战。公众尤其是裹挟在新媒体浪潮中的网民在争夺自身权利和环境

---

① ［法］福柯：《福柯说：权力与话语》，陈怡含编译，华中科技大学出版社 2017 年版，第 33 页。
② 胡雯：《费尔克拉夫话语分析观述评》，《牡丹江大学学报》2009 年第 6 期。

意义的过程中,伴随着话语权的骤然释放和表达空间的空前广阔,逐步演变成为具体环境话语建构和传播能力的行为主体。他们不断推动着环境事件的发生和环境话语冲突机制的形成。话语作为社会变动最敏感的隐喻指标,是社会秩序在历史文本中的生动注脚。话语实践是建构环境认知和社会认同的实践过程。诺曼·费尔克拉夫认为,话语的生产与再生产不仅仅是一个静态的语言结构,还通过语言文本的生产与消费将不平等的社会权力结构和意识形态再现并巩固。① 媒介通过整合环境话语框架可以重塑环境传播的话语秩序,形成共享共治的环境权力观来引导环保多元主体的环境认知,建构环境保护的协同行动策略,从而化解环境话语冲突,为解决环境问题和生态危机提供有效的话语实践经验和可资供鉴的范本。本书以邻避运动中大规模群众聚集出现的时间点为关键节点,选取了2006—2016年在全国主流媒体中广泛传播、舆情持续时间较长且规模较大的30起环境公共事件进行话语分析,归纳出重大环境公共事件中话语冲突的特征及其形成原因,试图在社会结构性矛盾凸显的大背景下探寻一条适合环境传播的话语秩序重构的路径。

笔者通过对2006—2016年重大环境公共事件历史文本分析发现,多元行动主体在进行环境话语生产和再生产过程中呈现出强烈的话语冲突,这些冲突性话语是经过组织者采用框架化策略"创造出一个容易被接受的话语以达到有效动员的目的"②。不同主体之间形成冲突性话语的主要原因可以概括为以下几个方面。

1. 不同话语主体的利益诉求不同是导致多元话语冲突的根本原因

"利益冲突是人类社会一切冲突的最终根源,也是所有冲突的实质所在。"③ 不同环境主体代表着不同的价值取向和利益分配,参与主体往往会从各自的利益诉求出发进行不同的话语实践活动,形成复杂多样的话语框架。他们选择的表达方式和话语框架大相径庭甚至针锋相对,通过环境意义的争夺获得利益诉求的合理化。众多话语形态经过聚集和交汇不断激

① 李耕耘:《从批判话语分析(CDA)到传播民族志(EOC)——话语、传播实践与"钟情妄想症"的分析示例》,《暨南学报》(哲学社会科学版)2016年第9期。

② 赵鼎新:《社会与政治运动讲义》,社会科学文献出版社2014年版,第42页。

③ 张玉堂:《利益论:关于利益冲突与协调问题的研究》,武汉大学出版社2001年版,第1页。

发、重叠、感染，进而酝酿成为跨个体、跨群体的象征符号。多元化话语在碰撞与对冲下容易引发群体性冲突事件。比如，山东乳山反核事件以山东省、市等地方政府与中核集团为代表的话语方建构的话语框架是"经济巨大的推动力"（每年税收 17 亿元、投资巨大等），反核者主要是乳山银滩来自全国各地的业主，他们不希望核电站建在"我家的后花园"，通过"银滩无核，爱我家园""程序不当""决战 2007"等话语修辞建构了与项目主导方冲突的解构式话语框架，进行环境意义和利益的争夺。其中开发商因为担心房子不好卖而推波助澜反对该项目。但是，始于个体利益的环保冲突事件也在信息公开、征求公众意见、维护程序正义等方面从私利向公共利益转向。正如有学者为环境邻避运动进行辩护时所言，邻避的利益诉求属于环境权益诉求，由环境权利和环境利益构成。①

2. 话语主体的路径依赖不同导致话语表述多元化

环境事件的传播过程中，不同背景的参与主体，其政治资源、媒介素养、环境知识和风险认知有着很大的差异性。地方政府和不同圈层的个体或群体在进行话语实践时，往往会基于自身的地域、文化、习俗或生存现状形成不同的环境认知、价值取向和心理图式，以不同的占位与视角来解读同一环境事件，以己身可接受的话语方式和行动方案参与环境公共事件的展演，从而呈现出话语陈述的多元性和冲突性。于是，也就有了多元参与主体话语表述的差异与割裂。地方政府和环评专家等行政理性主义者具有政府资源、专业资源和媒体资源，对可能会产生的污染风险具有较强的理性认知。一般民众对这些项目的风险性认知更多来源于碎片化的媒介介绍和邻避运动组织者有目的的传播，通过媒介建构的风险大于实际感知的风险。

3. 话语权力势差导致话语影响非均衡化，新媒介拓展了冲突性话语空间

话语表达拓延出权力性，即话语的影响力。由于权力、财富、信息等社会稀缺资源分配存在差异性，环境主体的话语权也有着强弱之分。相对于地方政府和关联企业主导的环境行政理性主义话语体系，民间实用主义

---

① 孟需泽：《"邻避运动"的公众利益诉求与法律规制研究》，硕士学位论文，华东政法大学，2016 年。

话语的可见性和影响力在环境传播中呈现着非均等化或不平衡性的分布,这势必会影响到环境议题的建构。传统主流媒体立足于正面报道,地方政府对当地传统媒体具有强势影响力,一些市场化媒体和环境 NGO 会选择从社会监督的角度支持邻避运动弱势一方。较多环境公共事件中的行动者通过微博、微信、QQ、短信、论坛等新媒体平台进行社会资源动员并引起社会关注,形成舆论热点。网络空间成为在场的行动者和不在场的围观者进行话语集结的重要传播场域。随着社会主义生态文明建设的全面展开,绿色发展和高质量发展成为国家和人民群众的核心利益。生态治理的民生导向意味着主导性话语与民间话语具有巨大的公意空间。尤其是,政府相关部门通过多种网络平台为公民提供环境监督举报的渠道,并建立了相应的信息公开机制和反馈机制。

4. 环境危机管理机制不健全、地方政府应对不及时

早期的环境事件文本显示,一些地方政府特别是基层政府人员在重大的公共事件中不善于吸收公民的参与,缺乏危机应对的经验和风险管理能力,面对环境公共事件时显得捉襟见肘,回应逻辑不流畅,应对策略比较被动,甚至成为矛盾进一步激化的诱因。① 比如,在一些 PX 项目和垃圾焚烧厂项目等引发的邻避运动中地方政府没有及时回应公众相关诉求,亦未进行公开对话,从而加剧了环境话语冲突的产生和话语主体矛盾的激化。

由此可知,话语秩序决定着环境交际过程中的权力关系和资源分配,并以规范化、程式化、隐蔽性的形式固化下来。媒介技术迭代创造了新的环境传播场域,相对于行政理性主义主导的环境话语秩序,公众选择更为快捷灵活赋权的新媒体来表达自己对环境问题和环保事件的认知和情感。他们在国家正义、遵守法制的主导话语框架下建构与地方政府争夺环境意义维护自身利益的解构式话语,从而颠覆了传统的话语秩序,重构以多元文化为基础的环境传播场域就显得十分必要。随着中央对生态文明建设的主导性话语体系的建构,对环境问题的督查和惩治力度的加大以及公民权利意识的逐渐提高,环境话语冲突作为一种普遍而复杂的社会文化现象将

① 严燕、刘祖云:《风险社会理论范式下中国"环境冲突"问题及其协同治理》,《南京师大学报》(社会科学版)2014 年第 3 期。

与时俱进地推动环境话语秩序的重构，并促进环境治理话语体系现代化和治理能力现代化。

　　不同传播主体的价值立场、话语态度、表达方式、话语模态等象征策略都会影响到环境传播场域的话语框架。对重大环境公共事件中的话语冲突机制及其基本逻辑的阐释有利于推动治理者通过善治方式掌握意识形态领域的话语权，重建政府、媒体、民间的信任关系和降低社会政治风险。

一　邻避情结极化下的情感动员

　　在众多的环境公众事件中邻避运动成为各界关注的环境抗争运动。"邻避运动"（Not In My Back Yard），又称邻避现象、邻避危机，主要指社区居民因为担心自己的家园受到附近建设的变电站、垃圾掩埋场、殡仪馆等具有环境负外部性的公共设施对身体健康、环境质量和资产价值等带来负面影响所产生的抗争行为。① 美国学者欧海尔（O'Hare）1977 年率先提出的"邻避"概念意指经济增长过程中，集体消费的具有实质或潜在环境威胁项目的公共设施，成本与效应不平衡，其产生的外部成本要由设施选址地点的社区和居民来承担，从而引起周边居民反对或抵制的言语冲突事件。② 邻避运动是一种具有代表性的全球性话语实践，表征为行动者运用符号编码建构冲突性话语框架，以此来达到劝服目的和权益诉求。邻避冲突的发生具有潜隐的文化逻辑和心理暗示。我们处于这个星球中，但我们的生活经历从未能超出它的某一很小的部分，这个部分就是我们的居所：我们的栖息地。地理位置对于界定我们的身份、自然的意义、行动起来保护环境有着重要的意义。③ 邻避冲突早已在欧美、日本、中国台湾等国家或地区频繁发生，环境话语冲突、集体行动、具身抗争等环境实践也越来越成为城市化进程中的突出现象。

　　习近平总书记高度重视"邻避"问题，他指出："推进'邻避'问题

---

　　① M. Dear, "Understanding and Overcoming the NIMBY Syndrome", *Jouranal of the American Planning Association*, 1992, 58 (3)：288 – 300.

　　② 王涵：《邻避运动视角下的城市社区治理研究》，《管理观察》2014 年第 31 期。

　　③ ［美］罗尼·利普舒茨：《全球环境政治：权力、观点和实践》，郭志俊、蔺雪春译，山东大学出版社 2012 年版，第 32 页。

防范化解，破解涉环保项目'邻避'问题，着力提升突发环境事件的应急处置能力。"① 为了有效地解决"邻避"问题，我们应该充分分析邻避运动产生的基本逻辑。邻避运动是行动者进行集体动员的过程，"不要建在我家后院"引起的邻避冲突的根本原因是具有邻避情结的公众基于利益博弈产生的一种集体行动。但是，邻避冲突也是行动者通过情感宣泄、情感动员到情感认同的过程。在环境公共事件中，众多行动者都认为在邻避项目的选址和环评前没有获得参与和了解核心信息的机会，公民知情权没有得到应有的尊重。民众主动与当地政府部门交涉过程中没有得到及时回应，有的房地产开发商为了商业利益或隐瞒相关信息或火上浇油，点燃民众情感宣泄的怒火，从而使其发展成为环境抗争的集体运动。我们既要重视情感在环境冲突中的作用，也要"关心社会运动中参与者行为背后的宏观结构和微观社会心理学机制"②。从早期的"邻避冲突"事件来看，地方政府或相关企业为了推进项目顺利实施，也会进行项目的正面宣传，构建环境风险议题时往往会弱化邻避设施的负面影响，并试图通过定义"安全"来建构邻避设施的合理性和合法性，以减少社区和相关利益者的抵制行为。但是作为风险主要承担者——周边居民的声音在被地方主导性话语遮蔽或者合法利益被否定时，会进一步演变成为一种群体性事件。

在邻避运动中行动主体利用网络新媒介进行情感动员起到了关键性的作用。"情感动员的方式主要体现在以共同情感为基础的叙事策略的运用中"③，情感叙事通过一定的修辞策略和象征意义将个人的感受转化成集体的情感体验。赫伯特·布鲁默（Herbert Blumer）认为集体行为是一个人与人之间的符号互动过程，其过程是由集体磨合、集体兴奋和社会感染三个阶段构成。处于社会弱势地位的公众在信息不足、信任缺失和权利缺乏保护等主观感知支配下，理性诉求逆变为情感宣泄，由程序依赖和"传统媒介依存"转向行动依赖和"网络媒介依存"，借助框架化策略制造媒介事件或求助于网络发声来吸引社会关注，推动舆情发展。这种非体制性

① 《习近平谈治国理政》第三卷，外文出版社 2020 年版，第 370 页。
② 赵鼎新:《社会与政治运动讲义》，社会科学文献出版社 2014 年版，第 69 页。
③ 陈华明、孙艺嘉:《情感线逻辑下的网络舆情生发演化机理与治理研究》，《西南民族大学学报》（人文社会科学版）2020 年第 5 期。

的情感宣泄容易导致对抗性行为，进一步引发群体性冲突事件。网络新媒体的即时性、便捷性、移动性、裂变性等特点，给邻避行动者生产 UGC 创造了条件，他们更愿意便借助新媒体进行情绪宣泄和编制行动剧目。公众不再满足于就事论事，而是以邻避情结为依托进行情感渲染，建构动员机制。

但是，一些环境行动者在情感动员过程中建构的解构式话语框架也存在谣言、暴力、侮辱和意识形态碰瓷等失范现象。正如有学者所言，"作为情感的社会行动者，抗争主体通过'悲情叙事''身份展示''戏谑表达'等情感动员策略，吸引了广大网民的关注和参与，促成了抗争性网络集群行为的迅速生成，但它在生成过程中却产生了'网络空间中的情感暴力'"[1]。网络暴力和谣言等解构式话语在情感动员过程中会驱使邻避冲突产生情绪极化和事态变异，当引起社会各界的警惕。从邻避事件的结果来看，大多数地方政府和相关企业在事中和事后均征求了拟建邻避设施附近的居民意见，邀请了公众参与决策，邻避结果获得了大多数公众的认同。

二　高度语境归因下的合意裂变

媒体的话语传播对社会实践有着风险助推和风险再造的作用。新闻借助"归因"过程（新闻对于事件的因果解释）来影响受众认知，唤醒公众情感。荷兰学者梵·迪克（Van Dijk）将新闻话语分为宏观和微观两种话语结构层次，"宏观结构"指新闻主题，即用来描述话语的话题（topics）和主题（themes）。"微观结构"则是指对事实的细节选择和组织架构，是文本的底层组织，命题是其基本构成单位。其中，"宏观结构"统领着"微观结构"。[2] 根据梵·迪克对新闻文本结构的阐释，新闻文本经由归因策略和命题语义以及所构建的"宏观结构"影响着受众对于新闻事件的记忆和理解，进而进行知识再生产，最终改变人们对于社会的认知和心理图式。因此，面对同一社会事件，媒体采用的归因框架不同（它是新闻事件的逻辑起点）所形成的报道主题、社会影响力大相径庭，处于"知

---

① 陈相雨、丁柏铨：《抗争性网络集群行为的情感逻辑及其治理》，《中州学刊》2018 年第 2 期。

② 丁和根：《梵·迪克新闻话语结构理论述评》，《江苏社会科学》2003 年第 6 期。

识—权力"框架下的受众对事件的认知、理解和评价也会产生较大的差异性。

当具有争议性的环境问题发生时,媒体通常会采取高度语境化的策略,即将群体性事件置入宏观的社会大背景之下,进行关联式的深度解读,以探究事件发生的深层次原因。在这一过程中,媒体通过语言标记、符号修辞、意义置换等话语实践不断地影响着人们的环境认知、情感倾向和行为方式。基层政府和传统媒体如果对环境风险信息讳莫如深或者刻板宣传反而会引起公众的联想和质疑,导致环境公共事件的触发与升级。

众多环境公共事件显示,环境行动者在进行社会动员时更青睐社会化媒体。环境问题经过社会化媒体不断地语义嫁接,话题拼配、"上纲上线",在公众心中形成了"在地风险"记忆链,形成了"官本位思想"的前理解。环境问题被置换成了地方政府行政作风问题、公民争取权力的问题。环境运动主体为了获得话语实践和环境行动的合法性,常常在中央环境政策和法治精神的框架下进行话语资源的征用与动员。在社会化媒体"宏观结构"的影响下,公众将环境问题习惯性地归因为地方政府和关联企业执行中央政策不力以及政务态度、行政能力等方面存在的问题。受"塔西佗陷阱"的影响,相关利益者之间产生信任裂痕,继而促使环境话语冲突的加剧,甚至演变为社会矛盾与线下冲突行为。

三　"恐惧话语"建构的环境叙事框架

现代社会是乌尔里希·贝克所定义的风险社会,各种污染充斥全球每一个地方。伴随着全球性危机,生态风险逐渐在工业化社会道路上占据主导地位,随着环境问题尖锐化,生态在总体上呈现恶化趋势。[①] 在全球风险社会语境下,各国或地区不断出现环境运动,"直接受到风险影响的团体机构开始抵制来自诸如化工厂、核电站以及废料垃圾焚化场和生物技术研究所和某些技术工厂的恶劣破坏"[②]。但是,人的生物视域是有限的,

---

[①]　杨丽杰、包庆德:《乌尔里希·贝克风险社会理论的生态学维度》,《哈尔滨工业大学学报》(社会科学版)2019年第2期。

[②]　[德]乌尔里希·贝克、[英]安东尼·吉登斯、[英]斯科特·拉什:《自反性现代化》,赵文书译,商务印书馆2004年版,第37页。

我们所看到的世界主要源于媒体建构的拟态世界。我们所"看到"的生态风险，更多不是感知风险而是媒介建构的风险。媒体不是现实社会反映的镜子，它通过话语生产者对客观世界进行象征性反映，成为环境传播话语构序的重要载体和资源动员的鼓动者。按照乌尔里希·贝克的观点，大众传媒在风险沟通、舆论监督、生态教育以及环境预警方面扮演着重要的角色，它是社会风险预警机制中的重要一环。媒体的"文化之眼"能够再现已发生的生态环境风险事件，使公众更深刻地认识风险或危机产生的基本逻辑，唤醒公众的风险意识和生态自觉。但是，媒体要想获得更多人对于事件的关注、争夺环境议程设置主导权就需要建构一套合法的且适合在公共空间传播的话语框架。"当恐惧无缝地和生态性破坏行为联系在一起时，在特殊的社会心理作用下，恐惧便成为我们认识生态破坏性行为，并评价其合法与否、正义与否的唯一可以诉求并依赖的视域概念或意指概念。"①在环境公共事件中，恐惧话语框架的建构成为行动者运用媒介资源制造舆论热点进行有效抗争的手段，也是赋予社会行动合法化的冒险之旅。媒体成为环境事件中利益主体争夺话语权，满足环境诉求并取得社会共识的重要通道。

　　媒体使用象征资源建构现实图景时必须坚持马克思主义新闻观客观报道世界，承担社会责任和文化使命，否则会给社会带来深重的灾难。江泽民同志强调"舆论导向正确，是党和人民之福；舆论导向错误，是党和人民之祸"②，媒体在报道环境事件和生态问题时要坚持以社会主义核心价值观和新时代中国特色社会主义生态文明思想引领环境传播的舆论导向。习近平总书记指出："在新的历史条件下，党的新闻舆论工作职责和使命是：高举旗帜，引领导向，围绕中心、服务大局，团结人民、鼓舞士气，成风化人、凝心聚力，澄清谬误、明辨是非，联接中外、沟通世界。"③不但为环境传播提出了舆论导向的根本遵循，还为包括传统媒体与新兴媒体在内的舆论工作提出了增强传播力、引导力、影响力和公信力的实现路径。在环境传播中，传统媒体和新兴媒体要改变惯性报道中存在的突出问

---

①　刘涛：《环境传播：话语、修辞与政治》，北京大学出版社 2011 年版，第 119 页。
②　《江泽民文选》第一卷，人民出版社 2006 年版，第 564 页。
③　《习近平谈治国理政》第二卷，外文出版社 2017 年版，第 332 页。

题。比如，传统媒体在环境风险事件报道中的刻板性、保守性，甚至缺场失语以及新媒体的"把关人"缺位等现象为环境传播场域的谣言和失实信息的滋生提供了土壤。同时，由于邻避设施关涉的利益群体规模大、层次复杂，地方政府对媒体的选择、议程设置、时空确定以及话语修辞等都要有针对性和前瞻性，对邻避设施的风险性采取丰富而灵活的话语策略并建构快速反应机制，以增强主导性话语的传播力和说服力，否则难以应对环境危机的突发事件。

社会学家奥尔波特与波斯特曼（Gordon W. Allport & Leo Postman）提出"谣言＝重要性×模糊性"，表明谣言的产生与事件的重要性及其信息的模糊性之间成正比关系。① 重要性是事实之所以成为新闻的重要价值尺度之一，它是确定新闻信息引起关注并减少不确定性的意义指标。如果大众想知道而没有途径知道，缺少真相的事实就会变得模糊不堪，越是重要的信息越能刺激人们的好奇和求知欲，这就给伺机而动的谣言创造了传播的机会。在环境公共事件中，当生态破坏行为被置于社会安全话语体系中时，底层民众的焦虑对抗情绪便逐渐高涨，并借助新媒体构建解构式话语空间来进行社会动员。互联网是解构式话语空间主要的生产车间，也是解构式话语交换与传播的活跃市场。公众从主导文化的文本框架和修辞策略中寻找矛盾与冲突，并进行合理征用、解构或重构，从而获得环境议题设置和话语建构的机会。解构式话语空间具有的自主性和匿名性特征，驱使部分公众选择一些"出格"的话语方式来争夺环境权益，生产和传播"恐惧话语"便成为其中一种话语策略。"恐惧话语"具有煽动性且扩散性快的特点，它与社会问题交织传播，易于形成强大的社会关注度和情感动员能力，并形成非理性的话语冲突。皮奥特·盖（Piotr Cap）教授在《恐惧的语言：公共话语中威胁的传达》一书中指出："制造恐惧与社会不安是现代公共话语的主要特征，主要用于解释所制定政策的合理性，避免或消解恐惧。"② 客观、公正的反映生态问题的严重性和危机性，实事

---

① 王倩、于风：《奥尔波特和波斯特曼谣言传播公式的改进及其验证：基于东北虎致游客伤亡事件的新浪微博谣言分析》，《国际新闻界》2017 年第 11 期。

② 张辉：《〈恐惧的语言：公共话语中威胁的传达〉评介》，《天津外国语大学学报》2018 年第 2 期。

求是地凸显生态破坏的恶化程度，是可以接受的"恐惧话语"。对邻避设施出现问题之后的想象性恐怖场景的描述本身也无可厚非。基于争取合法权益、维护环境正义和程序正义建构的解构式话语有利于引起政府和相关企业的高度重视，并转化为政策调整的语料资源和具体实施的参考依据，成为丰富和完善主导性话语的象征资源，并逐渐成为主导文化的一部分。但是，我们要警惕的是环境事件中所制造的异化的"恐惧话语"，作为修辞策略进行社会动员破坏社会发展的"恐惧谣言"以及趁机进行意识形态碰瓷的"恐惧叙事"。"中国正朝向一个工业化的风险社会发展，这个社会正在向现代治理转型，而现代治理又在被自反性现代性去传统化。"[①]自媒体为公众建构了人人都有麦克风的传播机会和话语空间，网络空间的"言词极化"易于导致情绪极化和舆情极化。"恐惧话语"通过改变受众的心理图式，形成群体极化现象，从而获得情感动员的社会资本和行动能力。中国的环境治理和生态文明建设是一项系统的世纪工程，它嵌入社会发展的各个领域。2020年3月国家互联网信息办公室发布了《网络信息内容生态治理规定》，标志着国家网络治理体系现代化和治理能力现代化进入了新阶段，对环境传播中政府、企业、社会、网民等多元主体定制了可见性和可操作性的治理目标、任务和具体内容。环境传播的"恐惧叙事"在新时代舆论工作指导和生态综合治理环境下的生存空间将日益狭小，环境传播场域将日益清朗起来。

四　消费主义侵蚀下的"拨乱反正"

全球性环境恶化是如何造成的？这不仅仅是政府和技术专家关心的议题，更是全球公民应该关注的问题，因为这与每一位公民都密不可分。1992年里约大会（联合国环境与发展大会）通过的《21世纪议程》明确指出："全球环境不断退化的主要原因是非持续性消费和生产模式"，解决的办法是："通过改变生活方式提高生活标准，减少对地球有限资源的依赖，并与地球的支撑能力取得更好的协调。"[②]但是资本主义制度倡导的

---

① 贝克等：《风险社会与中国——与德国社会学家乌尔里希·贝克的对话》，《社会学研究》2010年第5期。

② 陈彩棉、康燕雪：《环境友好型公民》，中国环境科学出版社2006年版，第89页。

"高收入，高消费"观念也影响了发展中国家和地区。这种消费方式成为消费主义社会的主导方式。美国学者发出警告："向所有人推广这种（指美国式的）生活方式，只会加速这个生物圈的毁灭。"① 经济理性主义认为环境和社会成本可以内化为商品的价格，可以创造更少废弃物或几乎没有废弃物的生产体制。② 通过市场主义和科学技术的手段来解决环境问题可以起到相应的作用，但是不能解决消费主义主导的生活方式和生产方式则难以建设成环境友好型社会。我们生活在让·鲍德里亚所说的消费社会，"今天，我们的周围，存在着一种由不断增长的物、服务和物质财富所构成的惊人的消费和丰盛现象。它构成了人类自然环境中的一种根本变化"③。消费主义已经并正在重构生产力和生产关系的基本逻辑，网络消费甚至精准地决定着生产的规模以及产品的价格。消费主义也不可避免地搭上中国经济发展和社会转型的列车。消费主义从中国城市向农村辐射，物质消费和符号消费的交互促进了社会关系的再生产和话语的再生产。消费成为身份、地位和"生活质量"的有序编码，消费不仅成为肉身的欲望还成为凝视的欲望。但是，过度的消费带来自然资源的过度开发和生态环境的快速破坏，盖娅的呻吟仿佛就在耳边。

除此之外，还有声光电磁污染等新型污染源污染我们的生活环境。

从上述城市环境报告的相关数据，我们可以看到主要的污染就来自生活消费和工业污染。其中，消费主义是城市环境污染和生态危机的主要根源，这也印证了生活消费主义的主要观点。因此，发动公众参与绿色消费和节能减排的环保运动中来，建构绿色消费的生活观和价值观是当下解决环境问题的重要一环。

媒体既是消费主义的文化内容，也是建构消费主义社会的载体，并成为推动消费主义社会发展的重要力量。艾伦·施耐博格（Allan Schnaiberg）在《环境：从剩余到匮乏》一书中，吸取马克思主义政治经济学与新韦伯主

---

① 陈彩棉、康燕雪:《环境友好型公民》，中国环境科学出版社 2006 年版，第 88 页。

② ［美］罗尼·利普舒茨:《全球环境政治：权力、观点和实践》，郭志俊、蔺雪春译，山东大学出版社 2012 年版，第 135 页。

③ ［法］让·鲍德里亚:《消费社会》，刘成富、全志钢译，南京大学出版社 2010 年版，第 1 页。

义社会学思想，对消费主义与环境保护之间的矛盾关系进行了论述。① 在当代社会，大众传媒征用符号体系和话语修辞讲述物质和文化消费在社会结构中的重要作用，通过广告劝说的方式鼓励民众进行消费，并不断创造出新的消费需求。从这一角度来讲，传媒所主张的消费主义是一个消费平民化的过程。大众传媒不断通过欲望叙事逻辑向民众传达炫耀性消费的主张，构建出一种大众的、普遍的消费主义生活方式的媒介镜像，从而使得过度消费成为一种生活常态和价值观，生态环境因此受到严峻挑战。

大众传媒通过议程设置和框架策略推动消费享乐主义成为一种社会文化和生活观。这种普遍的、超前的消费主义生活方式导致环境生态不堪重负，最终出现环境问题和生态灾难。马克思认为当"肮脏、人的这种堕落、腐化，文明的阴沟"成为人的生活要素时，会给生活在社会底层的群体带来严重的伤害。空气污染导致"对新鲜空气的需要在工人那里也不再称其为需要了"②。传媒在生态环境建设方面存在议题困境：一方面，它要承担社会主流意识形态功能，建构环境正义和生态公共价值；另一方面，媒体的可持续要依赖企业的广告投入，企业为了追求利润，却要借助传媒鼓动过度消费。随着人们环保意识的提高，地方政府、企业、民众、媒体和环保组织等多元主体之间的话语冲突事件时有出现。民众以自身利益和社会消费不公现象以及环境正义为逻辑起点对原有的工业主义环境话语进行阐释、解构和批评。环保组织出于生态使命感，面对消费主义对环境生态的侵蚀，利用新媒体理性阐释生态灾难与消费之间的因果关系，提出"没有买卖就没有杀害"等环保倡议，渴望引起行政理性主义、传媒公共话语和民间实用主义对环境生态的重视。

近年来，随着"美丽中国"、生态文明建设、全球命运共同体等具有中国特色的绿色话语体系和生态治理现代化的逐步推进，环境传播场域多元主体的话语融通和义理融合具有了丰沃的土壤，并取得了丰硕的成果。国家出台了一系列保护环境、倡导绿色消费的法律、法规，节能减排、绿色出行、碳中和等绿色发展理念已深入人心。

---

① 赵素燕、任国英：《生活环境主义与环境社会学范式》，《重庆社会科学》2014 年第 4 期。
② 房尚文：《"生态消费"的马克思主义解》，博士学位论文，复旦大学，2011 年。

第三节 移动网络空间话语结构的重塑①

新媒体时代改变了社会构型和环境传播的话语生产机制,给环境舆论引导带来极大挑战。环境话语的表达途径和环保行动资源动员平台大多依赖新媒体尤其是社会化媒体已成为不争的事实。因此,研究新媒体环境下话语机制和权力结构的变迁成为阐释和解决环境传播场域话语变迁的一个重要的突破口。话语是言说者与受众在一定的语境中借助口语或文本进行交流的方式。人们通过话语行动来认知世界、表情达意。无论是马丁·海德格尔所说话语是"存在之家",还是巴赫金(Bakhtin Michael)所言话语是"意识形态充溢物",抑或福柯所称话语是"社会权力关系相互缠绕的具体言语方式",均表明话语并非是世界"镜子般的倒影",它是一种意义建构,即不同的话语代表着对世界不同的认知框架、理解方式和不同的价值观。② 话语本质上是符号化于语言中的意识形态,是对原初事实进行解释的工具和场所,话语意义的深处与纯粹的语言学财产毫无关系,它根植于人类劳动、社会生活与阶级斗争,并在这一实践性过程中生息繁衍。③ 移动传播时代的话语及其言说方式呈现出崭新的特质。

福柯在《话语的秩序》中提出了话语言说的机制是构序和祛序。构序是掌握话语权的言说者建构的思考程序和话语策略。传统媒体构序的主体是媒体机构或其代表的行政力量,媒体采编人员掌握了传播的话语权,决定新闻事件的价值判断,受众在权力构型中处于弱势地位。网络新媒体打破了传统媒体的赋权机制,人人都有麦克风,人人都可以通过网络空间获得言说的权力,释放话语生产能力。从控制上说,Web2.0 时代网民的自身体验代替了简单的内容接受,开创了 UGC 模式,这种模式很大程度上

---

① 本节初稿发表于《中州学刊》2019 年第 2 期。作者为漆亚林、王俞丰。本节对内容进行了修改。

② 彭湘蓉、李明德:《移动传播时代新闻话语创新与主流意识形态建构》,《中州学刊》2017年第 2 期。

③ 曾庆香:《新闻叙事学》,中国广播电视出版社 2003 年版,第 4 页。

保障了网民的媒介接近权，改变了少数精英主导内容的模式。① Web3.0 时代网民与机器的交互成为常态，智能传播在场域中的话语建构力量逐渐强大，移动化、智能化、社交化、视觉化日益显性。以智能传播与算法推荐为核心的技术话语改变了象征修辞的意指规则，移动传播场域渐次形成替代性话语空间。移动场域话语转向的表征是话语祛序，言说者的主体更为多元，话语生产的支配性程序被颠覆。福柯提出了四个话语祛序的原则：一是颠覆原则，即采用批判反思的手法对传统的逻辑进行彻底解构；二是不连续性的原则，冲破连续性的逻辑假象，回到真实话语的不连续实践；三是特殊性原则，这是指相对于普遍性的逻各斯的一种反向破解消境；四是外在性原则，这里的外在性，意在反对话语隐秘的核心内部和中心本质的设定。② 上述原则同样适合我们对环境移动传播空间话语祛序的基本特征和发展路向建立阐释框架。

一　新技术改变移动传播场域的话语生产逻辑

移动传播与人工智能将我们带入媒介化社会，技术力量改变了传播形态和社会结构。新媒体实时交互、连接一切的特点颠覆了传统的传播模式，一对多的单向线性传播模式变成了多元非线性的互动模式，人人都是传播者、人人都是话语主体。两微一端、BBS、博客、播客等构建的移动网络空间为多元话语主体提供了传播渠道和交流平台。截至 2019 年 3 月底，微博月活跃用户达 4.65 亿人，与 2018 年同期相比净增长约 5400 万人，日活跃用户同步增至 2.03 亿人。而 2019 年，微信及 WeChat 的合并月活跃账户数为 11.6 亿人，同比增长 6.1%；QQ 智能终端月活跃账户数为 6.47 亿人。③ 理论上这些用户都是信息的传播者和接收者，标志着传播场域的资本结构和权力结构发生了根本性变化。传播格局的改变促使信息获得和表达的平权化，民意表达空前释放，传统媒体所代表的官方话语权

---

① 陈龙、杜晓红：《共同体幻象：新媒体空间的书写互动与趣味建构》，《山西大学学报》（哲学社会科学版）2015 年第 4 期。

② 张一兵：《从构序到祛序：话语中暴力结构的解构——福柯〈话语的秩序〉解读》，《江海学刊》2015 年第 4 期。

③ 《微信及 WeChat 合并月活跃账户数达到 11.6 亿》，新浪科技网，2020 年 3 月 18 日，https：//tech. sina. com. cn/roll/2020 - 03 - 18/doc - iimxxsth0000245. shtml.

被稀释,民间话语空间在一定程度上分享了话语权,但是改变这种话语生产方式的力量并非福柯所说的"资产阶级所特有的生产性的权力"[1],而是日益迭代的技术赋权。因此,在移动网络空间声浪最大的是伴随着网络成长的网生代和Z时代,甚至在邻避抗争等诸多公共环境事件中是底层话语主体在进行议程设置,并推动舆论的发展方向。

叙事视角在话语生产过程中十分重要。叙事视角确定叙事主体观察事物的方位、立场和视点,体现言说者的理性认知与情感态度。新闻叙事视角具有"神一样存在"的全知视角、"我在故我知"的内视角,也有凸显戏剧性效果的外视角。传统媒体强调主导文化的一律性和客观地再现现实图景,多采用自上而下的官方视角以及全知视角进行新闻叙事,通过多信源采信和第三人称讲述,以传播整齐的声音和社会的主流意志。传统媒体过度依赖行政主义信源,加之话语策略和传播形态的单一性导致其在进行环境报道时传播力和影响力受到一定的局限。反之,移动传播场域去中心化的话语生产机制改变了传统媒体的叙事逻辑,权威话语和一元论在自媒体空间被消解。移动网络空间话语生产既有来自民间的 UGC(用户生产内容),也有来自职业机构的 OGC(职业生产内容),还有来自专业人士生产的 PGC(专业生产内容)。不同用户具有不同的言说目的和话语生产能力,并以不同的视角进行社会观察和新闻叙事。移动传播场域还有一个重要的功能就是对共同体成员具有强大的情感动员力和行动组织力。在反PX 事件、反核事件、反垃圾场修建等邻避事件中我们都能看到移动传播场域成为行动者与地方行政理性主义进行对话和协商的主要阵地。有的邻避者还专门创建了网站、公众号、论坛、贴吧等话语空间,形成具有共同体特征的动员机制,组织了"集体散步""集体购物"等环境行动。

不同话语主体受到权力结构、阶层自觉和路径依赖的影响,话语表达带有明显的倾向性,每个群体都围绕着各自阶层的立场发言或讨论。UGC的生产者常常是欧文·戈夫曼所指的日常生活中的自我呈现者,他们在自媒体空间生产的生活碎片、情绪和观点大多从内视角进行叙事和言说,从

---

① 张一兵:《从构序到祛序:话语中暴力结构的解构——福柯〈话语的秩序〉解读》,《江海学刊》2015 年第 4 期。

己身体验娓娓道来，在时空变化中呈现喜怒哀乐，具有亲切性、感染力和传播力。环境 PGC 的生产者具有专业背景和专业生产能力，为网络空间生产较高质量的信息产品。国内环保公益组织，包括世界自然基金会、绿色和平等国际 ENGO，中国环境科学学会等政府组织的 ENGO 以及自然之友、绿岛、绿家园志愿者等草根 ENGO 是环境 PGC 的重要来源。这些环保公益组织生产的 PGC 起着专业信息阐释、与主导性力量进行协调、组织保护环境行动等作用。受技术主义和商业主义的影响，PGC 的叙事视角层次多元，既有宏大叙事，也有微观叙事，既有全知视角、内视角内容，也有体现悬念叙事的外视角内容。传统媒体通过两微一端、政府相关部门通过政务新媒体生产 OGC。OGC 的生产者具有职业和组织特征，受过专业训练，承担组织责任和使命，叙事视角也具有多元化特征，常常以灵活的沟通技巧来满足网民的信息需求，并进行舆论引导。例如，"侠客岛"是人民日报海外版的微信公众号，它创办伊始便视角下沉，倾听老百姓的声音，以平民化的视角诠释和传播海内外重大新闻，常以邻家大叔的口吻自称"岛叔"，通过通俗易懂的方式报道、解析和评论热点事件，且不失深刻犀利，"吸粉"无数。当然"侠客岛"的政治立场和情感态度亦十分鲜明，其"非官方视角"的话语叙事成功地完成了"官方身份"所承担的舆论引导和思想弥合的文化使命。南方周末的微信公众号"千篇一律"每周推出环保公众号热点新闻排行榜，成为自带流量的绿色话语空间，亦成为新媒体绿色知识图谱建构的实验田。

二 新文本激活移动网络空间的边缘性权力

环境传播的文本体现了话语权力结构变迁的轨迹。真理和历史的连续性在福柯眼里都是"逻辑假象"，这是话语背后的权力逻辑使然。传统媒体时代，多信源求证、跟踪报道以及全知视角叙事形成的新闻语态致力于凸显事件的连续性和真实性。在移动传播环境下，话语文本的碎片化与拼贴冲破了真相与时空"连续性的逻辑假象"。网络空间可以通过文字、图片、视频、音频、动画、小应用等多种文本符号和传播形态进行跨时空传播，新闻事件由一个个"碎片"拼成，真相也在一个个碎片中逐渐聚合。真相和历史的连续性经历"万花筒"般的信息"复原"，可能产生阻断历史必然性的力量。新媒体生产机制易于激活偶然性、边缘性的微观权力，因而契合了福柯对权力中心化的反叛思想。新媒体场域有大量的转发者、点赞者、转述者、评论者、信源提供者，还有新文本的生产者，他们试图运用"在场围观"的表达力量还原事件真相，破除传统权力机制对公共事件的议程干预和真相"留白"，推动网络事件的生成和网上舆论的发展。网络问政、网络反腐、网络监督的微观权力机制正在社会构型中生成新的权力关系。在网络环境公共事件中的信源大多首先来自业主论坛、QQ 群等，经过社交媒体扩散，同时为了让更多的政府部门和社会各界关注，一些业主通过社交平台进行社会动员，有些还取了个性化的网名甚至成为论坛的活跃分子。

表情视觉话语是移动网络空间极具表现力的视觉话语，移动网民运用明星、语录、动漫、影视截图等素材，配上合适的文字来表达特定的情绪和情感，打破了连续性的线性传播逻辑，多种表情符号、视觉修辞与流行语的结合在传受互动中创造了奇妙的象征意义，具有较强的话语张力和想象空间，甚至出现"此时无声胜有声"的表达效果。2016 年以青年网民为主体的"帝吧"出征，运用了表情包、网络流行语等多元化的话语表达方式，以美食、城建、风土人情、科技进步等图片表情包征战 Facebook，大战"台独"势力。这种具有青年亚文化特征的视觉修辞颠覆了传统的国际传播话语方式，在西方社交媒体中形成强势话语权，一改过去中国大陆在国际传播中的权力关系。在一些环保行动和邻避事件中环保组织或者公众通过网络平台发布文字、图片、漫画和视频等多种文本符号建构环境认知和情感动员。移动网络空间话语文本的拼盘与表情化颠覆了权力话语的连续性和话语秩序，但是也催生了网络暴力、群体极化、后真相、后事实形成的话语构境。

三　新场景"反向破解"传统的话语模式

西方哲学中的逻各斯"是位于一切运动，变化和对立背后的规律，是一切事物中的理性"①。德里达、福柯等解构主义先驱则消解了"逻各斯

---

① 张隆溪：《二十世纪西方文论述评》，生活·读书·新知三联书店 1986 年版，第 74 页。

中心主义"的理论底色。德里达对真理、主体、本质、目的等"在场"的批判，福柯对于理性的恒定性、主导性以及二元理论的反叛，都表明权力关系中存在着异质性、偶然性、去中心和非理性力量。网络技术、大数据、人工智能等技术力量建构的微博、微信、客户端等移动场景，AR/VR等虚拟现实技术建构的沉浸式场景，改变了传统媒体理性、复制、线性、单向以及冷静的话语方式，甚至颠覆了传统的新闻价值规律和传播原理。移动传播场景中打破了主体/客体、权威/臣服、主导/跟从、主流/非主流、内容/形式等二元结构。连接一切、即时互动的技术应用将碎片化的生活场景、娱乐场景、社交场景、消费场景、支付场景融合在一起，生成人的生活方式和价值观。不少政务新媒体、传统媒体的绿色新媒体、环境公益组织和公众个人的微媒体建构了一个跨越边界但各具特色的绿色空间，形成了不同的环境传播场景的交互。环境传播场景的仪式化与日常化日益结合，通过网络新媒体可以将世界各地的环保场景连接在一起。其中颇具代表性的是环保公益组织世界自然基金会（WWF），它在2010年与百度共同策划了"地球一小时"环保活动，世界100多个国家和地区2500多个城市同时参与该活动，成都大熊猫繁育研究基地作为启动仪式开启之地与活动推广大使大熊猫"美兰"、李冰冰、崔健、李宇春等通过现场和网络将该活动的环保主题、场景体验传达到世界各地，颠覆了传统的视觉场景体验。

　　入口的多元化、算法的智能化、传播的精准化建构了移动场景的话语模式，形成了显性的话语特征。人们在移动场景中的媒介使用行为具有很强的伴随性。比如，吃饭时追剧、坐地铁时刷微信、等候时看视频等，这就需要内容生产者从移动用户的角度生产"浅阅读""轻阅读"的融媒体产品，以满足用户伴随性的媒介消费需求。同时，移动场域中那些对原文本进行解构，并与当下社会热点、流行话题、公共问题相结合的文章以及具有强烈个性化、情绪化的话语表达常常为网民所青睐。在移动场景中，事实和真相甚至不再是传播的核心。这在一些环境公共事件的冲突性话语建构中尤为明显，地方利益集团"让事实飞一会儿"期间，戏谑性、恐惧性、失实性话语以及妖魔化话语就可能弥漫在移动传播场域，移动化、伴随性、智能化的传播模式将会加速"悲情叙事""程序正义"的话语传播速度和情感动员能力。

移动场景下的沉浸式传播也是对"普遍性的逻各斯的一种反向破解"。智能媒体借助智能手机、可穿戴设备、网络直播以及 VR、AR 等技术和设备完成新闻写作、摄影、摄像、定位、制作、发送、即时通讯等工作，形成浸入式和临场化的媒体体验。打破时空边界、媒体边界、现实与虚拟边界的沉浸传播带来无远弗届的传播效果，对用户产生奇妙的通感体验、情感偏向和临场感受。但是，移动场景也带来了因"信息过量和话语膨胀造成了意义的'表征紊乱'"①。由于环保信息本身缺乏热度，难以形成持久的关注度，大多环保信息会淹没在移动场域的海量信息中。同时，环境冲突性事件中制造的恐惧性文字、图片和视频以及谣言、网络暴力等也会造成环保话语意义的"表征紊乱"。

第四节　传播场域话语冲突的隐喻机制②

作为理解、认知世界的意识形态，是在物质生产和社会关系中形塑而成。话语是主体权力的体现和意识形态的表征，话语冲突体现了言说主体的意识形态冲突，并通过话语修辞和象征符号建构隐喻机制。本质上而言，话语冲突是话语主体在传播场域争夺主导话语权的过程。话语权作为社会力量的体现，代表一种阶级或利益集团在社会结构中的地位和意志。话语权说到底就是意识形态领导权，是话语主体控制意识形态教育内容以表达自己的思想观念、价值取向和政治立场的权力与方式。③ 网络空间的话语主体代表了更为细化的阶级或阶层，不同"圈层"或者社群的话语主体具有不同的物质条件、精神追求和族群文化，形成不同的价值观、人生观和世界观。学者们把话语冲突命名为"后台语言行为""冲突话语""冲突性言谈""混乱话语"，以及"对抗性话语""反话语""抗

① 毕红梅：《试析新媒体语境下社会思潮的传播与价值引领》，《学校党建与思想教育》2014 年第 23 期。
② 本节内容初稿发表在《中州学刊》2019 年第 2 期，作者漆亚林、王俞丰，有修改。
③ 李超民、邓露：《自媒体时代如何提升主流意识形态话语权》，《人民论坛》2018 年第 15 期。

争话语""替代性话语"等。① 邻避运动助推了环境冲突性话语的在线迁移。社交媒体发挥了替代性绿色公共空间建构的作用。

移动传播场域的话语结构变迁体现了传统舆论场、新型舆论场和境外舆论场的话语差异性。体制、技术和市场逻辑使媒介场域生成三个特色鲜明的话语空间。以党报党刊、广播电视台等为主形成的传统主流媒介场域是国家意识形态的宣传重镇，是环境主导性话语和主流价值观传播的重要平台。传统主流媒体是党和政府工作的延伸，是生态文明建设重要的"倡导者""宣传者"和"组织者"。媒体掌握议程设置，受众的参与度较弱，公众难以获得媒介赋权和赋能。技术逻辑驱动新型媒介场域的生成与升级，形成了以底层民众为主体的新型舆论场。移动网络空间生产出大量的反讽、质疑、隐喻、追问、扯淡、段子、娱乐等环境话语修辞或者行动剧目，颠覆了传统媒体的环境话语范式。这种体现个人意识形态和非主流意识形态的话语表达在移动网络空间交汇浸染，抑或病毒式传播，建构成日常政治的媒介幻象。移动传播场域成为不同环境话语的交汇地，并建构自己的言说框架。科学技术破除了境外舆论场与国内舆论场的壁垒，"妖魔化中国环境形象"的境外报道在移动媒介场域出现"舆论倒灌"的现象。

网络空间的治理者话语表达体系、知识分子话语表达体系和草根话语表达体系既具有冲突性，也呈现出和解的趋势。英国社会学家安东尼·吉登斯指出，现代性导致本体安全与存在性焦虑以及后现代主义对文本、意义、表征和符号的解构，推动了话语体系的冲突与重构。从传播主体而言，移动传播场域存在三种主要的环境话语体系：代表官方的治理者话语体系、具有批判性的知识分子话语体系和以底层网民为主的草根话语体系。治理者环境话语表达体系包括政府机构的官微（微信、微博）以及传统主流媒体的"两微一端"生产和传播的环境信息。政府机构和传统主流媒体的官微秉承了治理者视角和主流价值观，大多政府官微的工作叙事保持了信息传播的严肃性和刻板性，缺乏互动机制。传统主流媒体"两微一端"的话语方式具有强烈的创新性，人民日报"打捞沉没的声音"的话语实践，代表了主流媒体话语生产机制的转向，将主流意识形态融于网民

---

① 漆亚林：《自媒体空间的话语冲突与青年政治认同》，《青年记者》2017 年第 7 期。

喜闻乐见的话语形态和表达场景。一些知识分子具有的批判性和反思性深受网民的喜欢，他们抛弃意识形态固有语态，采用平等对话的方式，甚至借助揶揄、调侃等话语方式表达自己的观点、立场和价值取向，具有很强的传播力和影响力。底层网民的规模和环境决定了草根话语的多样性、边缘性和高语境性，但是环境草根话语无厘头的个体体验以及公共性的即时性记录创造了"围观改变世界"的话语范式，建构了无逻辑性合目的性的语言游戏。在媒介融合和社会主义生态文明建设的语境下，治理者、知识分子和草根三种环境话语体系不断调适、协商和交融以适应在线传播与生态治理的社会发展需要。

中国的生态文明建设以解决人与自然环境和谐共生的高质量发展为目的，符合国家利益、民族利益和全世界人民的共同利益。"绿水青山就是金山银山"的中国生态思想和隐喻机制确定了不同环境话语体系的价值导向和根本遵循。生态保护优先、生态环境保护督察、生态环境损害责任追究等制度与机制的系统建立与坚决落实为不同环境话语主体建构了共意空间与表达机会，近年来，环境公共事件和话语冲突大大减少，多元主体凝心聚力，协同治理与传播的成效显著。

第五节　实证研究：微博舆论场中网生代的环境议题表达

随着网络自媒体的迅猛发展，年轻网民已经成为网络传播场域的主力军。作为"互联网原住民"的大学生群体有了更多接触信息与表达意见的渠道和途径。数据显示，截至 2020 年 3 月，我国网民规模达 9.04 亿人；受过大学专科及以上教育的网民群体占比为 19.5%，成为中国网络空间的重要力量。[①] 网络空间信息渠道的日益多样，当代大学生的媒介使用习惯变化甚大，他们不再局限于接受传统媒体内容的供给，更为常见的是通过微博、微信、论坛、QQ 等社交媒体建构的替代性的网络话语场域来丰富

---

① 《第 45 次中国互联网发展状况统计报告》，中国互联网信息中心，2020 年 4 月 28 日，http：//www.cac.gov.cn/2020 - 04/27/c_1589535470378587.htm.

自身对环境的认知，参与环境保护行动。在此背景下，环境议题作为绿色公共空间信息传播的表现形式，常常引起大学生的积极思考与探讨，从而形成话语焦点和舆论热潮。新浪微博作为国内创建最早、影响力最大的社交媒介平台之一，在相当程度上可以反映出大学生对包括环境议题在内的各种议题、社会现象进行意见表达的新变化。

德国社会学家尼克拉斯·卢曼强调环境议题与社会传播中的符号和话语建构关系。[①] 环境传播在意识形态多元、议题交织、思想碰撞激烈的网络舆论场同样面对复杂的影响因素。本书采用问卷调查和访谈的方式对微博舆论场中大学生针对环境议题的意见表达的特征及影响因素进行研究，旨在探索大学生在微博上针对环境议题意见表达的特点及发展态势，以期对网络空间中环境传播的话语特征及网络舆论的生成逻辑有更深刻的认知。

一　文献综述与研究假设

（一）网络空间的意见表达

在早期的研究中，网络媒体中的政治表达、民意检测和对"意见领袖"的分析占据了大部分，大部分网络意见表达的讨论内容都涉及公共环境问题。吴信训等通过考察 BBS 上的意见情况来探索建构"和谐社会公共话语空间"的可能性。[②] 这种趋势自 2008 年起就进入不少学者的研究视野，针对网络舆情和应对策略的学术成果呈爆发式增长，其中大部分是涉及公众利益或情感的议程。对于意见表达主体的研究较多涉及社会发展、道德法律和公共环境议题，以大学生为对象进行意见表达的研究较多从心理学、政治教育角度开展。

（二）网络空间中的环境传播

罗伯特·考克斯（2016）认为社会化媒介和在线环境报道成为公众关注的内容。[③] 黄河等（2006）梳理了环境传播在中外的发展，西方社会的

---

①　Niklas Luhmann, *Ecological Communication*, University of Chicago Press, 1989, p. 28.

②　吴信训、陈辉兴:《构建和谐的公共话语空间——互联网上公众意见表达的形态、特征及其演进趋势》,《新闻爱好者》2007 年第 6 期。

③　[美] 罗伯特·考克斯:《假如自然不沉默：环境传播与公共领域》,纪莉译,北京大学出版社 2016 年版,第 194—195 页。

环境传播始于 20 世纪前 50 年,中国则始于 20 世纪 70 年代,并指出中国环境传播发展的 40 年正伴随着中国社会的巨大转变,并且涉及诸多社会问题,并将环境传播分为实用主义和建构主义两个维度。[①] 以 2010 年为转折点,学者将环境传播的研究重点转移到新媒体领域,关注网络空间的环境传播。刘涛、李娜、徐迎春、曾繁旭、王丽娜、孙玮、周裕琼、郭小安等学者从环境话语修辞机制、建构另类绿色公共领域、技术赋权与情感动员等多个维度的分析丰富了网络空间环境传播话语转向的研究。学者干瑞青(2013)指出,新媒体时代环境传播的特性为爆发性传播与传播长尾性、环境信息社会问题化与及时扩散、环境传播的地方性和国际性都在加深等。[②]

（三）大学生在微博舆论场中意见表达的影响因素

在梳理文献过程中,我们发现 2007 年后学者倾向于将话题的感兴趣程度、了解程度、社交环境陌生度等加入影响意见表达的考量中。2012 年后,意见表达研究的关注点由案例研究逐渐转向更宏观的平台研究和用户研究,意见表达分析的视角被极大地拓宽,原子化个人、媒体使用情况等新影响要素被纳入研究考量中。

1. 媒介使用情况

媒介日益成为受众获取信息的主要渠道,是个体建构对社会态度和环境认知的重要依据,媒介的使用逐渐影响着受众的行为。[③] 周葆华等指出,个体的媒体使用经历等会参与大学生网络意见表达的影响机制中。[④] 另外,马爱杰指出登录社交平台的时长与了解日常各项议题相关,能够促进使用者观点和发表意见的意愿的形成。[⑤] 梁赛楠在研究微博受众的媒介使用中得知,微博用户的使用频率正向影响其微博发布更新的积极性。[⑥] 而大学生的微博使用频率与使用时长是媒介使用情况的基本考量。因此我们

---

① 黄河、刘琳琳:《环境议题的传播现状与优化路径——基于传统媒体和新媒体的比较分析》,《国际新闻界》2014 年第 1 期。

② 干瑞青:《新媒体时代环境传播的特性》,《青年记者》2013 年第 35 期。

③ 薛可、余来辉、余明阳:《人际信任的代际差异:基于媒介效果视角》,《新闻与传播研究》2018 年第 6 期。

④ 周葆华、吕舒宁:《大学生网络意见表达及其影响因素的实证研究——以"沉默的螺旋"和"意见气候感知"为核心》,《当代传播》2014 年第 5 期。

⑤ 马爱杰:《用户在社交平台上进行意见交流和发布的影响因素》,《图书馆》2017 年第 2 期。

⑥ 梁赛楠:《微博客受众的媒介使用研究》,博士学位论文,华东师范大学,2010 年。

提出假说：

假说 1：大学生的单次微博使用时长对在微博舆论场中的意见表达有正向影响。

假说 2：大学生微博使用频率对微博意见表达频率有正向影响。

2. 议题属性

关于议题属性，简单分为对议题的了解程度和兴趣程度。陈旭辉、柯惠新将网络社会心理和议题属性两个视角整合起来，得出议题属性的影响程度相对更大。[①] 学者虞鑫、王义鹏在研究话题兴趣程度对于网络环境公开意见表达之间的关联时，得出大学生对话题更感兴趣则更乐于表达。[②] 在对微博用户意见表达的实证研究中，朱靓发现用户对议题了解程度与微博意见公开表达方式存在正向相关关系。[③] 因此我们提出假说：

假说 3：大学生对于议题的兴趣度对其在微博舆论场中的意见表达有正向影响。

假说 4：大学生对于议题的了解度对其在微博舆论场中的意见表达频率有正向影响。

3. 表达风险感

微博表达风险感是指用户在微博中对于表达意见所带来的隐私问题、安全威胁等方面影响的担心。朱靓在对微博用户的访谈中得知，用户的表达风险可能会影响他们的意见表达策略。学者陈旭辉通过对网民的问卷调查及其结果的归因分析，认为网民的表达风险感对其个人意见表达具有负向影响。因网民所处的社会环境而形成的社会心理，使得其在面对某一议题时，会考虑自身意见表达的风险程度。学者马爱杰指出用户在社交平台上的表达风险感知程度越高，其在社交平台上越会偏向沉默。[④] 因此我们提出假说：

① 陈旭辉、柯惠新：《网民意见表达影响因素研究——基于议题属性和网民社会心理的双重视角》，《现代传播（中国传媒大学学报）》2013 年第 3 期。

② 虞鑫、王义鹏：《社交网络环境下的大学生公开意见表达影响因素研究》，《中国青年研究》2014 年第 10 期。

③ 朱靓：《基于沉默的螺旋理论的微博用户意见表达研究》，博士学位论文，电子科技大学，2015 年。

④ 马爱杰：《用户在社交平台上进行意见交流和发布的影响因素》，《图书馆》2017 年第 2 期。

假说5：大学生的表达风险感对其在微博舆论场中的意见表达频率有负向影响。

4. 议题效能感

人们在对议题发表意见时，会考虑到"自己的意见是否是有价值的"，即议题效能感。学者周葆华证实了对于政治议题，大学生自身的政治效能感对其网络意见表达具有显著的正向影响。而牛静、李丹妮则在对中产阶级社交媒体意见表达的探索中将效能感分成了内外两种，并指出该群体的内在效能感显著高于外在效能感，而外在效能感对中产阶层的意见表达频率产生了正向影响，内在效能感则不具影响力。[①] 因此我们提出假说：

假说6：大学生的议题效能感对其在微博舆论场中的意见表达频率有正向影响。

5. 社会人口统计变量

社会学家克林格（Kerlinger）认为，在社会科学研究中运用人口统计学变量可以对社会现状及其变化有所评估，并且能够检测政府政绩、反映个人的相关状况。[②] 因此我们提出如下假说：

假说7：大学生的社会人口学变量对其在微博舆论场中的意见表达频率有影响。

我们认为，上述成果对于网络平台上意见表达研究提供了丰富的理论资源、操作方法和学术智慧，但针对大学生在移动传播场域的意见表达，尤其是对于大学生环境认知的实证研究还有拓展的空间。首先，对观察意见表达变化态势的历时性研究成果还有待丰富和补充；其次，考虑网络社区匿名度问题的相关研究还比较薄弱。安德鲁·海斯（Andrew F. Hayes）的自我审查意愿（Willingness to Self-censor，WTSC）测验内容更多关注了政治和道德立场上的自我审查；[③] 另外，相关研究对于意见感知也缺少进

---

① 牛静、李丹妮：《中产阶层在社交媒体上的意见表达及其影响因素探究——基于政治效能感和议题关注度的视角》，《东南传播》2018 年第 8 期。

② 李本乾：《人口统计学变量对议程设置敏感度影响的实证研究》，《新闻大学》2003 年第 3 期。

③ A. F. Hayes, C. J. Glynn, J. Shanahan, "Willingness to Self-censor: A Construct and Measurement Tool for Public Opinion Research", *International Journal of Public Opinion Research*, Vol. 17, No. 3, 2005, pp. 298 – 323.

一步细分。我国早期的研究集中于短期公共事件的网络舆情和治理，未顾及在微博舆论场中大学生的意见表达的新变化。我们需要关注微博自身的特征、大学生的上网习惯、意见观以及网络意见表达和线下生活的联系。

二　研究设计

（一）研究思路

本书结合理论资源的梳理，从社会人口统计变量、媒介使用情况、议题属性、社会心理四个层面分析影响微博舆论场中大学生意见表达的因素。其中社会人口统计变量包括性别、学历、家庭平均月收入、户籍性质。媒介使用情况包括微博使用频率、微博单次使用时长、现实好友占比。议题属性包括议题兴趣度、议题了解度。社会心理变量表达风险感、议题效能感。本书在进行信度、效度分析后，再将各影响因素和意见表达行为之间建立线性回归关系加以分析。

同时对 15 名不同年级的大学生进行有关环境议题的深度访谈，采用量化和质化相结合的方法，弥补量化研究方法的不足，能够对事物本质有更深刻的把握，以期全面了解微博舆论场中大学生的意见表达的新变化和网络空间中环境传播的特征。通过对文献综述部分的归纳，建立起本书微博舆论场中大学生意见表达与各影响因素作用关系的研究模型，如图 7-1 所示。

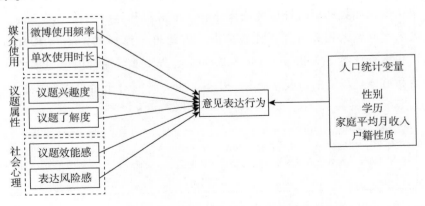

图 7-1　大学生意见表达的影响因素研究模型

（二）问卷设计

为了保证问卷的信度和效度，本书参考了以往学者的研究，并进行了适当的修改，制定微博舆论场中大学生意见表达影响因素的问卷量表。

有关社会人口学变量、媒介使用情况及议题属性的测量，主要从以下几个方面测量，如表7-1所示。

表7-1　　　　　　　　大学生意见表达影响因素

社会人口学变量	性别、学历、家庭平均月收入、户籍性质
媒介使用情况	微博使用频率、微博单次使用时长
议题属性	议题兴趣度、议题了解度

议题效能感、表达风险感、意见表达行为的问题描述和文献支持如表7-2所示。所有问题都采用李克特五级量表（Likert scale）来考察大学生意见表达行为和影响因素，采取五级量表加以衡量（1表示"完全不符合"，5表示"完全符合"）。

表7-2　　　　　　　　大学生意见表达行为和影响因素

议题效能感	当我看到相关新闻时，我觉得自己能够很好地理解其中的信息	牛静（2018）
	我有能力对社会问题的解决或政府决策提出建设性的意见	
	在微博针对相关议题所发表的意见会受到重视	
	我在微博针对相关议题所发表的意见能够影响政府或相关部门的决策	
表达风险感	对于敏感问题，我会回避参与网络讨论	陈旭辉、柯慧新（2013）
	发送、转发、评论或点赞微博前我通常会考虑是不是会对我个人造成潜在危险	
	因为有些人的微博内容被调查甚至判刑，我在微博上要小心发言	
	当我使用微博表达意见时，会考虑承担法律责任的程度	

意见表达行为	点赞认同的观点	牛静（2018）
	转发别人就相关议题发表的观点	
	对别人就相关议题发表的观点进行评论	
	就相关议题发布自己的观点	

三 模型验证

（一）数据收集

笔者于 2018 年 11 月对微博中的大学生群体进行滚雪球式问卷调查与访谈调研工作，共收到来自全国的 331 份问卷，其中 318 份为有效问卷。本次受访的大学生中，调查样本的分布为：性别方面，男大学生占 24.77%，女大学生占 75.23%；从学历分布的情况来看，大专占 6.34%，本科占 87.61%，硕士占 3.93%，博士占 0.6%，其他占 1.51%；所学专业方面，人文社科共 122 人占 36.86%，理工科占 24.17%，经济管理占 22.66%，医学占 4.23%，艺术占 6.34%，其他专业占 5.74%。

（二）信度与效度检验

量表的信度和效度使用主成分分析和验证性因素分析（CFA）来检验，首先，除去个人属性和个人媒介使用情况，对议题属性、表达风险感、议题效能感和意见表达行为层面共 13 个问题用 SPSS 进行可靠性分析，其 Cronbach's Alpha 值为 0.870，说明问卷有较高的信度。其次，对于议题属性、表达风险感、议题效能感和意见表达行为进行因子分析，KMO 值为 0.867，Bartlett 检验值为 2385.404，说明适合因子分析（Kaiser，1974）。具体各变量的信度和效度如表 7-3 所示，具体的因子分析如表 7-4 所示，KMO 和 Bartlett 的检验如表 7-5 所示。

表 7-3 各变量信度、效度检测

变量	Cronbach's Alpha 值
议题属性	0.930
表达风险感	0.883
议题效能感	0.882

续表

变量	Cronbach's Alpha 值
意见表达行为	0.868

表 7 - 4 旋转后因子分析

旋转成分矩阵ª

题项	成分		
	表达风险感	议题效能感	意见表达
因为有些人的微博内容被调查甚至判刑,我在微博上要小心发言	0.858	0.261	0.131
发送、转发、评论或点赞微博前我通常会考虑是不是会对我个人造成潜在危险	0.858	0.287	0.049
当我使用微博表达意见时,会考虑承担法律责任的程度	0.796	0.203	0.274
对于敏感问题,我会回避参与网络讨论	0.769	0.063	0.096
在微博针对相关议题所发表的意见会受到重视	0.206	0.862	0.260
我在微博针对相关议题所发表的意见能够影响政府或相关部门的决策	0.249	0.856	0.183
我有能力对社会问题的解决或政府决策提出建设性的意见	0.374	0.659	0.316
对别人就相关议题发表的观点进行评论	0.064	0.265	0.866
点赞认同的观点	0.395	0.005	0.769
就相关议题发布自己的观点	0.084	0.535	0.672

注:ª 基于相关。

表 7 - 5 **KMO 和 Bartlett 的检验**ª

取样足够度的 Kaiser-Meyer-Olkin 度量		0.867
Bartlett 的球形度检验	近似卡方	2385.404
	df	55
	Sig.	0.000

注:ª 基于相关。

(三)路径系数与模型检验

运用 SPSS 对数据进行处理,回归模型中各个自变量的 VIF 值均小于

5，由此可知自变量间的多重线性不明显，模型构建良好。因此本研究采用多元线性回归分析的方法是有效的，具体结果如下，见表7-6。

表7-6　　　　　　　　　　大学生网络意见表达的影响因素

	标准化系数	Sig	VIF
人口学变量			
性别（男=1）	0.126	0.003 **	1.138
学历	-0.046	0.233	1.029
家庭平均月收入	0.002	0.977	1.083
户籍性质（非农业=1）	0.005	0.867	1.061
R^2（%）	3.1		
微博使用情况			
使用频率	0.016	0.710	1.248
单次使用时长	0.123	0.004 **	1.215
增加的 R^2（%）	16.5	0.000 ***	
议题属性			
议题兴趣度	0.130	0.109	3.477
议题了解度	0.285	0.000 ***	3.346
增加的 R^2（%）	25.1	0.000 ***	
社会心理变量			
议题风险感	-0.064	0.203	1.650
表达效能感	0.388	0.000 ***	1.676
增加的 R^2（%）	9.4	0.000 ***	
总解释的 R^2（%）	55.3	0.000 ***	

注：** 表示 $p < 0.01$，*** 表示 $p < 0.001$。

从结果可知，在微博使用过程中，大学生的微博单次使用时长与微博意见表达频率表现出显著正相关性（$\beta = 0.123$，$p = 0.004 < 0.01$），说明每次使用微博的时间越长越愿意发表自己对于议题的看法，假说1被证实。而微博使用频率未对大学生微博舆论场中意见表达频率表现出显著的相关性（$p = 0.710 > 0.05$），因此假说2被拒绝。

在议题属性中，大学生就议题的兴趣度对微博舆论场中意见表达频率没有显著影响（$p = 0.109 > 0.05$），假说3被拒绝。而议题了解度对于微博舆论场中表达频率有显著正向影响（$\beta = 0.285$，$p = 0.000 < 0.001$），大

学生对于议题了解程度越高,越倾向于表达自己的意见,假说4被证实。

在社会心理变量中,议题风险感与表达频率未表现显著的相关性(p = 0.203 > 0.05);大学生在微博中对于议题的表达风险程度并不会显著影响其表达频率,因此假说5被拒绝。

议题效能感与微博意见表达频率表现出显著正相关性(β = 0.388,p = 0.000 < 0.001);即大学生感到自身在微博上表达意见会受到重视或能起作用时,会更愿意表达,假说6被证实。

在人口学特征中,性别对于微博舆论场中的表达频率有显著正向影响(β = 0.126,p = 0.003 < 0.01),其他变量均没有显著的影响。表明与男性大学生群体相比,女性大学生更加愿意在微博上表达自己的意见。因此假设7被部分证实。

四　结论

由本书收集到的数据来看,性别对于大学生微博意见表达的影响显著,相比于男性,女性大学生更倾向于在微博上表达意见。从媒介的使用情况来看,微博使用频率对大学生意见表达的影响有限,但是单次使用时长则影响显著,这说明尽管个别大学生在一天内高频率使用微博,但大部分进行碎片化阅读和信息的单向接收,并没有足够的时间、条件和意愿进行意见输出,表明较多大学生对于环境信息的接收也不会积极参与发言。而单次使用时长长的大学生,则更倾向于进行意见表达。关于议题属性,兴趣程度对微博意见表达的影响有限,说明即使大学生对于议题很感兴趣,也不一定愿意表达,包括具有戏剧性、冲突性的环境抗争事件。而了解程度会显著正向影响其微博表达频率,说明若对一个议题的了解程度越高,其自身的见解越多,越愿意将自己的想法表达出来。这与陈旭辉等学者的研究相符,对议题的了解程度是影响其意见表达的重要因素之一。环境问题和生态建设不仅是国家和政府的事情,更重要的是吸引每个公民参与其中。因此,网络空间创造大学生喜闻乐见的环境话语,提供丰富耐看的环境内容,讲好人与自然和谐共生的故事,培养良好的环境素养,建构正确的环境价值观,并驱动大学生养成从我做起的环保习惯,节能减排,避免消费主义的生活方式是新时代网络新媒体科技向善的一个重要面向。

在社会心理变量中，议题效能感越高的大学生在微博舆论场中意见表达的频率越高；若判断自己的意见会被"看到"、会引发现实中的改变，或者能够满足自己的社会责任感，大学生则会更倾向于对该议题表达自己的意见。同时，大学生的议题效能感可能还和其自身的知识结构和价值取向有关。此外，议题风险感与大学生在微博舆论场中意见表达并没有显著相关关系。在微博舆论场中，大学生的表达风险感也许被微博自身的匿名化特征以及内容的娱乐化所削弱。这说明新媒体时代，微博营造了一个较为自由的讨论空间，也说明大学生在表达自己意见的同时较少考虑到自己的言论是否会造成违规或违法等问题。

在后续的质化访谈中，本书对大学生在微博上就环境问题的意见表达进行了更深层次的探索，通过访谈内容我们发现微博舆论场中的环境传播呈现出扩散性强、反主流话语和议题社会化三种特征。

大学生对于环境议题的效能感有时被主体心理所影响，互动和现实反馈都鼓励着大学生进行意见表达，呈现出扩散性强的特征。"我的微博内容主要是分享生活，粉丝基本都是女学生，前几天我转发了一个广东地区的污染治理情况，有一位湖北的女大学生在这条微博底下提到了她家乡的某条河流被污染的情况，很多人都觉得很可怕就转发给自己的朋友，没想到第二天她所在城市的政府官方微博就在底下回复表示关注了。"（蒋某，25岁，硕士研究生）环境议题涉及多个维度，从基本的生存健康到社会动员，再到公民与政府之间的协商，对于环境传播特征和研究各变量之间的关系，背后有非常复杂的机制。一种可能性是：微博的产品设计鼓励用户之间进行互动，而用户则在同其他人的互动中获取意见表达的反馈，进而产生"意见被看到"的议题效能感。又或者用户通过在相关议题上表达来获得意见领袖体验，即他人的支持、响应、认同，借此感受到较高的议题效能感和价值存在感。再加上微博的转发功能和外链接分享按钮，有力地在技术上支持意见在一个开放的、无缝连接的互联网空间进行交互立体传播，这都是形成环境议题的扩散性传播特征的条件。

除此之外，大学生在面对主流意见时，他们不避讳冲突，更倾向于使用批判性话语来参与议题讨论（与大学生整体性的路径依赖有关）。而较低的议题风险感知成为大学生进行反主导性话语表达的重要条件。大学生的知识结构和整体观念也使其形成反主导性话语的特征。"其实不论环境问题还是其他社会问题，我都更希望自己能表达出和主流不同的意见，可能有人说我标新立异，但我觉得这是对自己头脑的严格要求。我要求自己可以想出问题的新角度和新解决方式，尽管有些听起来是前所未有的，但我并不害怕自己与他人不同。就说环境问题，如果每个人都和新闻联播说一样的话，那还有什么意思呢？我们的社会怎么进步呢？不管怎么样，新点子总好过那些陈词滥调。"（陈某，19 岁，大一学生）大学生的独立意识和批判性思维在环境认知中的体现无可厚非，体现出当代大学生对权威的祛魅，对个人主义和自主性的追求，这是时代发展的特点。但是，大学生在对包括环境事件在内的热点事件或话题的反话语建构中给社会提出了至少两个值得思考的问题：一是新闻媒体包括网络媒体如何践行党的新闻舆论工作"成风化人、凝心聚力"的职责和使命，如何为大学生乃至更多的青少年创造对话协商空间，让他们从多元思维和角度在碰撞过程中自主地接受主流价值观和主流意识形态；二是在环境传播过程中传统主流媒体如何从话语修辞、象征机制和技术嵌入等方面建构一套适合网络场域进行传播以及青少年易于接受的融通的话语体系，避免出现刻板的话语形态。

　　大学生超越单纯环境治理的视角，关注环境议题背后的一系列社会关系，将环境议题放在社会问题的框架下审视、思考、表达。意见如何超出意见本身，来作用于现实，更是获得议题效能感的关键。对于环境议题的讨论如何产生效能，大学生倾向于将其社会问题化，将生态治理问题转化成一系列社会治理问题，既提供了解决问题的角度，也提供了一个清晰的视野来观测解决进度。"比起所谓的绿色环保，我更关注现实层面的问题，也就是这些社会问题。工厂建成之后附近的居民怎么办，工厂怎么才能给当地创收？这些是不是足够透明？但我对这些有信心，中国才开始现代化，很多发达国家刚起步的时候也有类似的问题，所以说环境问题是现代化问题的一部分，我们现在开始关注也不晚。"（孙某，26 岁，博士生）通过意见的扩散到现实的反馈来获得议题效能感，大学生普遍认为环境问题超越问题本身，涉及社会动员、政府政策、观念冲突、现代化等多个方面，并且愿意在讨论环境议题的同时讨论相关议题。

　　本书希望可以通过量化加质化的方式对网络空间中环境传播的特征及网络舆论发展态势有更深刻的洞察，了解大学生在新媒体领域意见表达的新特征，获得环境传播的新视角，并试图发现大学生对于环境传播未来的想象空间。

　　然而，我们的研究仍有尚待完善之处：首先，在数据的获取上，文中调查问卷的样本数较小，在今后的研究中应该使用更加严谨灵活的方式获取更多的样本。且本书列举的影响因素之间可能有更深刻的相互影响。其次，除了本书所讨论的影响因素之外，还可能有其他的变量发挥作用，未来的研究可以在此基础上进一步深入探讨。

第八章

中国环境 NGO 的话语表征
——以"山水""WWF"微博为例

　　互联网颠覆了传统的话语赋权模式，建构了多元主体自由表达的公共空间，也改变了环境传播的话语生产机制和环境意义争夺的方式。移动用户的快速增长带来一个重要的变化是移动传播空间成为环境传播的主要场域。政府、环保民间组织、大众传媒和公众等各类社会主体在移动场景下围绕环境议题生产和传播了大量的环境话语，形成了颇具中国特色的绿色话语空间。作为环境运动主体之一的 NGO 经过 20 多年的发展，通过环境教育和其他活动宣传环保，影响环境政策的改进和实施，发挥着生产和传播绿色话语的重要作用。[①] 然而，学术界鲜有对环境 NGO 在移动场景下话语生产特征进行实证研究的成果，通过国内外环境 NGO 社会化媒体的比较分析来探讨环境话语特征的研究更为少见，而这种研究有利于增强环境话语研究的丰富性并为 ENGO 的传播实践提供有益的启示。正如美国环境传播建构学派的代表人物罗伯特·考克斯所言：利用社会化新闻源和 RSS 订阅是个人在短时间内获取环境信息和故事的方式……（社会化媒介）使得环保团体、环境活动以及其他一些绿色事业更加容易被在线组织起来。[②] 早在 2008 年我国境内的环保民间组织就有 3539 家，[③] 这些环保 NGO 可分

---

　　① 刘景芳：《中国绿色话语特色探究——以环境 NGO 为例》，《新闻大学》2016 年第 5 期。
　　② ［美］罗伯特·考克斯：《假如自然不沉默——环境传播与公共领域》，纪莉译，北京大学出版社 2016 年版，第 202—204 页。
　　③ 《我国环保民间组织发展迅速　总量已达 3500 余家》，中国政府门户网站，2008 年 10 月 31 日，http://www.gov.cn/jrzg/2008 - 10/31/content_1136512.htm.

为三类：具有官方背景的 NGO，如中国环境科学学会；草根 NGO，如自然之友、绿家园和地球村；国际 NGO，如世界自然基金会等。不同类别的环保 NGO 往往具有不同的话语表达、专业水平和动员能力。

本书基于环境传播的理论，通过对中国本土民间环保组织与国际环保组织中国机构在微博场域的话语特征进行内容分析和文本分析，旨在研究移动传播语境下环境 NGO 的话语生产机制和权力关系，进而阐释中国环境 NGO 是如何参与环境意义的争夺，并试图通过符号修辞建构什么样的环境社会，以此来丰富环境传播的话语体系研究。

第一节　环境 NGO 的理论图谱

罗伯特·考克斯在《假如自然不沉默——环境传播与公共领域》一书中阐释了环境传播建构绿色公共领域的运作机制，并对环境话语包括视觉修辞、在线迁移、环境风险等进行了深入分析。他认为环境传播是借助特定的辞屏、命名、议题、修辞、框架等符号或话语建构环境社会。[①]

关于中国环境 NGO 的研究，大多学者侧重传播特征与策略性探讨，如陈韵博、张引（2013）以绿色和平组织在中国内地的实践为例，发现绿色和平组织通过 SNS（社交网络服务）的应用帮助其建立了一个比大众媒体时代更充满活力的关注与支持者网络。[②] 赵顾（2016）以"绿色江河 NGO"的传播实践为例，发现微博的多级传播特征，并认为要根据传播内容的不同性质选择视觉修辞、白描手法、情感动员等策略的组合使用可取得更理想的动员效果。[③] 国内对环境 NGO 话语的研究侧重 ENGO 如何通过大众传媒生产传播绿色话语，但对新媒体的话语表征缺少深入分析。陶贤都和李艳林（2015）基于报纸对土壤污染的报道，发现政府、专家、企业、NGO 以及公众各方的话语权并不平等，相较于前三者的强势话语权

---

① ［美］罗伯特·考克斯：《假如自然不沉默——环境传播与公共领域》，纪莉译，北京大学出版社 2016 年版，第 65—74 页。

② 陈韵博、张引：《SNS 时代的环保公益传播：以绿色和平组织在中国内地的实践为例》，《新闻界》2013 年第 5 期。

③ 赵顾：《环境 NGO 微博传播特征及动员策略研究——以"绿色江河"的传播实践为例》，《新闻战线》2016 年第 24 期。

地位，环境 NGO 和公众的话语权较为弱势。[1] 不过这种话语研究是基于传统媒体语境下展开的，而新媒体的快速发展驱动环境 NGO 的话语空间得到释放，移动网络成为环境 NGO 发展、沟通以及扩大影响力的重要平台和公共空间。刘景芳（2016）通过对 6 家网络空间中比较活跃的本土 EN-GO 在 2008—2015 年所生产的网络原创话语进行历时性对比分析，发现多数绿色话语围绕哲学思考、道德标准，基于社会支持和组织活动展开，有关环境议题的政治讨论很少出现。[2] 但是其选取的研究对象均为中国本土生长的环境 NGO，对国际环保组织驻中国机构鲜有讨论。国际环境 NGO 具有独特的成长背景，这种比较研究有利于发现国际环境 NGO 与中国本土环境 NGO 在移动传播空间话语策略的异同以及国际环境 NGO 的项目运作模式、生态话语实践对中国本土环境 NGO 具有哪些启示，有利于将国际经验与本土环保实际相结合。

第二节　研究方法

为了对研究对象进行定量的描述和规律性的把握，本书主要采用了定量与定性相结合的内容分析法进行研究。在此基础上，还对观察期的样本进行深入阅读，挑选出典型的微博文本进行解读和阐释以增强变量的鲜活性和说服力。我们为了分析中国境内注册的中外 ENGO 自媒体的话语特征的通约性和独特性，还采用了比较分析的方法。

一　研究对象的选择

"山水自然保护中心"（以下简称"山水"）是民政注册的生物多样性保护组织，于 2007 年由北京大学生命科学学院吕植教授创办，是中国本土颇具影响力的民间环保组织团队。"山水"与社区、学术机构、政府、企业、媒体各方合作，扎根于中国生物多样性最丰富的三江源和西南山地，协助当地政府创建以社区组织为核心的环境保护模式，将生态保护常

---

① 陶贤都、李艳林：《环境传播中的话语表征：基于报纸对土壤污染报道的分析》，《吉首大学学报》（社会科学版）2015 年第 5 期。

② 刘景芳：《中国绿色话语特色探究——以环境 NGO 为例》，《新闻大学》2016 年第 5 期。

态化理念贯穿在社区日常管理工作之中，融入当地的历史文化、地缘价值与经济生活中，并促使社区保护模式得到相关政策的认可与支持。① "山水"新浪微博的账号于 2009 年上线，目前拥有 29 万左右的粉丝量。

"世界自然基金会"（以下简称"WWF"）是在全球享有盛誉的、最大的独立性非政府环境保护组织之一。总部位于瑞士的"WWF"，成立于 1961 年，1980 年开始进入中国，是第一个受中国政府邀请来华开展环境保护工作的国际 NGO，当时主要保护大熊猫及其栖息地。至今，"WWF"在中国自主开展了 100 多个重大项目。② 它的新浪微博账号于 2010 年开创，目前拥有 35 万左右的粉丝量。

无论是从微博的开创时间，还是从粉丝量来看，"山水"和"WWF"在一定程度上都具有中国本土 NGO 和国际 NGO 在新媒体运用、网络环保赋权等方面的典型性和代表性。同时需要说明的是本书所指的中国环境 NGO 是指在中国境内成立并符合中国相关制度的环境非政府组织，包括国际环境 NGO 在中国设立的机构。笔者使用 python 分别"爬取"两家 NGO 从 2018 年 5 月到 2019 年 5 月一年内生产的微博内容，梳理出有效微博内容（原创微博、原微博未删除和未设置仅展示半年可见的转发微博），"山水"共发微博 1059 条，"WWF"共发微博 858 条，对这两部分数据进行内容分析和文本分析。

二　类目建构与说明

（一）议题设置

分为环保工作或人物类（与环境 NGO 相关的会议、活动及环保人物报道）、知识科普类（科普环境知识、分享动植物等生存动态信息）、政策法规类（政府颁布的政策法规、完善法律的民众诉求）、社会新闻类（环境 NGO 之外的与环境相关的新闻报道、全球绿色资讯）、价值文化类（意识形态或思想观念等）和互动抽奖类（包括与网友、明星代言人的线上互动、线下活动的通知、有奖问答、转发抽奖）。

---

① 山水自然保护中心网站：http：//hinature. cn：8012/ArticleShow. aspx？id＝69.

② "WWF"官网：http：//www. wwfchina. org/aboutus. php.

（二）观照对象

指微博内容最主要的关涉主体，如果为转发微博，则先考虑转发理由的关涉对象，若无转发理由，则从原微博中寻求关涉对象。分为：环境 NGO、环保人士、动物、植物、媒体、政府、企业、公众和其他。

（三）表达方式

一是从话语风格角度分析两家环境 NGO 原创及转发理由的话语特点，分为呼吁类、赞美感谢类、哲思类、解释说明类、诙谐类、批判类、网络用语类、无明显特征。如果话语中同时出现多种话语特点，则以最明显的特点进行分类。二是从文本形态角度分为纯文字类、图片类、视频类（普通视频及直播）、H5 类、文章类。

（四）互动效果

从微博文本的转发率、回复频率和点赞数来考察微博话语的传播力和互动效果。

为保证研究的信度，笔者随机选取 10% 的样本，由受过训练的编码者进行编码，根据郝斯提公式，测试出信度率 Pa = 88.5%，信度达到标准。

第三节　研究发现

通过对"山水"和"WWF"两个环境公益组织微博传播的数据和文本的比较分析，我们发现它们的话语策略具有以下特征。

一　框架策略：通过原创内容建构"另类绿色公共领域"

社会学家欧文·戈夫曼（Erving Goffman）将框架定义为认知地图或者诠释方式，人们用它来组织自己对现实的理解。① 环境 NGO 一个重要的话语策略是通过媒介框架建构"绿色公共领域"，从而帮助人们认识和理解生态环境的现实图景，进而涵化为环境传播的认知图式和阐释范式。传统媒体在新闻报道时，更多是在为官方政策、专家观点等"背书"，窄化

---

① E. Goffman, *Frame Analysis: An Essay on the Organization of Experience*, Boston, Northeastern University Press, 1986, p. 21.

了"绿色公共领域"。① 在网络政治和在线媒介高度发展的过程中，个体公民或者机构通过微博、微信等社会化媒体建构的话语空间发声，从而形成有别于传统主流媒体的"另类媒体"。有学者认为这些源于草根，通过与主流媒体对抗的方式来争取弱势群体权益的媒体，被称为"另类媒体"。② 通过微博文本的阅读，我们发现环境 NGO 与大多"草根媒体"不同的是它并不与主导性话语进行抗争，而是通过话语修辞在移动传播场域形成一个别致的环境议题讨论的公共空间，并通过内容属性和议题框架来彰显"另类绿色公共领域"的话语特征。

数据显示，"山水"与"WWF"均重视微博内容的原创生产力。原创内容是由传播主体独立创作的内容，包括题材选择、主题提炼、叙事方式等方面体现出传播主体独特的话语风格和框架策略。2018 年 5 月至 2019 年 5 月，"山水"共发布微博 1059 条，日均发布量为 2.90 条，原创率为 51.46%，"WWF"共发布微博 858 条，日均发布量为 2.35 条，原创率为 61.66%。两家环境 NGO 在微博空间中保持较高的日活跃度，由此可以发现两家环境 NGO 更注重生产自己独特的环境话语。

议题设置方面，两家环境 NGO 微博的环境议题多元，涉及科普教育、环保工作及人物、政策法规、价值文化、互动抽奖等多个方面。数据显示，各个环境议题的权重分布不均衡，主要集中于科普教育、环保工作及人物和互动抽奖（见图 8 - 1）。"山水"的议题集中度呈现梯级形状，有关科普教育的微博量最多，有 467 条（44.10%），然后依次为环保工作及人物有 328 条（30.97%），互动抽奖有 185 条（17.47%）；"WWF"的微博在以上三类分布中基本持平，数量分别为科普教育 229 条（26.69%），环保工作及人物类 243 条（28.32%），互动抽奖类 258 条（30.07%），互动抽奖类稍多。政策法规类是最少的环境主题，"山水"和"WWF"关于政策法规类议题的微博仅占总样本的 0.66% 和 0.82%。

---

① 谭爽、任彤：《"绿色话语"生产与"绿色公共领域"建构：另类媒体的环境传播实践——基于"垃圾议题"微信公众号 L 的个案研究》，《中国地质大学学报》（社会科学版）2017 年第 4 期。

② J. Hamilton，"Alternative media: Conceptual difficulties, critical possibilities", *Journal of Communication Inquiry*, Vol. 24, No. 4, 2000, pp. 354 - 378.

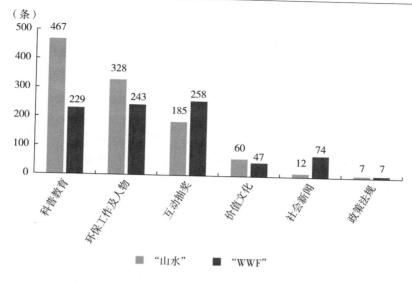

图 8 – 1　　"山水"和"WWF"的微博主题对比

　　笔者通过文本分析，发现"山水"大量科普知识介绍野生动物的生存动态，侧重建构自然与人的关系。"山水"的环保活动主要集中在三江源和西南山地，这里是中国生物最为多样和丰富的地区。"山水"不但坚持长期在野外开展以保护为旨趣的多学科研究，还进行传统文化的发掘与生态监测工作，如科普与分享猞猁的叫声、白唇鹿的饮食、滇金丝猴的外形、水獭的筑巢捕食、野生动物的体味等。它通过网络空间向人们普及绿色知识，帮助人们缩小对绿色生态的知识沟，尤其是在工业发展和教育落后的边远自然保护区，这种工作更为有效。而"WWF"除了科普野生动物的相貌、生活习性等，还注重向公众阐释推动可持续生活的重要性和必要性，如减塑、低碳出行、珍惜粮食、回收旧衣物等。它主要通过探讨人—自然—社会的关系建构可持续环境话语。"WWF"自成立以来，因其具有悠久的历史和开阔的视野，在议程设置上更加多元。"WWF"致力于表达对生灵的尊重和生命的敬畏，为达到人类社会与自然环境共同可持续发展的目标，不断呼吁公众对可再生资源进行可持续利用，推动降低污染和减少浪费性消费的行动。"山水"和"WWF"通过社会化媒体的绿色故事和剧情框架塑造了"另类绿色公共领域"，浪漫情怀和生态现代主义思想裹进环境可持续话语进而影响公众对环境的认知与行动。稍有区别的是"山水"的绿色启蒙与环境浪漫主义话语更为突出，而"WWF"对环境理性主义的呼唤体现出该组织侧重解决问题的话语策略。

二 表达方式：通过多种话语风格和视觉修辞塑造环境友好型社会

话语风格和修辞运用体现了传播主题独特的言说方式。"山水"与"WWF"微博逐渐形成自己的多元话语风格，体现环境 NGO 试图通过环境话语策略建构环境友好型社会的宗旨。"风格是话语典型的、可变的结构特征的总和，这些特征显示了在某一特定的语义、语用或情境中说话人的个性和社会语境的特征。"① 两家环境 NGO 微博话语风格多元且不均衡，以解释说明、诙谐和呼吁的语言特色为主（见表 8-1）。我们在统计语言风格时，以最主要的语言特色进行编码。其中，网络用语类和诙谐类有明显的相交部分，大部分的网络用语以诙谐幽默为主，我们将诙谐的网络用语归于"诙谐类"，将无诙谐幽默感的网络用语归于"网络用语类"。两家环境 NGO 在微博空间中的语言分化多元，有呼吁、诙谐、批判、解释说明、赞美感谢和哲思，但分布不均衡。"山水"以诙谐（35.88%）和解释说明（26.72%）的语言特色为主，"WWF"以解释说明（48.14%）和呼吁（25.17%）为主。环境 NGO 微博话语风格再现了环境 NGO 主体的媒介话语偏向和社会语境组合的实用性和传播效果。

表 8-1　　　　　"山水"和"WWF"的微博话语风格对比

语言分化	呼吁	诙谐	批判	解释说明	网络用语	赞美感谢	哲思	无明显特征
"山水"	111	380	12	283	94	123	44	12
"WWF"	216	68	17	413	18	86	35	5

视觉修辞是指强调以视觉化的媒介文本、空间文本、事件文本为主体修辞对象，通过对视觉文本的策略性使用，以及视觉话语的策略性建构与

---

① [荷]托伊恩·A.梵·迪克：《作为话语的新闻》，曾庆香译，华夏出版社2003年版，第75页。

生产，达到劝服、对话与沟通功能的一种实践与方法。① 本书论及的视觉修辞主要是指"说服观"视域下的视觉化媒介文本的生产机制与表达特征。马丁·海德格尔说："从本质上来看，世界被把握为图像了。"② 无论是德国思想家瓦尔特·本雅明（Walter Benjamin）的机械复制艺术论、匈牙利电影家贝拉·巴拉兹（Béla Balázs）的视觉文化论，还是美国历史学家大卫·哈维（David Harvey）在《后现代状况》中提出的形象竞争论都印证了海德格尔所表达的视觉性正成为当代的文化主因。中国环境 NGO 充分利用文字、图片、视频、H5、文章等传播形态，尤其是强化以视觉化策略建构环境媒介文本和独特的环境话语体系，从而进行环境意义的争夺。在总体样本中，"山水"使用"图片"和"视频"为主的视觉文本占总样本的 87.16%，"WWF"占 76.11%（见表 8 – 2）。"山水"的图片使用占据"大半壁江山"，多运用组图的视觉修辞传达动物的状态和神态。"WWF"还与中国美术学院团队合作，推出一系列"摩登大自然"趣味科普动画，以精良诙谐的动漫画风、逻辑严谨的说明语言向公众科普雪狐、河马、东北虎、高鼻羚羊、大足短头蛙等动物，以达到"保护野生动物，从了解到关爱"的目的。"WWF"与腾讯视频纪录片共同发起"关注也是一种保护"的野生动物保护公益行动，拍摄濒危野生动物生存的纪录片《王朝》，并为环保基金募捐。

表 8 – 2　　　　"山水"与"WWF"的微博传播形态比较

传播形态	文字	图片	视频	文章	H5
"山水"	24	676	247	112	0
"WWF"	20	430	223	179	6

　　中国环境 NGO 在网络空间中还善于将诙谐流行的语言风格与视觉修辞相结合，建构网生代青睐的表达语态。网络流行语是社会上大多数成员在网络社区基于共同意识形态和行为特征，以非物质形态表现出的

---

① 刘涛：《媒介·空间·事件：观看的"语法"与视觉修辞方法》，《南京社会科学》2017年第 9 期。

② 周宪：《视觉文化的转向》，北京大学出版社 2008 年版，第 5 页。

心理状态和价值取向的一种文化形式。① 网络流行语往往复写了当下社群共同体对现实图景的心理图式，当它与诙谐的视觉修辞融合在一起，便会创造出裂变式传播效果。罗伯特·考克斯认为，环境视觉修辞具有产生效用的两个劝服方式：通过影响我们的感知或者看待环境的特定方面的方式；建构公众对环境问题的看法。② 基于视觉修辞和诙谐风格的环境表达方式通过将动物人格化增强公众对自然生命的认同感，从而建构人与动物、人与自然和谐共生的环境认知。生态文明融于生产方式、生活方式、消费方式的可持续环境话语有利于推进环境友好型社会的形成，实现"美丽中国"的国家愿景。如"山水"在 2019 年 4 月 9 日发布在三江源摄影棚中拍摄到关于雪豹叫声的微博就是一则具有独特风格的环境话语表达方式。

> 还记得之前@WCS 野生生物保护学会发过一条关于雪豹叫声的微博吗，当时就感受到了雪豹开口跪的威力，然而直到今天收到同事发来的这个视频……不说了，建议大家调高音量来听（PS：顺便开了个新话题#豹设崩了# 不定期发布各种你意想不到的豹豹，欢迎来吸）。

视频内容是夜间拍摄到的一只看似凶猛的雪豹却发出了像猫咪一样柔弱的"嗷呜"声。这里的"豹设崩了"采用拟人的修辞将雪豹人格化，像人一样拥有人设，雪豹也有"豹设"，"开口跪"这种网络用语幽默地表现了雪豹凶猛形象在人们心中崩塌了。"吸"一词来源于青年"吸猫"的网络用语，建立专门的"吸豹"话题，为公众对雪豹的喜爱情感提供全新的认知模式，展现人与自然温婉和谐、尊重欣赏的友好关系。与"WWF"的国际背景不同，"山水"作为中国本土生长的民间环境 NGO，其草根身份使其在网络环境下的隐喻机制更具接近性和娱乐化特点。它通过诙谐的文本和影像呈现，在科普教育的同时，为人们提供了娱乐体验，增强人们对大自然的喜爱、对环境正义的认同以及对环境友好型社会和"美丽中

① 张丽娜：《网络用语"蓝瘦香菇"的传播学解析》，《青年记者》2017 年第 14 期。
② ［美］罗伯特·考克斯：《假如自然不沉默——环境传播与公共领域》，纪莉译，北京大学出版社 2016 年版，第 21—22 页。

国"的向往。

除此之外，环境 NGO 还结合移动音频的发展，建构环境听觉文本。"WWF"与喜马拉雅推出"地球治愈计划"亲子儿童全明星公益节目，为地球上的珍稀物种发声；"山水"与网易云音乐合作，邀请知名音乐人演唱《穿山》《孔雀辞》《豹雪》三首公益主题曲等。多种传播形态和环境话语表达的运用，丰富了环境话语的可感性、场景性和真实性。同时，体现了环保主体的生态主义意识形态和价值导向。

三　低政治性：通过"焦点关注"与政府建立"绿色协商式合作"模式

"山水"和"WWF"在移动场景下的观照对象聚焦于动物和环保主体，着力呈现动物的生存状态、科普启蒙以及包括公众、NGO、环保人士等在内的环保主体的绿色行动和意见态度等（见表 8 – 3）。"山水"微博对于动物的观照占 54%，"WWF"占 29%；"山水"对于多种环保主体给予了较为平衡的关注，而"WWF"对公众的绿色行动和环保意见更为重视，在观照对象中达到 41.84%。

表 8 – 3　　　"山水"和"WWF"的微博观照对象对比

观照对象	动物	公众	NGO	环保人士	媒体	企业	政府	植物	其他
"山水"	571	134	156	103	20	25	26	23	1
"WWF"	245	359	111	67	11	28	18	16	3

但是，政府是两家环境 NGO 微博中较少的观照对象，"山水"和"WWF"涉及政府的微博仅占总样本的 2.46% 和 2.10%。两家环境 NGO 尽量减少触碰价值文化、社会新闻和政策法规等较高政治性的环保议题。从总体样本来看，"山水"和"WWF"的观照对象和生态议题都聚焦于动物与公众、人与自然的关系，试图通过对动物的客观关注与情感偏向，从传播主体的生命态度和生态自省角度书写大自然的美丽，体现出浓厚的环境正义和绿色人文理念。它较少使用冲突性话语，呈现出低政治性的环境话语特征。比如，"山水"微博在转发 CGTV"拯救绿孔雀"的视频，之后温和地采用转引的方式表达自己的观点："我们不能让这一片区域，还未被发现，已经被毁灭。"

　　按照我国的《社会团体登记管理条例》的相关规定，作为社团的环境NGO需要实行"挂靠制"和"注册制"。环境NGO只有获得政府的政策和资源等支持才能具有生存能力和发展机会。一般来说，政府对环境非政府组织的支持态度基于以下四个方面的考虑：一是低政治性的生态议题，二是温和性的行动方式，三是规范化的自我管理，四是较大区域的活动范围。① 因此，中国环境NGO在历时性发展中与政府的关系逐渐形成了"嵌入式协商共生关系"，即前者既在后者的管控下活动，又与之有意识地进行合作。② 根据中华环保联合会的调查报告《中国环保民间组织发展状况报告》，在与政府的关系方面，95%以上的环保民间组织遵循"帮忙不添乱、参与不干预、监督不替代、办事不违法"的原则，寻求与政府合作。"山水"和"WWF"的观照对象聚焦动物和环保主体的关系，普及环保知识，再现生命美丽和环境正义，倡导绿色中国理念。从某种角度上说，这种话语方式嵌入了可持续发展和生态文明建设的国家战略的传播逻辑，与政府形成绿色协商式合作关系。比如，2018年末和2019年初，"山水"与青海省生态环境厅等机构共同发起"保护本土动物，建设生态中国"的培训、蝴蝶监测志愿者培训、久治绿绒蒿调查等公益活动，还举办了云龙天池自然观察节，发现了不少神奇动植物。即使在不多的环保监督中，环境NGO也与个人自媒体有别，如民间环保组织"自然之友""云南大众流域"和"绿家园"等环境NGO所采取的是通过相对温和的建议框架和协商式话语来影响政府议程，形成绿色公共空间。

四　高光环性：明星效应吸引公众的环保互动

　　移动场景下重要的话语特征就是交互性，信息传播者与接收者的良好互动改变了传播模式和传播效果。微博的互动效果指标可以通过内容转发量、回复量和点赞量进行测量。转发是信息裂变式或者病毒式传播的基

---

　　①　Sidney Tarrow, *Power in Movement*: *Social Movements and Conten-tious Politics*, Cambridge University Press, 1998, pp. 71–138.

　　②　［荷］皮特·何：《组织自律与去政治化的政治立场》，载［荷］皮特·何、［美］瑞志·安德蒙《嵌入式行动主义在中国：社会运动的机遇与约束》，李婵娟译，社会科学文献出版社2012年版，第25—59页。

础，转发量体现出用户的阅读效果和互动意愿。回复是用户在对信息进行解码、释码基础上进行编码，进而从信息接收者转变成内容生产者，回复量既体现了微博内容被接受、理解和阐释的程度，也体现了微博内容供给侧扩容的深度和宽度。点赞是对微博内容的价值认同和情感态度，点赞量可以检测用户对于信息传播主体和内容接受的共识度和共情度。

从"山水"微博的平均转发量（42.07）、回复量（11.36）和点赞量（41.90）来看（见表8-4），其用户的互动要远低于"WWF"（661.60、37.52、110.47）。从某种角度上说，"山水"微博内容的阅读效果和互动意愿、信息容量的深度和广度、内容接受的共识度和共情度远远低于"WWF"。具体分析可以发现，这种比较效应具有以下两个主要方面的原因。

表8-4 "山水"与"WWF"的微博平均转发、回复和点赞量对比

	"山水"	"WWF"	"WWF"除去明星互动
平均转发量	42.07	661.60	94.21
平均回复量	11.36	37.52	21.73
平均点赞量	41.90	110.47	72.63

第一，"WWF"自身的传播力和影响力更大。两家环境 NGO 创建微博平台的时间虽然接近，但是"WWF"1980 年就开始在中国设立机构，进行环保工作，历史较为悠久。作为全球最大的独立性非政府环境保护组织之一，它具备比本土环境 NGO 更丰厚的结构性资源和品牌效应，同时比"山水"多6万粉丝量，因而具有比"山水"更多的传播优势和更大的影响力。

第二，"WWF"关涉主体的高光环性更强。本书所指的高光环性是指微博内容涉及的环保行动主体所具有的形象标签和身份亮度，它具有辐射到公众追随与拥趸的能量并能引导环保话语互动和行动策略的方向。研究者在对两家环境 NGO 进行文本分析时发现"WWF"与明星互动较多，如邀请明星成为"WWF"明星志愿者、为动植物发声、成为动物守护人、参与宣传视频的制作等，大多明星参与的环保话题或者活动均产生了较强的明星效应。当笔者除去"WWF"与明星互动的微博后再次统计，"WWF"微博平均转发量由 661.60 次"断崖式"跌至 94.21 次，平均回复量（-42%）、点赞量（-34%）也大幅下滑。由是观之，传播内容的高光

环性对于微博传播力和互动效果也具有重要的影响。

中国环境 NGO 的高光环性体现在由名人带来的明星效应。所谓"明星效应"是指名人的出现所达成的引人注意、强化事物、扩大影响的效应，或人们模仿名人的心理现象的统称。① 明星效应是通过明星与粉丝的互动关系产生的，是明星隐喻功能的体现。明星隐喻并非语言学上的修辞所指，而是指人们的思维与行动方式之间的转义关系和逻辑内构。正如约翰·费斯克（John Fiske）所认为的那样，明星正是"种种理想与价值的化身"②。明星的喜好、个性和举手投足都会给拥趸者一定的心理暗示，明星行动框架中的环境正义与生命平等价值指向具有极强的放大性和扩散性。明星对环保事业的支持将会增加环保行动的重要性和显著性，明星光环效应便会投射到环保事业上，引起公众的关注与互动。"WWF"与明星合作举办了多种环保活动，获得了较好的传播效果。"WWF"与喜马拉雅携手 20 位明星为"地球治愈计划"电台节目配音，其中有关王子异的微博收获了 44 万左右的转发量；"WWF"与一个地球自然基金会共同打造的地球一小时短纪录片，展示生态系统和珍贵野生动物的生存状态，并邀请明星志愿者许魏洲以第一人称讲述故事，此微博收获近万次的点赞量与过万的转发量。明星在 NGO 发起的环境保护活动中扮演着动员者的角色，他们有着维护自身公众形象和坚持社会责任感的诉求，拥有更强的号召力和引领力。

我们还发现在一些具备冲突性的绿色社会新闻中环境 NGO 微博的互动指标具有明显的变化，即转发量、回复量和点赞量都大幅度提高。在环境传播场域中，具有专业品牌形象等特征使得社会性环境 NGO 天然具有较强的影响力。

移动场景下技术驱动和治理变迁促使环境传播的话语生产机制发生深刻变化，社会化媒体在移动传播场域建构了一个"另类环境公共领域"。中国本土环境 NGO 以及在中国大陆注册的国际环境 NGO 通过自建社会化媒体成为"另类环境公共领域"的一支重要的力量。"山水"和"WWF"所代表的环境 NGO 既要受注册制或合法身份登记的行政管理，其创办的

---

① 刘娟：《新浪体育微博的"明星效应"探析》，《传媒观察》2011 年第 5 期。
② ［美］约翰·费斯克：《关键概念：传播与文化研究辞典》，李彬译，新华出版社 2004 年版，第 270 页。

社会化媒体还要遵守中国的舆论体制与网络治理的相关规范。"山水"和"WWF"的环境传播折射出中国环境 NGO 话语生产机制、权力关系主要特点，并通过话语表征体现出来。它们的微博创办伊始便与政府建立协商式合作关系，彼此互补。"山水"和"WWF"微博的话语主脉是围绕生态文明建设的中国发展主题和环境正义的世界发展潮流，试图建构清晰可感的自然与人、自然与社会的关系。"山水"和"WWF"微博一方面从环境知识图谱的介绍、自然生态的展示到环保行动者的心灵感受来创建一个和谐的绿色传播公共空间，即使在高政治性的环境舆论监督的话语中也采用了非直接的和不触碰底线的话语策略。另一方面，"山水"和"WWF"微博在绿色话语生产过程中运用丰富灵活的表达方式和颇具吸引力的话语框架，增强了环境传播的互动性和影响力。图片、视频、音频等修辞策略、诙谐幽默的语言风格、高光环性的环保主体等增强了环境传播的场景感知、通感体验和移情效应，这种颇具浪漫主义和生态现代化的环境话语有助于形塑人们的环境认知和情感认同。

　　"山水"和"WWF"所代表的本土与国际 ENGO 的网络场域的话语表达具有上述的共同特征，但是也具有各自的特色。相较而言，"WWF"主要体现世界主义视域下的环境区域文化特征，环境行政理性主义话语较为明显；"山水"则体现了中国本土环境 NGO 追求天人合一的环境哲学，绿色浪漫主义话语较为突出。前者比后者对较高政治性议题的绿色新闻类话题关注更多，在公共领域具有的批判性更强。"WWF"积极拓展明星的高光环性，组织发动明星与公众共同参与的环保行动具有很强的传播力和影响力。比如，"WWF"策划组织的地球知识大赛吸引了 160 多位明星大 V 参与，活动期间话题阅读量突破了 7.5 亿。"寻找生物课代表"等活动也获得较多网民的参与。对中国本土环境 NGO 的传播活动具有一定的启示意义。当然，以"山水"和"WWF"两家 ENGO 微博中的话语特征还难以推及中国境内环境 NGO 绿色话语的整体特征，不过亦可以作为一个观察的视角丰富环境传播的话语体系建构。在中国独特的环境政治语境下，荒野保护话语与保育话语、绿色浪漫主义与可持续话语、生命中心主义和环境正义等环境话语在移动公共空间找到了它的栖身之所。

第九章

环境传播场域融合与舆论引导的新时代使命

党的十八大首次把生态文明建设写入党章，纳入中国特色社会主义事业"五位一体"总体布局，提出建设"美丽中国"；党的十八届三中全会提出加快建立系统完整的生态文明制度体系；党的十八届四中全会要求用严格的法律制度保护生态环境；党的十八届五中全会又将绿色发展纳入"五大发展理念"。习近平总书记高度重视建设生态文明、保护生态环境，"既要绿水青山，也要金山银山"凝聚了各方的高度共识。顶层设计和国家战略将人与自然和谐相处的生态哲学以体制化的方式融入中国环境治理现代化的理论与实践，为建构具有中国特色的环境传播范式提供了指导思想和丰富内涵。

新媒体的出现改变了治理者在环境传播中的一元话语模式。技术赋权驱动利益主体进行不同的话语实践，导致环境话语冲突事件时有发生。本书在环境传播的理论资源梳理的基础上，从环保电影和公益广告角度探讨了环境传播的视觉修辞，从中国行政理性主义和生态文明建设的话语机制阐释中国政府的环境框架，从具有代表性的媒体角度分析传统媒体话语框架化机制，从技术嵌入的角度讨论环境传播话语重构的路径，试图建构具有中国特色的环境传播话语范式。笔者选取了30多起规模较大的环境公共事件作为样本进行内容分析，并对一些具有代表性的环境事件进行了较为深入的剖析，探讨了环境传播过程中话语嬗变的原因及其框架化机制，并从话语构序的角度分析了环境传播中主导性话语与解构式话语空间建构的政治逻辑、文化逻辑和时代逻辑。本书认为重构环境传播的话语秩序和主流话语引导机制可以尝试采取以下策略：创新主流价值引领的话语表达体系，筑牢"多元一体"的环境传播行动框架，转换环境议题的媒体报道逻辑，促进新话语场域的优化整合，通过生态文明传播范式的建构承担新时代中国环境传播的文化使命。

第一节　秩序重构：创新主流价值引领的话语表达体系[①]

习近平总书记强调："牢牢掌握意识形态工作领导权。意识形态决定文化前进方向和发展道路。"[②] 网络传播环境下掌握传播主体意识形态的价值引领工作尤为急迫。网络媒体尤其是自媒体成为媒介赋权的主要平台，对网民价值观、人生观和世界观的形塑具有十分重要的作用，同时对于建构公众的环境认知、风险感知，进而推动公众参与环保行动也具有重要的意义。不同国家、民族、政党、阶级、群体的价值观，通过开放、便捷的微媒介在各种"微平台"汇聚各种社会思潮、各种价值主张形成势均力敌、多足鼎立之势、无不影响着人民群众尤其是青少年价值观的确立。[③] 技术主义打破了传播的时空限制，社交化、便捷化和自主性在为公众赋权赋能的同时也大大增加了党的意识形态工作的难度。环境传播场域也是意识形态斗争的战场。西方媒体在报道中国环境问题或者生态危机时，一贯秉承意识形态偏见和"政治正确"原则，将中国的环境问题与政治、经济、文化、外交等领域进行逻辑勾连，建构中国负面环境形象。在国内的环境传播场域也存在两个各具特色的话语空间，以传统主流媒体和政务新媒体为主的主导性话语空间和以网络新媒体为主的解构式话语空间，打破了前技术时代治理者的话语霸权，环境传播的话语秩序受到新媒体的挑战，环境意义争夺的主战场已经由传统媒体转移到网络新媒体。因此，重

① 漆亚林、王俞丰：《移动传播场域的话语冲突与秩序重构》，《中州学刊》2019 年第 2 期。
② 习近平：《决胜全面建成小康社会　夺取新时代中国特色社会主义伟大胜利——在中国共产党第十九次全国代表大会上的报告》，《人民日报》2017 年 10 月 28 日第 1 版。
③ 郭超：《"微时代"青年核心价值观培育的"危"与"机"》，《思想政治教育》2015 年第 3 期。

视网络传播规律和特点，重构新时代环境场域话语秩序是不断增强社会主义意识形态凝聚力和引领力的逻辑基础和必要条件，同时对弥合环境利益主体之间的话语冲突，建构协商融通的话语体系，进而推动生态治理能力现代化起着重要的作用。

一　打造"三位一体"的环境场域命运共同体

网络安全关系到人民安全、国家安全，建构多种移动传播平台统一战线的网络空间命运共同体是新时代意识形态工作的重要任务。网络空间存在多种主体的利益冲突、话语冲突，由此带来诸多舆论风险和公共危机，给国家治理和社会发展带来困扰和挑战。福柯认为权力是内在于它们运作的领域中的多种多样的力量关系，是一个微观的、循环的、流动的生产性网络。① 网络传播场域存在"多种多样的力量关系"，并建构成话语生产性网络，其中存在三种主导性传播力量，即党媒、商业机构媒体和自媒体。党和政府主管主办并为党的事业服务的媒体都是党媒。习近平总书记多次强调，"党和政府主办的媒体是党和政府的宣传阵地，必须姓党"②。《人民日报》、中央电视台、新华社、《光明日报》《南方日报》《北京日报》《中国环境报》等各级传统主流媒体和专业媒体都是环境报道的重要载体，它们是国家生态文明建设宣传的主力军，是工业生产、生活消费中环境问题的监督者，也是环境治理的重要参与者。大多数党媒开设了专门的绿色专版、专栏等，对生态环境新闻进行可持续性、规模化的策划报道，并组织环保活动。比较典型的环境媒介事件是 1993 年，全国人大环资委会同 14 个部门数十家媒体组织了持续 20 年之久的"中华环保世纪行"活动，大规模宣传环保、多层面揭示环境问题。这种集体采访报道，在宣传环保国策、环境知识、监督环境问题等方面作用显著：持续进行国家动员，使各级政府重视环保并解决各种环境问题，提升了公众环保

---

① 丁方舟：《"理想"与"新媒体"：中国新闻社群的话语建构与权力关系》，《新闻与传播研究》2015 年第 3 期。

② 《习近平在党的新闻舆论工作座谈会上强调　坚持正确方向创新方法手段提高新闻舆论传播力引导力》，央视网，2016 年 2 月 19 日，tv. cctv. com/2016/02/19/VIDEvTv4T004tzsiVfntaMdq160219. shtml.

意识。① 从历年来"向环境污染宣战""维护生态平衡""保护生命之水""大力推进生态文明，努力建设美丽中国""守护长江清水绿岸"等主题来看，以主流媒体为主的"环保世纪行"报道框架和话语策略的突出特点是贯彻党中央的环保决策部署、紧扣环境立法监督重点、及时回应人大代表与人民群众的环保关切，推动多元主体协同保护生态环境。除此之外，一些党和政府主管主办的媒体子报、子刊以及专业媒体、都市类媒体在环境监督、民生话题、生活消费等方面的报道颇具特色，《中国青年报》《南方周末》等以解释性报道见长的媒体为建构中国环境话语和绿色公共领域付出了巨大努力。《南方周末》2009 年创办"绿色"专版更是通过文字、照片、漫画、制图等多模态话语创造性地打造了绿色公共领域，为治理者、专家、公众等多元主体搭建了党的环境政策解读、绿色信息沟通、环境问题监督、专家"绿评"、百姓"绿眉"、高端"绿色对话"② 等环境公共讨论和协商对话的空间。同时，我们不要忽视环境专业媒体在建构环境世界和促进环境治理过程中不可替代的作用。如《中国环境报》《中国绿色时报》《中国林业》《森林与人类》《人与自然》等报刊，建构了专业的绿色传播场域。《中国环境报》（2013—2017）5 年间关于雾霾的新闻报道就有 168 篇。③

党媒通过媒体融合战略创办了不同类型的网络新媒体平台，包括各级党报党刊、广播电视台以及党政部门的网站、两微一端、政务网络服务平台。党媒网络新媒体也姓党，也要体现党性与人民性的统一。主流媒体通过媒介融合打造的新型主流媒体，既具有传统主流媒体的政治优势和责任使命，又具有社会化媒体的传播机制与话语形态。党媒生产的 OGC 或 PGC 建构了治理者话语场域，同时也建构了极其重要的环境传播场域，从而改变了环境传播场域的资本结构和话语秩序，建构了一个连接环境主导性空间和反话语空间的通道。在重大环境公共事件中，传统主流媒体的新媒体平台和政务新媒体发挥了重要的解释、劝服、沟通等作用。比如，

---

① 贾广惠、房继茹：《"中华环保世纪行"报道背后的权力机制——以〈人民日报〉为例》，《国际新闻界》2014 年第 6 期。

② 唐春兰、李妮斯：《〈南方周末〉绿色版的报道策略》，《青年记者》2017 年第 6 期。

③ 胡鹏：《〈中国环境报〉雾霾报道研究》，《传媒》2018 年第 21 期。

《人民日报》的环境报道或者评论可以通过人民网、微博和微信公众号、人民号、人民视频、党媒公共平台等多种自建新媒介平台进行传播，同时还可以通过今日头条、腾讯新闻、抖音等入驻的多种商业机构平台进行传播。其中，最具有战略意义的是它的新媒介平台生产的内容融合了互联网思维和技术文化、流行文化等特点，弥合了传统主流媒体与网民的心理距离，大大增强了环境内容的传播力和引导力，甚至出现了众多爆款网文。在环境冲突事件中一些地方政府充分利用政府网站、政府发布等政务新媒体通过发布重大邻避项目或公共事件的项目情况、环评信息、专家意见、政府态度、治理举措、代表建议等，与公众进行协商沟通，对解决冲突性事件起到了积极的效果。

机构媒体是由民营企业创办的市场化的信息传播平台，包括商业机构媒体和环境非政府组织创办的媒体，这些平台成为环境公共事件媒介动员的主要平台，其中各地房产公司、物业的论坛成为邻避运动经常征用的媒介资源。商业机构创办的平台媒体吸纳了草根话语体系、知识分子话语体系，也与传统媒体、政府建立了合作关系，吸纳了主流话语体系。平台媒体的海量信息、交互性和多元话语，对年轻用户具有极强的吸引力和引导力，产生较强的用户黏性和媒介依赖度。依托商业机构媒体和平台形成的自媒体是 UGC 的主要来源，它建构了民间话语空间，也是推动环境危机事件舆论走向的主导性力量的发源地和动力池。在环境公共事件中，出现了网络传播场域沉默的螺旋和反沉默的螺旋同时存在的现象。在社会场域处于强势地位或者权力中心的环境治理者或者专家在网络空间面对海量网民的"注视"和大众狂欢的场景声音越来越弱，而一些个体或者少数群体的"悲情"呼吁或者权益之争可能在网络围观中获得更多民意支持，形成"围观改变世界"的在线动员模式。

党媒、机构媒体、自媒体均有各自的特点、优势和用户群，共同构建了环境传播场域和绿色公共空间。它们具有共同承担生态文明建设和环境治理的责任、实现"美丽中国"和环境友好型社会的共同愿景，推动中国形成人与自然和谐相处关系的生态现代化的共同任务，这是各种媒体平台寻求的环保最大公约数。但是，由于不同性质的媒体所有权结构、受众定位、运行机制与发展目标不尽相同，它们生产的主导性话语和解构式话语的矛盾长期存在，有时话语冲突还十分激烈，尚需形成社会主义核心价值观主导的协同传播机制和统一战线。

在新世界主义环境下建构党媒、机构媒体、自媒体"三位一体"的环境场域命运共同体，弥合环境冲突，推动具有中国特色的生态社会主义的发展，不仅是中国环境传播学的历史使命，还是国家繁荣、社会稳定、人民幸福的重要基础和条件。

（一）党媒阵营要形成"同频共振"的环保统一战线

传统主流媒体的理念定位、体制机制和运营模式等方面具有极大的相似性，在平台合作、资源共享、风险承担等方面没有较多壁垒，在媒体融合过程中具有发挥各自优势的巨大空间，要提高议程设置的艺术和舆论引导的能力。各级党政部门的政务新媒体要超越日常工作的信息传播和服务，充分体现媒体属性和功能。党媒各种传播平台依据自己的定位和受众群在解读、阐释、促进生态文明建设与人民福祉、经济发展与环境保护、国家环境治理与公众日常生活的内在关系等方面形成齐声共鸣的舆论引导机制。这并非要回到舆论单声道的老路，而是建构一个底色清朗、多元风格、充满张力的环境传播的主声道。党媒还要善于平台化，一方面打造自己的主流流量平台，另一方面借助互联网音视频等社会化媒体平台传播信息，这些商业机构媒体是深受网生代特别是 Z 时代年轻人喜欢的信息"打卡地"。随着新型主流媒体话语体系和传播格局的形成，主流媒体充满正能量、具有融合话语特征的报道或者言论可以获得多种商业化平台甚至全网转发，极大地增强环境传播的社会影响力。

（二）商业机构媒体要主动承担社会责任和弘扬主流意识形态

社会稳定、国家繁荣、百姓乐业是经济增长、企业盈利的必要条件。商业机构媒体以利润为目标本无可厚非，但是作为社会构型的一部分，需要坚守科技向善、科技向上的科技伦理，主动承担社会责任。商业机构媒体受市场主义和技术主义的影响成为"后真相"和三俗内容的主要推手，市场导向驱使它们试图摆脱媒体赋予的社会责任和文化使命，大量黄色、黑色和灰色的内容充斥网络空间，严重地冲击了主流价值观和主流意识形态。在大多数环境抗争事件中平台媒体的把关机制几乎失灵，对于网络上的谣言、谩骂、侵权等网络暴力和伦理失范行为缺乏内在的自净机制。同时，技术算法有利于精准营销、锁定粉丝、增强用户黏性，但是在满足公众的个性化信息需要的同时也将一些环境主导性话语遮蔽了，充斥着大量的对抗性话语，甚至是妖魔化话语。近年来，在国家网络治理下商业机构媒体逐渐重视把关机制，也重视绿色公共领域的建构，对生态文明建设的阐释、环境问题的监督和环境知识的普及等方面起到了一定的建设性作用。腾讯、搜狐等商业门户开辟了绿色专业频道，腾讯更是以"问道绿色，探寻可持续发展之道"为宗旨。它们一方面利用自己的媒体平台发布环保信息、组织环保活动、建构环境议题，推动环保政策的实施，另一方面积极与新闻媒体进行互动，共同促进环境治理，"所有环境 NGO 都强调与主流媒体的互动传播"①。

（三）自媒体传播主体要提升公民素养、环境素养和媒介素养

自媒体的赋权机制颠覆了信息扩散的传统模式，交互性、便捷性和弱把关机制增强了传播者的主体性，推动了民间舆论场的兴起，但亦带来伦理失范和大众狂欢的传播乱象。众多网民缺乏公民素养、环境素养和媒介素养，在网络传播和环境事件中不遵守公民的责任和义务，不知道自媒体也具有意识形态功能和建构世界的作用以及需要承担舆论传播的责任。他们对于环境传播场域中的谎言、流言和虚假信息缺乏甄别能力和处理能力。网络暴力、人肉搜索以及群氓文化形成戾气丛生的网络环境，传播主体在自我赋权的同时却侵犯他人权利、践踏他人尊严，甚至"剥夺"他人生命。因此，自媒体传播主体应该自觉提高三种基本素养，且互为条件，偕行共进。商业机构媒体有责任和义务通过资本审查程序、内容生产和传播机制对自媒体传播主体进行三种素养的监测、培育，党媒也有通过舆论引导涵化公众多重素养的责任。从 10 年来的重大环境冲突性事件中可以发现，自媒体成为民众进行社会动员的主要媒介，包括微信、微博、QQ 群、房产和物业公司的论坛等。绝大多数业主都善于调动话语符号和媒介资源建构理性和合法的解构式话语框架，进行情感动员，争夺环境意义和个体权益。但是，我们也看到在一些环境公共事件中出现了谣言，过激的

---

① 徐迎春：《绿色关系网：环境传播和中国绿色公共领域》，中国社会科学出版社 2014 年版，第 81 页。

情绪语言、妖魔化话语以及谩骂、人身攻击等网络暴力，甚至出现意识形态碰瓷现象。

党媒、机构媒体和自媒体合力打造"三位一体"的环境场域命运共同体，才能最终营造清朗的网络空间，建构健康的环境传播话语体系。随着生态文明建设和环境治理的深入践行，中国正逐步发展成为一个由政府、媒体、公众、专家、环境 NGO 等多元主体参与构成的绿色话语表达空间，各个话语主体发挥着不同的作用，形成多元互动的博弈关系。在这一话语表达空间中，各个话语主体通过自证式实践建构其话语合法性路径。①

二 拓展新型主流媒体环境报道的话语空间

主流媒体是社会情绪的调节器、舆论引导的主阵地。传统主流媒体的传播力和影响力虽然有所减弱，但它们正在通过媒体融合一体化战略建设新型主流媒体，进入意识形态斗争的主战场。当下主流媒体通过中央厨房或者融媒体中心进行组织再造和流程再造打造新型主流媒体，强势主流媒体均建成了集传统内容生产与传播、新媒介内容生产与传播的生态体系。新型主流媒体在环境传播场域弥合话语冲突，引导环境公共舆论，建构协同治理等方面成效显著。但是，新型主流媒体在建设环境传播话语体系和引导机制等方面还有拓展的空间。

新型主流媒体亟须提供品质至上且体现责任担当与主流引领价值的环境内容，力争在环境公共事件和环境传播场域不缺场、不缺位、不缺声。如果主流媒体在环境治理的"硬骨头"上失声无语就会让公众失去信任，产生"塔西佗陷阱"效应；如果主流媒体不能建构环境公共空间，缺乏绿色话语讨论、对话、辩论的话语生产机制，环境行动者就可以采取非常规方式争夺话语权，甚至制造谣言和网络暴力。因此，新型主流媒体在移动化和后真相的传播环境下要坚守主流意识形态和生态文明建设的核心思想，内容生产标准要具有优良的品位、清朗的品相和高正的品质以及向上、向真、向善的精神气韵。

---

① 陈虹、潘玉：《从话语到行动：环境传播多元主体协同治理新模式》，《新闻记者》2018年第2期。

新型主流媒体在建构民本关切、张力叙事的环境话语框架方面有巨大的优势和潜力。新型主流媒体要善于通过符号编码、语言修辞的意义置换功能和象征交换功能建构一个融合主导性话语与反话语空间的"绿色话语枢纽"，将传统媒体表征的治理者话语体系与社交网络表征的民间话语体系无缝对接。议程设置通过辞屏、命名、修辞等符号体系与转喻机制形成包容的话语框架极其重要。环境议程设置要善于抓住公众关注的环境热点、环境问题的焦点以及公众的情感痛点和人性亮点展开场景叙事。环境传播的内容供给不仅需要丰富多元，还要具有社会公信力、文化浸润力和价值形塑力。因此，新型主流媒体要通过叙事角度、视听修辞、话语方式、情感态度等象征策略来建构具有叙事张力的环境文本。习近平总书记在 2018 年全国宣传思想工作会议上强调："我们必须把人民对美好生活的向往作为我们的奋斗目标，既解决实际问题又解决思想问题，更好强信心、聚民心、暖人心、筑同心。"[1] 新型主流媒体生产的环境信息和建构的环境文本要直击人心，直面地方政府、企业、公众的矛盾焦点和群众的现实困难，找到环境问题的症结，紧扣生态文明建设的实施细节与群众生存、生活、消费实际需要，从积极心理学入手监督环境污染、提供解决方案来建构话语框架，捕捉年轻受众对于环境信息需求的变化。同时，善于汲取社交网络的话语修辞和象征表达技巧，讲好环境场域的新闻故事，将传统媒体的逻辑叙事、深度叙事、意义叙事与微媒体的碎片化叙事、场景化叙事和视听化叙事相结合，将在线表达与线下互动相结合，将故事讲述与技术话语相结合，从而形成较强的叙事张力。[2]

三　建构新时代环境传播场域的话语体系

环境传播场域话语体系的冲突与博弈实质上是社会主导性力量和替代性力量争夺话语权。亚文化运动通过"身体抵抗"挑战传统世俗文化规则的合法性，形成一套对抗世俗文化的话语体系；女性主义运动通过"隐性

---

　　① 张洋：《习近平在全国宣传思想工作会议上强调　举旗帜聚民心育新人兴文化展形象　更好完成新形势下宣传思想工作使命任务》，《人民日报》2018 年 8 月 23 日第 1 版。
　　② 漆亚林、王俞丰：《移动传播场域的话语冲突与秩序重构》，《中州学刊》2019 年第 2 期。

书写"突破单一男性声音所书写的象征秩序，形成一套对抗男权文化的话语体系……①环境传播场域的话语体系比较复杂，主要存在主流意识形态主导的治理者话语体系、精英意识形态主导的知识分子话语体系和大众意识形态主导的民间话语体系。三种话语体系不断冲突和博弈，争夺环境意义和话语主导权，需要通过多元话语体系的融通与重构形成具有通识性、通约性的环境传播场域。

　　以新型主流媒体、机构媒体和自媒体为主形成的移动环境传播场域具有一定的主体间性，环境话语主体既是环境信息接收者，也是传播者，甚至是环境事件或者环保行动的组织者。无论是胡塞尔提出的"共同视阈"，还是海德格尔提出的"共在思想"，抑或马克思提出的"人是一切社会关系的总和"，都蕴含了环境传播的网络场域可以通过"视阈互换"和"视阈融合"完成话语体系转换与重构的方法论。② 在治理者话语空间和民间话语空间通过"视阈互换"重构新时代中国环境话语体系，建构具有中国特色的生态文明话语体系。环境主导话语体系是社会主导性力量建构的话语体系，体现了中国特色社会主义话语体系的特色。治理者话语体系承载了生态马克思主义思想，吸收了生态社会主义和生态现代主义理念，并结合中国可持续发展、环境友好型社会建设以及生态文明建设的实际状况和未来趋势。

　　以传统主流媒体和政务新媒体为载体，以行政理性主义环境话语为核心的治理者话语体系长期以来存在的官方视角、宏观叙事、刻板语言、互动性弱等表达方式频遭诟病，甚至存在缺位的现象，因此需要增强环境危机意识，运用互联网思维创新修辞策略和象征机制，将主流意识形态的"共同视阈"与人民群众的"自我视阈"相融合，凸显大道无痕、人文关怀和阅读快感，建构一套适应公众尤其是年轻网民接受与传播的话语体系，使之成为环境场域主导性话语的核心力量。③ 知识分子尤其是环境专家对环境专业问题及其与政治、经济、文化和社会发展关系的看法和思考具有很强的科学价值和公共价值。他们通过自由表达、理性对话和提供决

---

①　陈龙：《对立认同与新媒体空间的对抗性话语再生产》，《新闻与传播研究》2014 年第 11 期。
②　龚莉红：《自媒体对青年"共同视阈"的塑造》，《当代青年研究》2017 年第 6 期。
③　漆亚林、王俞丰：《移动传播场域的话语冲突与秩序重构》，《中州学刊》2019 年第 2 期。

策依据来彰显环境思想、生态主张和利益权重。有关部门亟须建立激励机制驱动具有主流意识形态的知识分子在环境问题、生态热点和邻避运动上勇于发声,从而提升环境话语的科学含量和权威性。

　　网民作为民间话语生产的一支重要力量,创建了替代性绿色公共领域,是环境传播场域建构的协同性话语、批判性话语、戏谑性话语、妖魔化话语的主要力量。年轻网民对移动环境传播场域流行的网络语、二次元、弹幕、动漫、反话语、涂鸦等话语形态具有很强的认同感,对移动化、智能化、视觉化和沉浸式的话语修辞和传播形态具有强烈的好感。众声喧哗的民间环境话语在网络净化行动中亟须与主导性话语融合,将立足个体利益的"自我视阈"(如邻避运动中个体的利益诉求)向具有公共价值和整体利益的"共同视阈"(如生态文明、国家治理)转向,将主流价值观涵化于网民喜闻乐见的话语方式和传播机制之中。

　　环境话语体现了传播主体看待人与自然关系的视角和态度,反映话语主体不同的环境思想和价值观念,并对生态环境现实进行建构。移动互联网的迅速发展,颠覆了环境传播场域的话语范式和话语秩序,形成新的"力量场域"和"斗争场域"。技术催生了媒介的移动化与智能化革命,增加了环境场域话语冲突的风险,为环境传播的舆论引领提出了新问题和新挑战。亟须各种传播主体形成统一战线,建构环境传播场域的命运共同体,以生态马克思主义和具有中国特色的生态文明思想引导环境传播场域的话语生产与再生产。

第二节　价值共识:筑牢"多元一体"的环境传播格局

　　环境传播的话语冲突可能引发群体性事件的产生,对社会稳定造成威胁。筑牢多元参与主体基于价值共识的环境传播行动框架是应对环境风险的重要策略。从诸多环境事件来看,由于行动主体利益不平衡、话语不对接、立场不统一从而形成割裂的传播场域,无法形成对话机制,致使多元主体间难以形成情感共鸣、思想共振和价值共识。基于此,在环境传播场域形成价值共识是解决环境问题和环境治理体系和治理能力现代化的必由之路。詹姆斯·博曼（James Bohman）认为公共管理中需要形成"多元一致"的协商机制，"妥协理性能够有效化解冲突，坚持原则与虽非全面但能部分实现目标的行动是完全一致的"①。环境传播中的妥协理性意指环境相关利益方需要基于理性对话和坦诚交流，求同存异，彼此妥协以实现各自环境权益目标的一种价值理性。环境传播的多元主体之间通过沟通、劝服和妥协的协商过程修正单边价值诉求和议程框架，打破利益壁垒，建构话语的最大交集能够有效防范群体性话语冲突事件的产生。

我国环境传播呈现出一个复杂、混合、多面、虚拟、变动、新兴的多重绿色公共空间。环境传播的发展路径与复杂的利益格局调整紧密关联，这种调整并非是一蹴而就的，在长期话语博弈过程中必然会产生话语抵牾和行动冲突，"多元一致"的环境共识理念，能够有效化解话语冲突，应对环境风险传播。当重大环境公共事件发生时，相关利益主体的话语实践行为不应局限于解决环境问题本身，更要将环境风险和利益平衡置于社会场域的现实与未来逻辑之中考量，在对话、协商、理解、认同、行动的认知机制过程中，形成环境治理共识和协商性话语框架。马克思在《1844年经济学哲学手稿》中指出，人类能够在交往活动中形成价值共识，并最终建立真正的交往共同体。② 当下，我国环境传播正在建构一个由政府、媒体、公众、企业、NGO 等多元主体参与的绿色话语表达空间。多元主体作为利益相关方应通过互动交往，建构话语共识机制，形成以政府为主、媒体和 NGO 为辅、公众参与的各方通力合作的现代环境传播体系，最终形成环境价值共同体。其中，政府作为主导力量，在环境传播过程中应充分发挥主导性和引领性作用，强化沟通效能。地方政府部门在邻避运动中要不缺位、不抢位，避免在人民群众信访或者信息反馈时保持沉默，或者出现缺乏沟通前提的刻板宣传。"邻避设施作为一种具体的空间形态，其生产的背后是社会关系的重塑，更是权力的生产与再分配。"③ 因此，

① ［美］科恩：《论民主》，聂崇信、朱秀贤译，商务印书馆 1988 年版，第 186 页。
② 王巍、刘怀玉：《马克思交往理论的哲学人类学内涵》，《河海大学学报》（哲学社会科学版）2015 年第 6 期。
③ 叶超、柴彦威、张小林：《"空间的生产"理论、研究进展及其对中国城市研究的启示》，《经济地理》2011 年第 3 期。

从权力生产和分配角度建构多元价值共识是解决环境问题和话语冲突的关键路向。

话语即权力，政府和主流媒体还要从话语技巧和修辞策略角度建构协商话语机制。治理者要善于运用新媒体的技术话语和场景赋能，将科学、精准的术语、数据转换为通俗叙事和场景体验，掌握重要环境信息发布的节奏，利用黄金时间对突发性环境事件进行危机管理；要善于通过各种网络新媒体搭建科学话语与通俗话语的转喻通道，建构多元主体均能接受的话语修辞策略，让公众在环境事件处理过程中，从己身出发对主导性话语产生信任感。在重大环境决策的出台和生态治理实施过程中，地方政府应协调好国家—区域之间的利益冲突以及公众—公共利益之间的关系，充分发挥环境法规与政策的约束性力量，建构多元主体协同治理体系。对环境公共事件进行的讨论，通常聚焦于公众对风险的感知、对政府和企业的不信任、知识与信息的欠缺、缺乏社会责任感、对邻避设施的情绪化评价等方面。[1] 其中因为权力和利益的不平衡导致的相对剥夺感是产生环境冲突性事件的主要原因。因此，媒体和 NGO 面对环境问题和生态危机时，要充分发挥桥梁作用，建构多元主体交互融通的沟通机制，形成环境场域协同治理的新格局，筑牢"多元一体"的环境传播行动框架，建构多元主体协同的环境价值共同体，有利于实现多元主体的利益最大化。当前，以人民为中心，坚持"绿水青山就是金山银山"的绿色发展和高质量发展理念贯穿社会发展的全过程、构建"人与自然和谐共生"的现代化和"人类命运共同体"成为我国政府主导的多元主体的共同价值追求，为筑牢"多元一体"的环境传播格局提供了方向指引和动力源。

第三节　话语融通：弥合环境传播场域的话语冲突

习近平总书记强调，"解决好人民群众反映强烈的突出环境问题，既

---

① 王佃利、刘洋：《空间剥夺感在公众空间保护行为中的作用——基于邻避事件中公众话语的探索性研究》，《理论探讨》2020 年第 1 期。

是改善环境民生的迫切需要，也是加强生态文明建设的当务之急"①。环境传播中的话语冲突主要源于多元主体在环境风险议题建构过程中出现的权益分配不均导致的话语分歧和博弈。技术迭代带来新话语场域的产生，新媒体技术赋权驱动环境传播场域改变了一元政治话语模式，颠覆了环境传播的话语秩序，公众获得了话语实践的自主性和能动性。新话语场域作为"虚拟空间"，通过24小时即时在线与丰富多样的话语形态，建构了绿色反话语空间，弱化了环境主导性话语的引导力和影响力。随着公民环境意识的增强和信息技术的高速发展，公众在环境事件的利益诉求中不断借助新媒体进行象征性权力和环境意义的争夺，将地方政府、利益集团、主流媒体作为利益博弈的对象，通过情感动员对治理者形成舆论压力。环境传播中虚拟话语场域与现实社会相互勾连，环境议题逐渐由线上走向线下，相互切换，进而引发冲突行为。因此，如何通过价值共识、媒介实践和话语空间的三维结构的合力建构融通话语机制，弥合话语冲突，化解社会矛盾是当下环境传播理论与实践面临的新课题。

随着各种资本的涌入，新媒体场域出现了多种多样的环境话语，其中主导性话语和解构式话语形成不同的绿色公共空间。在智能传播时代，信息技术解构了自上而下的传统话语体系，形成了主流话语、精英话语和大众话语的新话语场域，亦即治理者话语体系、知识分子话语体系和民间话语体系三种话语在环境议题建构过程中不断争夺象征资源。如果人民群众关心的环境问题和邻避诉求等没有及时得到地方政府或有关部门的回应和解决就可能陷入"塔西佗陷阱"，导致三种话语体系间缺乏对话基础。加之，环境专家话语与政府的依附性想象，草根话语的无理性特点不断挤压行政理性主义话语的空间，治理者话语的优势将被削弱。习近平总书记指出："随着互联网特别是移动互联网发展，社会治理模式正在从单向管理转向双向互动，从线下转向线上线下融合，从单纯的政府监管向更加注重社会协同治理转变。"② 优化整合环境场域要注重多元主体的协同治理。

① 《习近平参加内蒙古代表团审议》，人民网，2019年3月5日，http://jhsjk.people.cn/article/30959333.

② 《习近平在中共中央政治局第三十六次集体学习时强调　加快推进网络信息技术自主创新　朝着建设网络强国目标不懈努力》，《人民日报》2016年10月10日第1版。

首先，各级政府及其相关部门要善于捕捉环境场域中的热点新闻和话题，推动利益相关主体建构话语协商和融通机制。从 10 年来重大环境公共事件来看，建构包括民意征集的前置在内的信息沟通机制是解决话语冲突的重要环节。其次，知识分子话语体系在环境议程设置公共讨论中，要主动承担起传播环境知识、解读环境政策、解释邻避项目的风险和维护公共利益的责任。治理者也要主动为知识分子尤其是环保专家创造更多的话语空间，并借助知识分子话语易被公众接受的特点推进环境问题的解决以及环境治理和生态文明建设的顺利进行。最后，个体通过自媒体赋权在转向公共空间寻求自我认同和社会支持的过程中易出现谣言、妖魔化话语、网络暴力等失范行为。因此，通过依法治理环境场域的传播问题是弥合环境话语冲突、建构融通的环境话语体系的重要保障。此外，提高公众的媒介素养和环境知识素养，在一定程度上可以避免公众被无理性话语、谣言和网络暴力裹挟，引导大众话语回归理性。

第四节　文化使命：生态文明传播范式建构

我国的生态哲学和环境治理实践历史悠久，但是长期以来，我国理论界对环境传播的研究没有脱离西方的话语框架，未能在西方国家构建的语境和空间中进行根本性突破。作为建构环境认知、进行生态治理协商的理论与实践，环境传播积累了丰富的成果，逐渐形成以生态文明建设为核心，凝聚中国智慧、中国经验和中国方案的传播模式。随着新时代中国特色社会主义生态文明建设的理论与实践的深入开展，中国环境传播形成了具有中国特色的话语范式，即生态文明传播范式。西方环境话语源于新古典经济学支撑的资本主义社会，生产成本不计算环境污染的损失。资本主义制度下无论是环境问题解决、生存主义、可持续性还是绿色激进主义话语都是资本主义生产力与生产关系的体现。环境友好型社会、美丽中国、生态文明、绿色发展等中国特色环境话语的提出，突破了资本主义制度内含的现代性哲学局限与"人类中心主义""生物中心主义"分离的价值取向，彰显了中国"天人合一""道法自然"的哲学思想与生态智慧的文化基因。中国主导性环境话语是建立在中国特色社会主义生态文明建设道路、理论、制度和文化的基础之上，政府主导多元主体协同治理、维护人类命运共同体的生态文明传播范式。它要承担新时代环境保护和生态文明建设的文化使命，承载公共协商、主流意识形态建设、舆论引导与环境治理的功能，体现以人民福祉为中心的人与自然和谐共生的生态社会主义特征。

一　具有以马克思主义生态观和新闻观为指引的生态传播理念

马克思主义者在批判资本主义带来生态危机的基础上提出了生态哲学和理论主张。马克思、恩格斯指出：历史可以划分为自然史和人类史。但这两方面是不可分割的，只要有人存在，自然史和人类史就彼此相互制约。① 在马克思看来，人类一旦造成了自然的异化，就会遭到自然的报复，从而失去基本的生产和生活要素，从解决人与人的社会关系入手来解决人与自然的关系，才能真正建构"生命共同体"。马克思主义生态观对我国环境保护和生态文明建设起着十分重要的作用，体现了马克思主义生态理论中国化的当代价值。生态文明传播范式是建立在新时代中国特色的社会主义生态文明建设基础上的环境传播理论与实践模式，它是马克思主义生态观和新闻观的有机结合。毛泽东提出的"治山治水""植树造林"，邓小平提出的"一体两翼"的环境治理方略，江泽民提出的可持续发展战略，胡锦涛提出的建设环境友好型社会等观点均是对马克思主义生态理论的继承和发展。习近平总书记系统地提出了生态文明建设的重大意义、主要目标、战略任务、根本要求等，构建了习近平新时代中国特色社会主义生态文明建设思想体系，是在继承马克思主义生态哲学基础上的系统性创新。

生态文明传播范式不仅在新闻传播的框架策略、选题立意、关注角度、表达风格等方面坚持以马克思主义生态观和习近平生态文明思想为指引，同时还要坚持马克思主义新闻观和习近平新闻思想，坚持"真实复写事实"、坚持党性原则与人民性原则相统一，坚持依靠群众、改革文风、尊重新闻传播规律、讲究时度效。生态文明建设是基本国策和国家战略，绿色发展和高质量发展是我国可持续发展的路标，蓝天保卫战、"碳达峰、

---

① 《马克思恩格斯文集》第 1 卷，人民出版社 2009 年版，第 516 页。

碳中和"行动等解决突出环境问题的环保行动体现了中国负责任大国形象。生态文明传播要用新鲜的事实、数据和生动的故事讲清楚生态文明建设的现实意义，阐释与人民群众的利益关系，传播科学理性的环保知识，培养公众的生态文明素养，动员人民群众自觉保护环境，监督社会并解决环境问题，促进人与自然和谐共生。

二　建构以环境保护现实图景和生态文明建设成就为主的系统性话语框架

从系统论角度认识环境治理的现实图景和生态文明建设的巨大成就有利于全面、深刻地把握中国生态治理体系现代化和治理能力现代化的逻辑起点、艰巨任务、重点突破、战略目标和行动路向，从而为具有中国特色的生态文明传播范式确立指导思想、当代使命、传播框架和叙事修辞的框架化机制和舆论引导策略。

（一）从民生福祉、民族永续的角度确立生命共同体和全球命运共同体的传播定位

中国的生态文明建设是一个系统性的理论，它超越了西方环境传播人与环境二元对立的话语框架，从整体性和系统性化思维出发，以人民为中心，以解决生态问题、实现生命共同体、民族永续和全球命运共同体为目标任务，将生态文明贯穿到国家治理、经济发展、文化建设、社会发展的各个领域和整个过程，这就要求生态文明传播范式要从系统性角度建立生态文明建设报道的定位和立场，向公众建构全面的环境认知和生态治理的必要性和紧迫性。

（二）从以客观呈现环境治理的现实图景角度确立生态文明建设伟大创举的内容框架

中国生态文明建设进入新时代，生态文明传播要从环境治理中的政策制度、评估考核、技术手段、联动机制、督察监督、伟大成就和突出问题等方面客观呈现中国生态治理的现实图景，坚持正面报道生态文明建设的巨大成就和重点突破。笔者在考察中国生态文明建设的广州样本、房山样本和平江样本时发现，中国生态文明建设正在完善从中央到地方的生态治理制度和运行机制，并取得了良好的生态治理效果。

第一，建构全民治理的社会动员机制，驱动社会共治。政府联动企业和公民投入环境治理和生态文明建设之中，从我做起，从城市服务、个体生活和消费做起。比如，广州的车陂涌长期以来是水污染的反面典型，广州市政府通过发动居民参与治理，形成市级、区级、街道、村级四级联防治理体系，形成专业工作人与志愿者相结合的社会治理的人员结构，开展"四清"行动，2018年被生态环境部摘掉了水污染典型的帽子。

第二，充分运用多种传播手段进行正面宣传和全域传播。治理者通过大众传媒、网络新闻媒体、组织传播和群体传播等方式进行生态文明建设和环境治理工程的宣传与解读，利用多渠道传播提高人民群众的环境素养。比如，北京市房山区为了有效治理空气污染，让"碳达峰、碳中和"的知识走进寻常百姓家。房山区生态环境局和中国石化公司北京燕山分公司、房山区燕山办事处建立了"三方共建"机制，各尽其责，让更多居民了解到低碳生活、践行低碳生活，并形成"工作共建、污染共治、环境共享"的环境治理新模式。湖南平江县开展全民生态文明建设，通过省市县三级微博、微信公众号等发布平台以及县广播电台、网站开辟的生态文明建设栏目等传播渠道进行广泛宣传，同时制作生态文明城市宣传片、组织宣传环保公益活动等。

第三，落实环保重点工程，推行精细化"把脉问诊"，提出解决方案。近几年，我国环保领域确定全面打赢蓝天保卫战，持续改善空气质量，深入实施水污染、土壤污染、农村环境等涉及民生的环境问题的防治计划行动。比如，为了打赢蓝天保卫战，房山区生态环境局创新工作机制，自2019年起着力开展"一公里"行动，研定实施《房山区重点地区大气污染综合治理帮扶方案》，对空气质量排名靠后的乡镇开展把脉问诊、精准帮扶工作。区生态环境局以空气质量监测数据为支撑，以区级督查发现的问题为突破点，深入治气一线走访调研，找准"病灶"，"把脉定方"。

第四，通过工业结构调整、企业合理布局，发挥技术力量在生态文明建设中的驱动作用。政府调整经济发展结构，出台政策和资金扶持激励企业进行技术改造和模式创新，清理污染项目，通过大数据、智能传播等手段进行精准监测和服务指导。比如，房山生态环境局的监控中心充分利用大气环境预警系统进行数据监测和及时解决大气污染问题。建设云监测系统，通过智能大屏幕能够及时监测房山区的 24 个乡镇街道、24 个标准监测站和 550 个微观监测站的摄像头发回的数据，当某个点位的探头数据明显高出周边其他数据时，平台将自动推送报警信息，提醒相关社区、村工作人员巡查周边环境，充分发挥了"岗哨"作用。

第五，进行严格环境评估、督察与社会监督，及时发现并解决突出的环境问题。一方面，中央环保督察组对全国各省市进行了多轮环保巡视或者"回头看"，进行专项环保工作和重点工程的督察，具有强大的生态保护威慑力和纠偏力，既关注生态文明建设思想落实情况，也注重各地人民群众的满意度和获得感。另一方面，中央和各地环保部门政务新媒体对环境问题设立了举报和信息发布平台，及时监督和反馈人民群众反映的环境问题和处理结果。

第六，生态文明建设取得显著成效。通过理论创新和环境综合治理，环境保护力度空前加强，生态文明建设取得重大的理论突破和实践成果。习近平新时代中国特色社会主义生态文明建设思想得以确立，并取得丰富的学术研究成果。大气污染、水污染、土壤污染、农村环境等重点治理工程成果斐然。比如，房山通过一系列大气治理举措，天蓝白云成为百姓的生活常态。广州越秀区东濠涌流域经过 6 年治水，2017 年荣获广东省宜居环境范例奖。湖南平江县在治理过程中通过"六大全覆盖工程"，悉心呵护"平江蓝、平江绿"和"平江美"。自 2017 年全市农村环境综合评比以来，平江县连续评为第一名，先后被国家和湖南省授予"全国生态建设示范区""联合国绿色产业发展示范区"等。

中国生态文明建设的政策机制、重点工程、环保评估、督察监督、技术融合等环节的持续创新与规划落实，促进生态治理取得丰硕成果，同时也还存在一些亟须解决的环境问题，这是中国生态文明建设的现实图景，也是生态文明传播话语框架建构的内容之基、中国环境话语重构的文化自信之源。

（三）从表达语态和叙事修辞角度确立生态文明建设的报道策略

主流媒体需要从系统化的思维出发、以平等对话的姿态、通过多媒体的呈现形式着力讲好中国的生态故事，进而提升生态文明的传播效果，建立公众的生态文明认知、建构具有中国特色的生态文明传播范式，引领环境环境传播的框架化机制建构，推动人与自然和谐发展。

第一，以系统化思维统领生态文明报道的选题框架。生态文明的理念超越了单一环境事件的片面和孤立，强调从广义视角建立区域、城乡之间的文明共识，着力构建生态视角下的中华民族命运共同体和全球命运共同体。在生态文明的报道中，新闻媒体既要善于将生态文明事件放在宏大的背景下，剖析其与整个社会、时代、国家和世界发展的关系，也要善于从微观层面讲述生态文明事件与个人生活、生存、生命质量的联系，同时，还应注重生态文明报道的平衡性，均衡报道地区、拓展报道主题，通过多元化的内容呈现建构公众更为全面系统的生态文明认知。

第二，以平等视角与公众积极对话。长期以来，政府部门是环境报道的主要信源，新闻媒体以权威信息记录者和报道者的身份出现，以一元话语模式建构环境认知和生态风险，主导环境舆论导向，受众成为被动接受环境信息的解码者和释码者，而非生态文明、环境保护的参与者、建设者和实践者。随着互联网、5G与人工智能等技术在媒体中的广泛应用，传统的话语秩序被解构，用户成为多场景融通交互的"后受众"。为进一步提升传播效果、建立社会共识，新型主流媒体亟须建构绿色公共空间，生态文明报道需要以更加平等的视角倾听公众呼声、增强社会互动、积极与用户进行对话，在传递信息和知识的同时，唤起公众情感共鸣，从而促进多元主体参与环境治理和生态文明建设，增强生态环境报道的现实意义，提升主导性环境话语的舆论引导力。

第三，提升环境表达的阐释力和讲述生态故事的感染力。无论是环境报道还是生态文明传播都具有一定的专业性。如何将枯燥、专业的内容、数据和常识准确、通俗、生动地进行编码与传播，对大多数没有环境专业背景的记者而言是一个挑战。大量环境传播的记者对生态信息的整合、分析、挖掘能力还有提高的空间，这关系着环境新闻及生态文明报道的质量。为构建良好的社会生态文明认知，报道者尚需积极充实环境知识，建立全面系统的生态文明认知体系，提升分析环境问题和解释绿色发展的能力。同时，主流媒体生态文明报道的叙事策略和国际传播也应与时俱进，应善于运用多种生动的语言符号讲述各族人民为环境治理和生态建设做出的努力，通过讲好中国的生态文明故事，彰显中华民族的责任和担当。

三 采用以环境传播话语实践的关键性操作为基点的建设性传播策略

第一，环境传播不仅要客观报道事实，还要进行社会动员，促进生态问题的解决。理论界对于环境报道的社会动员与客观性之间的论争由来已久，传统新闻价值观倡导新闻从业者是事实的客观呈现者、公共空间的监督者，是以中立旁观者姿态成为"麦田里的守望者"，新闻报道不干预、不介入新闻故事的发展。专业性质需要新闻保持独立性和客观性，这仍然是新闻传播的核心特征。但是，新闻在追求真实复写生活的同时，一则难免会出现态度冷漠，缺乏温度和人文价值；二则缺乏社会动员力量的环境传播难以适应新时代中国社会应对环境问题的迫切需要。反复出现的环境问题不痛不痒、惯习式地出现在媒体报道中，是否有效传达给受众，是否促进了问题的解决无从知晓，如此循环往复，加剧环境传播的"内卷化"，也给后真相时代的网络场域留下巨大的解构式话语空间。基于此，新闻从业者在环境传播实践中应转变职业观念，从置身事外到积极参与，促进社会问题的解决，实现从环境信息告知者角色向价值引领者、组织协调者、公共问题参与者等多元复合角色的转变，在媒介化社会语境中以主导文化和主流价值观引领环境传播的内容生产和传播效果。这要求新闻记者包括参与式新闻的生产者不仅要揭露环境问题、揭示风险、分析原因，满足公众的知情权，更为重要的是通过问题曝光与责任追问，提出可能的生态文明建设的路线图，从行动主义角度解决环境问题的积弊。传播主体的环保理念从"浅绿"走向"深绿"，也是环境传播对新时代媒体建设性功能的回应与践行。中国行政理性主义话语已将环境保护转换成生态文明建设，为环境传播主体在内容深度、广度和温度上的拓展提出了新要求和新任务。但是，网络空间具有低密度的文化土层与裂变性的特征，环境 UGC 的社会动员力量越大，越容易对生态文明建设带来副作用，这在"邻避运动"中尤为明显。因此，UGC 及其平台主体要增强社会责任感，在新媒体赋能中彰显科技向善、向上的力量。

第二，环境话语修辞策略要凸显积极与希望的调性。话语主体通过环境事实的选择、凸显、指代、比喻、隐喻、体裁、框架等修辞策略来建构我们理解环境的思维方式，从而实现劝服的功能。不同环境主体往往会通过修辞策略和象征符号发起一场有关合法性争夺的修辞革命。环境问题解决、生存主义、可持续性和绿色激进主义四种环境话语范式既是环境修辞实践的表征，也是环境意义争夺的结果。建设性新闻引进积极心理学，在环境传播实践中采用积极、正面和充满希望的话语调性和修辞策略，融入建设性新闻理念，找到问题的症结，提出解决的方案，给相关利益人和受众看到"阳光总在风雨后"的冀盼。实验证明，相比于非建设性框架的报道，采用建设性框架的新闻报道会在微观、中观、宏观层面上影响受众的态度，从而推动社会进步。比如，媒体在垃圾焚烧项目等邻避事件的报道中，详细向公众介绍垃圾焚烧、净化、填埋等步骤，将降低风险与增强防护的各项技术保护和管理措施向公众"透明化"，以增强公众的理解，同时降低公众的恐慌情绪。采用视觉修辞、多模态、超文本话语讲好环境故事，助推环保公益活动也是环境传播建设性功能的重要体现。图片、电影、电视、动漫、短视频、直播、H5、VR/AR/MR 等视觉化产品已经成为主导性传播形态。环境的视觉修辞具有重要的说服与建构功能。

第三，增强环境传播的社会动员力。环境问题关乎国家利益，更关乎每个人的利益，通过多元主体协商与沟通、促进行动和参与是环境传播实用性建构工具的应有之义。生态文明传播范式一方面要增强环境传播的议程设置能力。环境传播议程设置亟须建构平衡与融通的议题感知与协商机制。环境传播议题需要平衡正面和负面报道，将生态环境现状全面真实呈现给公众，这是公众得以正确感知环境风险的基础。因此，环境传播需要建构通约的议题感知与协商机制；另一方面要拓展环境传播的主体性力量。环境传播议程设置应以治理者为主导建构政府、媒体、企业、ENGO、社群、民众为一体的社会动员力量。中共十九大报告指出，要着力解决突出环境问题，构建以政府为主导、企业为主体、社会组织和公众共同参与的环境治理体系。生态文明传播范式的实践应致力于搭建一个绿色公共话语空间，激活多元主体议程设置的动能和参与绿色公益行动的内驱力，主动承担环境传播的责任角色，充分发挥政府在环境传播与治理中的主导性作用，以及 ENGO、企业、社会组织与公众在环境保护与治理中的建设性作用。

参考文献

一　中文文献

（一）书籍

［斯］阿莱斯·艾尔雅维茨：《图像时代》，胡菊兰等译，吉林人民出版社2003年版。

［英］安德鲁·多布森：《绿色政治思想》，郇庆治译，山东大学出版社2012年版。

陈彩棉、康燕雪：《环境友好型公民》，中国环境科学出版社2006年版。

戴佳、曾繁旭：《环境传播：议题、风险与行动》，清华大学出版社2016年版。

［英］戴维·佩珀：《现代环境主义导论》，宋玉波、朱丹琼译，格致出版社、上海人民出版社2011年版。

董磊、刘淑萍、王玉北：《城殇：中国城市环境危机报告》，江苏人民出版社2013年版。

［英］E. 戈德史密斯：《生存的蓝图》，程福祜译，中国环境科学出版社1987年版。

［德］斐迪南·穆勒-罗密尔、［英］托马斯·波古特克主编：《欧洲执政绿党》，郇庆治译，山东大学出版社2005年版。

郭小平：《环境传播：话语变迁、风险议题建构与路径选择》，华中科技大学出版社2013年版。

［美］赫伯特·马尔库塞：《审美之维》，李小兵译，广西师范大学出版社

2001 年版。

郇庆治：《环境政治学：理论与实践》，山东大学出版社 2007 年版。

黄立：《民法总则》，台北：元照出版社 2005 年版。

刘涛：《环境传播：话语、修辞与政治》，北京大学出版社 2011 年版。

［美］罗伯特·考克斯：《假如自然不沉默——环境传播与公共领域》，纪莉译，北京大学出版社 2016 年版。

［美］罗尼·利普舒茨：《全球环境政治：权力、观点和实践》，郭志俊、蔺雪春译，山东大学出版社 2012 年版。

［德］马丁·海德格尔：《林中路》，孙周兴译，上海译文出版社 1997 年版。

梅雪芹：《直面危机：社会发展与环境保护》，中国科学技术出版社 2014 年版。

［美］尼尔·波兹曼：《娱乐至死》，章艳译，广西师范大学出版社 2004 年版。

潘泽宏：《公益广告导论》，中国广播电视出版社 2001 年版。

［法］皮埃尔·布尔迪厄、［美］华康德：《实践与反思——反思社会学导引》，李猛、李康译，中央编译出版社 2004 年版。

［荷］皮特·何：《组织自律与去政治化的政治立场》，载［荷］皮特·何、［美］瑞志·安德蒙《嵌入式行动主义在中国：社会运动的机遇与约束》，李婵娟译，社会科学文献出版社 2012 年版。

［法］让-诺埃尔·卡普费雷：《谣言：世界最古老的传媒》，郑若麟译，上海人民出版社 2008 年版。

任贤良：《舆论引导艺术：领导干部如何面对媒体》，新华出版社 2010 年版。

［印］萨拉·萨卡：《生态社会主义还是生态资本主义》，张淑兰译，山东大学出版社 2012 年版。

唐绪军等：《中国新媒体发展报告（2013）》，社会科学文献出版社 2013 年版。

［荷］托伊恩·A. 梵·迪克：《作为话语的新闻》，曾庆香译，华夏出版社 2003 年版。

王积龙：《抗争与绿化：环境新闻在西方的起源、理论与实践》，中国社会科学出版社 2010 年版。

王莉丽：《绿媒体：中国环保传播研究》，清华大学出版社 2005 年版。

王诺：《欧美生态文学》，北京大学出版社 2003 年版。

王治河：《福柯》，湖南教育出版社 1999 年版。

［美］威尔特·A. 罗森堡姆：《政治文化》，陈鸿瑜译，桂冠图书股份有限公司 1984 年版。

［德］乌尔里希·贝克：《风险社会》，何博闻译，译林出版社 2004 年版。

［德］乌尔里希·贝克、［德］埃德加·格兰德：《世界主义的欧洲：第二次现代性的社会与政治》，章国锋译，华东师范大学出版社 2008 年版。

徐迎春：《绿色关系网：环境传播和中国绿色公共领域》，中国社会科学出版社 2014 年版。

［法］雅克·德里达：《关于写作》，转引自［英］约翰·斯道雷《文化理论与通俗文化导论》（第二版），杨竹山、郭发勇、周辉译，南京大学出版社 2001 年版。

杨保军：《新闻理论教程》，中国人民大学出版社 2010 年版。

［英］伊懋可：《大象的退却》，梅雪琴、毛利霞、王玉山译，江苏人民出版社 2014 年版。

［澳］约翰·德赖泽克：《地球政治学：环境话语》，蔺雪春、郭晨星译，山东大学出版社 2012 年版。

［澳］约翰·费斯克：《关键概念：传播与文化研究辞典》，李彬译，新华出版社 2004 年版。

臧国仁：《新闻媒体与消息来源——媒介框架与真实建构之论述》，台北：三民书局 1999 年版。

曾庆香：《新闻叙事学》，中国广播电视出版社 2003 年版。

［美］詹姆斯·博曼：《公共协商：多元主义、复杂性与民主》，黄相怀译，中央编译局 2006 年版。

张隆溪：《二十世纪西方文论述评》，生活·读书·新知三联书店 1986 年版。

张艳梅、蒋学杰、吴景明：《生态批评》，人民出版社 2007 年版。

赵鼎新：《社会与政治运动讲义》，社会科学文献出版社 2014 年版。

周宪：《视觉文化的转向》，北京大学出版社 2008 年版。

（二）期刊

毕红梅：《试析新媒体语境下社会思潮的传播与价值引领》，《学校党建与思想教育》2014 年第 23 期。

曹春玲：《提升环保公益广告在生态环保中的舆论先导作用探讨》，《环境与可持续发展》2018 年第 3 期。

常嫒嫒：《数据新闻：中英环境报道视觉框架与视觉修辞方式的异同——基于"数读""数字说"和〈卫报〉的比较》，《对外传播》2018 年第 4 期。

陈光磊：《环保电影的类型分析及生态诉求》，《生物学通报》2014 年第 11 期。

陈龙：《对立认同与新媒体空间的对抗性话语再生产》，《新闻与传播研究》2014 年第 11 期。

陈龙、杜晓红：《共同体幻象：新媒体空间的书写互动与趣味建构》，《山西大学学报》（哲学社会科学版）2015 年第 4 期。

陈旭辉、柯惠新：《网民意见表达影响因素研究——基于议题属性和网民社会心理的双重视角》，《现代传播（中国传媒大学学报）》2013 年第 3 期。

陈韵博、张引：《SNS 时代的环保公益传播：以绿色和平组织在中国内地的实践为例》，《新闻界》2013 年第 5 期。

陈正辉：《公益广告的社会责任》，《现代传播（中国传媒大学学报）》2012 年第 1 期。

程少华：《环境新闻的人文色彩》，《新闻与写作》2004 年第 2 期。

戴文焰等：《利用新媒体平台推进环保传播发展——以温州市绿萌芽环保公益发展中心为例》，《新媒体研究》2016 年第 9 期。

丁方舟：《"理想"与"新媒体"：中国新闻社群的话语建构与权力关系》，《新闻与传播研究》2015 年第 3 期。

范新爱：《新媒体时代政府风险沟通管理研究》，《新闻界》2014 年第 19 期。

房尚文：《"生态消费"的马克思主义解》，博士学位论文，复旦大学，2011 年。

干瑞青：《新媒体时代环境传播的特性》，《青年记者》2013 年第 35 期。

龚莉红：《自媒体对青年"共同视阈"的塑造》，《当代青年研究》2017
　　年第6期。

郭小平、李晓：《环境传播视域下绿色广告与"漂绿"修辞及其意识形态
　　批评》，《湖南师范大学社会科学学报》2018年第1期。

韩葵花：《迟子建作品的生态语言学解读》，博士学位论文，山东师范大
　　学，2012年。

韩晓：《浅析节能环保公益招贴广告中的情感诉求》，《剑南文学》2011年
　　第1期。

贺恒：《论涉警网络舆情的窘境与引导策略》，《新闻爱好者》2012年第
　　16期。

胡安琪、罗萍：《广告视觉修辞初探》，《广告大观》（理论版）2010年第
　　4期。

黄河、刘琳琳：《环境议题的传播现状与优化路径——基于传统媒体和新
　　媒体的比较分析》，《国际新闻界》2014年第1期。

黄玉波、雷月秋：《漂绿广告的想象与感知：基于扎根理论的方法》，《现
　　代传播（中国传媒大学学报）》2019年第6期。

贾广惠：《中国环境新闻传播30年：回顾与展望》，《中州学刊》2014年
　　第6期。

江作苏、刘志宇：《从"单向度"到"被算计"的人——"算法"在传播
　　场域中的伦理冲击》，《中国出版》2019年第2期。

蒋小勾：《中国古代建筑美学话语中的审美逻辑心理与理性文化传统》，
　　《湖北社会科学》2004年第11期。

孔明安：《后马克思主义的政治哲学批判——拉克劳和墨菲的多元激进民
　　主理论研究》，《南京大学学报》（哲学·人文科学·社会科学）2005
　　年第4期。

雷蕾：《国内环保主题公益广告的话语研究》，《新闻研究导刊》2016年
　　第19期。

李本乾：《人口统计学变量对议程设置敏感度影响的实证研究》，《新闻大
　　学》2003年第3期。

李超民、邓露：《自媒体时代如何提升主流意识形态话语权》，《人民论坛》

2018 年第 15 期。

李海波、郭建斌：《事实陈述 vs. 道德评判：中国大陆报纸对"老人摔倒"报道的框架分析》，《新闻与传播研究》2013 年第 1 期。

李京：《视觉框架在数据新闻中的修辞实践》，《新闻界》2017 年第 5 期。

李瑞农：《环境新闻的崛起及其特点》，《新闻战线》2003 年第 6 期。

李浥：《光与影的捕捉者——从莫奈到雅克·贝汉》，《电影评介》2011 年第 11 期。

李智：《从权力话语到话语权力——兼对福柯话语理论的一种哲学批判》，《新视野》2017 年第 2 期。

李智：《新世界主义：人类命运共同体的世界观基础》，《北京行政学院学报》2018 年第 6 期。

梁赛楠：《微博客受众的媒介使用研究》，博士学位论文，华东师范大学，2010 年。

林震、冯天：《邓小平生态治理思想探析》，《中国行政管理》2014 年第 8 期。

刘兵、汪洋：《从〈风之谷〉看宫崎骏作品中的生态女性主义》，《浙江传媒学院学报》2010 年第 5 期。

刘传红：《"漂绿广告"的产生背景、主要特征与认定标准》，《宜宾学院学报》2015 年第 9 期。

刘景芳：《中国绿色话语特色探究——以环境 NGO 为例》，《新闻大学》2016 年第 5 期。

刘娟：《新浪体育微博的"明星效应"探析》，《传媒观察》2011 年第 5 期。

刘仁明：《马克思主义网络化传播场域研究》，《新闻战线》2018 年第 22 期。

刘涛：《"传播环境"还是"环境传播"？——环境传播的学术起源与意义框架》，《新闻与传播研究》2016 年第 7 期。

刘涛：《环境传播的九大研究领域（1938—2007）：话语、权力与政治的解读视角》，《新闻大学》2009 年第 4 期。

刘涛：《媒介·空间·事件：观看的"语法"与视觉修辞方法》，《南京社会科学》2017 年第 9 期。

刘依卿：《环境传播中的大学生参与——基于宁波市"五水共治"传播的

调查分析》，《新闻世界》2015 年第 11 期。

鲁晓鹏、唐宏峰：《中国生态电影批评之可能》，《文艺研究》2010 年第 7 期。

陆士桢、郑玲、王骁：《青年网络政治参与：一个社会与青年共赢的重要话题》，《青年探索》2014 年第 6 期。

马爱杰：《用户在社交平台上进行意见交流和发布的影响因素》，《图书馆》2017 年第 2 期。

裴培：《论电影中的意象》，博士学位论文，山东师范大学，2010 年。

彭湘蓉、李明德：《移动传播时代新闻话语创新与主流意识形态建构》，《中州学刊》2017 年第 2 期。

漆亚林：《自媒体空间的话语冲突与青年政治认同》，《青年记者》2017 年第 7 期。

邱鸿峰：《环境风险的社会放大与政府传播：再认识厦门 PX 事件》，《新闻与传播研究》2013 年第 8 期。

冉冉：《"压力型体制"下的政治激励与地方环境治理》，《经济社会体制比较》2013 年第 3 期。

冉冉：《政体类型与环境治理绩效：环境政治学的比较研究》，《国外理论动态》2014 年第 5 期。

邵培仁：《新世界主义与中国传媒发展》，《浙江社会科学》2017 年第 5 期。

宋亮：《交互式报道——环境新闻报道的新思路》，《新闻界》2014 年第 18 期。

宋天卓：《论环境传播"反话语"空间的冲突机制——以北京雾霾报道为例》，硕士学位论文，中国青年政治学院，2016 年。

孙蕾、蔡昆濠：《漂绿广告的虚假环境诉求及其效枭研究》，《国际新闻界》2016 年第 12 期。

孙绍谊：《"发现和重建对世界的信仰"：当代西方生态电影思潮评析》，《文艺理论研究》2014 年第 6 期。

覃冰玉：《中国式生态政治：基于近年来环境群体性事件的分析》，《东北大学学报》（社会科学版）2015 年第 5 期。

谭爽、任彤：《"绿色话语"生产与"绿色公共领域"建构：另类媒体的环境传播实践——基于"垃圾议题"微信公众号 L 的个案研究》，《中国地质大学学报》（社会科学版）2017 年第 4 期。

陶贤都、李艳林：《环境传播中的话语表征：基于报纸对土壤污染报道的分析》，《吉首大学学报》（社会科学版）2015 年第 5 期。

拓璐、李黎明：《"华语生态电影"：概念、美学、实践——北京大学"批评家周末"文艺沙龙研讨综述》，《电影艺术》2016 年第 5 期。

万小广：《王石捐款事件报道的媒介框架分析》，《传播与社会学刊》（香港）2010 年第 12 期。

王国华、张剑、毕帅辉：《突发事件网络舆情演变中意见领袖研究——以药家鑫事件为例》，《情报杂志》2011 年第 12 期。

王鸿铭、黄云卿、杨光斌：《中国环境政治考察：从权威管控到有效治理》，《江汉论坛》2017 年第 3 期。

王丽娜：《环境传播的修辞机制》，《中国地质大学学报》2019 年第 4 期。

王瑞红：《环保电影传递绿色发展新理念》，《环境教育》2016 年第 4 期。

王巍、刘怀玉：《马克思交往理论的哲学人类学内涵》，《河海大学学报》（哲学社会科学版）2015 年第 6 期。

王武、丁珊：《移动互联网络对青年政治社会化的影响及对策》，《中共济南市委党校学报》2015 年第 4 期。

王娅：《环保民间组织要成为推动我国环境保护事业的重要力量——访中华环保联合会副主席兼秘书长曾晓东》，《环境经济》2006 年第 12 期。

魏家海：《文学变译：话语权力的颠覆和抑制》，《天津外国语学院学报》2006 年第 5 期。

吴信训、陈辉兴：《构建和谐的公共话语空间——互联网上公众意见表达的形态、特征及其演进趋势》，《新闻爱好者》2007 年第 6 期。

夏炎：《试论唐代北人江南生态意象的转变——以白居易江南诗歌为中心》，《唐史论丛》2009 年第 1 期。

肖文舸：《中国环境新闻报道研究——以〈南方周末〉和〈中国环境报〉1984—2012 年的相关报道为例》，硕士学位论文，暨南大学，2013 年。

谢娟、王晓冉：《场域理论视角下的微信"威胁论"解读》，《编辑之友》2013 年第 12 期。

徐耀强：《环境主义的历史由来、理论困境及其解救》，《国外理论动态》

2016 年第 8 期。

徐迎春、虞伟：《从环境"可持续"到"可再生"：新世界主义语境下的环境话语转向》，《浙江学刊》2019 年第 1 期。

徐兆寿：《生态电影的崛起》，《文艺争鸣》2010 年第 6 期。

许正隆：《追寻时代　把握特色——谈谈环境新闻的采写》，《新闻战线》1999 年第 5 期。

薛可、余来辉、余明阳：《人际信任的代际差异：基于媒介效果视角》，《新闻与传播研究》2018 年第 6 期。

薛瑶瑶：《新媒体环境下电视环保公益广告对青少年的影响》，《新闻研究导刊》2016 年第 4 期。

杨春芳：《福柯话语理论的文化解读》，《安康师专学报》2005 年第 4 期。

杨琳：《环保公益广告中污染防治意识接受度分析研究》，《环境科学与管理》2018 年第 7 期。

游飞：《电影的形象与意象》，《现代传播（中国传媒大学学报）》2010 年第 6 期。

虞鑫、王义鹏：《社交网络环境下的大学生公开意见表达影响因素研究》，《中国青年研究》2014 年第 10 期。

袁靖华：《中国的"新世界主义"："人类命运共同体"议题的国际传播》，《浙江社会科学》2017 年第 5 期。

曾繁旭、戴佳、郑婕：《框架争夺、共鸣与扩散：议题的媒介报道分析》，《国际新闻界》2013 年第 8 期。

张骥、申文杰：《马克思主义意识形态话语权在我国思想宣传领域面临的挑战与实现方式探究》，《当代世界与社会主义》2011 年第 1 期。

张晶、叶萌、李梦蛟：《大众传媒对大学生环保观念的影响调查报告》，《科学之友》（B 版）2009 年第 11 期。

张隽波：《环境新闻如何走出"负面"误区》，《青年记者》2007 年第 22 期。

张丽娜：《网络用语"蓝瘦香菇"的传播学解析》，《青年记者》2017 年第 14 期。

张伦、钟智锦：《社会化媒体公共事件话语框架比较分析》，《新闻记者》2017 年第 2 期。

张燕丽：《论环保公益广告与特征》，《新闻研究导刊》2016 年第 19 期。

张一兵：《从构序到祛序：话语中暴力结构的解构——福柯〈话语的秩序〉解读》，《江海学刊》2015 年第 4 期。

赵顺：《环境 NGO 微博传播特征及动员策略研究——以 "绿色江河" 的传播实践为例》，《新闻战线》2016 年第 24 期。

郑满宁：《"戏谑化"：社会化媒体中草根话语方式的嬗变研究》，《中国人民大学学报》2013 年第 5 期。

周葆华、吕舒宁：《大学生网络意见表达及其影响因素的实证研究——以 "沉默的螺旋" 和 "意见气候感知" 为核心》，《当代传播》2014 年第 5 期。

周宏春、季曦：《改革开放三十年中国环境保护政策演变》，《南京大学学报》2009 年第 1 期。

周裕琼、齐发鹏《策略性框架与框架化机制：乌坎事件中抗争性话语的建构与传播》，《新闻与传播研究》2014 年第 8 期。

朱靓：《基于沉默的螺旋理论的微博用户意见表达研究》，博士学位论文，电子科技大学，2015 年。

（三）网络文献

李明：《根治大公司环境污染靠什么》，《经济观察报》2013 年 8 月 23 日。

刘涛：《环境传播与 "反话语空间" 的媒介化建构》，《中国社会科学报》2012 年 9 月 19 日第 A08 版。

《习近平在中共中央政治局第三十六次集体学习时强调　加快推进网络信息技术自主创新　朝着建设网络强国目标不懈努力》，《人民日报》2016 年 10 月 10 日第 1 版。

谢环驰：《习近平在中共中央政治局第十二次集体学习时强调　推动媒体融合向纵深发展　巩固全党全国人民共同思想基础》，《人民日报》2019 年 1 月 26 日第 1 版。

张贺：《媒体如此 "监督" 法理不容》，《人民日报》2014 年 4 月 11 日。

张洋：《习近平在全国宣传思想工作会议上强调　举旗帜聚民心育新人兴文化展形象　更好完成新形势下宣传思想工作使命任务》，《人民日报》2018 年 8 月 23 日第 1 版。

朱志刚:《构建突发事件舆论引导机制》,《中国环境报》2013 年 10 月 29
  日第 2 版。

（四）网站

《习近平在党的新闻舆论工作座谈会上强调　坚持正确方向创新方法手
  段　提高新闻舆论传播力引导力》, 央视网, 2016 年 2 月 19 日, ht-
  tp：//tv. cctv. com/2016/02/19/VIDEvTv4Too4tzsiVfntaMdq160219. shtml.

《中央环保督察 "回头看" 已问责近两千人》, 中国政府网, 2018 年 6 月 28
  日, http：//www. gov. cn/hudong/2018 - 06/28/content_ 5301697. htm.

周生贤:《深入学习实践科学发展观》, http：//www. china. com. cn/tech/
  zhuanti/wyh/2008 - 10/10/content_ 16595733. htm.

二　英文文献

Arne Naess, "The Shallow and The Deep, Long-Range Ecology Movement：A
  Summary", *Inquiry*, 1973, 16（95 - 100）.

Ashcroft, B. & Criffiths, Gareth & Tiffin, H. , *Key Concepts in Post-Colonial
  Studies*, Roufiedge：London and New York, 1999.

Aurelio Peccei, *One Hundred Pages for the Future*, New York：Mentor, 1981.

Brian Czech, *Shoveling Fuel for a Runaway Train：Errant Economists, Shame-
  ful Spenders, and a Plan to Stop them All*, University of California Press,
  2002.

David A. Snow and Robert D. Benford, "Master Frames and Cycles of Protest",
  in Aldon D. Morris and Carol McClurg Mueller（eds. ）, *Frontiers in Social
  Movement Theory*, New Haven/London：Yale University Press, 1992.

Dobrin, S. L. & Morey, S. （Eds. ）, *Ecosee：Image, Rhetoric, Nature*, Albany,
  NY：SUNY, 2009.

Glotfelty, Cheryll, *The Ecocriticism Reader：Landmarks in Literary Ecology*,
  Georgia：University of Georgia Press, 1966.

Goffman, E. , *Frame Analysis：An Essay on the Organization of Experience*,
  Boston, Northeastern University Press, 1986.

Gørild Heggelund, *Environment and Resettlement Politics in China：The Three*

Gorges Project, Ashgate Pub Limited, 2004.

Hamilton, J., *Alternative Media*: *Conceptual Difficulties*, *Critical Possibilities*, Journal of Communication Inquiry, 2000 (4) .

John S. Dryzek, *The Politics of the Earth*: *Environmental Discourses* (2nd Ed.), New York: Oxford University Press, 2005.

John S. Dryzek, *The Politics of the Earth*: *Environmental Discourses*, New York: Oxford University Press, 2013.

John S. Dryzek, *Rational Ecology*: *Environment and Political Economy*, Basil Blackwell, 1987.

John, Mackenzie, "What is to be done? Praxical Post-Marxism and Ecologism", *Dialogue*, 2003.

Myerson, G. & Rydin, Y., *The Language of Environment*: *A New Rhetoric*, London: University College London Press, 1991.

Niklas Luhmann, *Ecological Communication*, University of Chicago Press, 1989.

Sidney Tarrow, *Power in Movement*: *Social Movements and Contentious Politics*, Cambridge University Press, 1998.

SWS WCED, *World Commission on Environment and Development*, Our common future, Oxford: Oxford University Press, 1987.

后 记

　　随着全球环境问题的日益严重，各国和地区对环境治理日益重视，环境传播作为协同治理的重要方式成为学界和业界关注的热点。信息技术高速发展，新媒体生产机制打破了传统的话语秩序，技术赋权加剧了传播主体的话语冲突，环境传播场域的话语冲突成为引发社会系统性风险的重要变量，为社会稳定和国家治理带来较大的难度，因此，对于环境传播中话语冲突机理的分析和舆论引导新机制的建构成为新时代的重要课题。

　　本书是笔者作为负责人申报的教育部人文社会科学研究规划基金一般项目"环境传播场域冲突机制与舆论引导策略研究"的结项成果。本课题得到众多师长、学者、专家的指导和支持，不少学子也积极参与课题研究和书稿撰写。历经编制方案、文献梳理、田野调查、数据分析、成果发表、书稿撰写、反复修改等研究过程，虽时有所累之感，亦有不负光阴之悦。付梓之际，谢意甚浓。感谢课题组成员四川师范大学文学院 庹继光 教授、中国传媒大学艺术研究院张金尧教授、南开大学新闻传播学院陈鹏副教授、中国社会科学院杜智涛教授、刘英华副教授和人民在线／人民网舆情数据中心刘鹏飞副总编辑在研究过程中提供的学术智慧和研究成果！感谢参与本书撰写的所有专家学者和学子！张婧参与了环境传播核心概念的文献梳理和第六章的撰写；洪伟杰参与了第四章第三节的撰写；王佳鑫、李秋霖、田晓雪参与了第五章的撰写；吕永洁参与了第八章的撰写；刘艺萱、李昊桐、吴奕婷参与了第七章第五节的撰写；付宁参与了第七章第二节的撰写；人民网舆情数据中心刘鹏飞、张浩参与了第九章第一节的撰写，于施洋、李杨、朱玲娟、刘翔参与了第二节的撰写，人民网数据中心参与了第三节的撰写。笔者以课题的相关选题还指导了三名硕士研究生撰写了三篇毕业论文。同时，中国传媒大学博士研究生谯金苗、中国青年政治学院硕士研究生宋天卓、中国社会科学院大学硕士研究生王俞丰、黄绿蓝、王钰涵、黄一清湖南理工学院硕士研究生顾孜孜、北京青年报社记者刘婧等也参与了本书的相关研究和撰写工作，硕士研究生刘静静参与了本书的研究、修订与校对工作。书稿虽几易其稿，反复推敲，但是仍然还有诸多不足之处，请各位方家批评指正！本书还参考了众多学者的研究成果，汲取了学术思想和研究方法，在此一并致谢！

　　本书还获得中国社会科学院创新工程出版专著专项资金的资助，得到中国社会科学出版社张湉责编的细心指导和辛勤编辑以及中国社会科学院大学科研处的大力支持，在此深表谢意！